“十三五”国家重点出版物出版规划项目
材料科学研究与工程技术系列图书

# 稀土掺杂纳米氧化钇发光增强机制研究

杨明珠 著

哈爾濱工業大學出版社

## 内 容 简 介

本书分为7章，第1章对稀土发光材料的研究进展和稀土离子发光理论进行了介绍；第2章对稀土发光材料的制备与表征方法做了概述；第3～7章分别对$Eu^{3+}$:$Y_2O_3$，$Li^+$、$Ag^+$ 掺杂 $Eu^{3+}$:$Y_2O_3$，$Bi^{3+}/Er^{3+}$:$Y_2O_3$，$Li^+/Er^{3+}$:$Y_2O_3$和$Li^+/Er^{3+}$:YAG纳米粉体的制备、晶体结构、微观形貌、发光性能及影响发光性能的物理机制等进行了系统的分析和讨论。

本书可供研究稀土发光材料的科研人员及研发稀土发光材料的企业参考。

**图书在版编目（CIP）数据**

稀土掺杂纳米氧化钇发光增强机制研究/杨明珠著.
—哈尔滨：哈尔滨工业大学出版社，2020.6
ISBN 978-7-5603-7513-7

Ⅰ.①稀… Ⅱ.①杨… Ⅲ.①稀土金属-金属材料-纳米材料-氧化钇-发光材料-研究 Ⅳ.①TG146.4
②TB34

中国版本图书馆CIP数据核字（2018）第163365号

策划编辑 王桂芝 李 鹏
责任编辑 庞 雪
出版发行 哈尔滨工业大学出版社
社 址 哈尔滨市南岗区复华四道街10号 邮编150006
传 真 0451-86414749
网 址 http://hitpress.hit.edu.cn
印 刷 哈尔滨市颉升高印刷有限公司
开 本 787mm×1092mm 1/16 印张11.75 字数225千字
版 次 2020年6月第1版 2020年6月第1次印刷
书 号 ISBN 978-7-5603-7513-7
定 价 48.00元

---

# 前　　言

稀土离子具有能级丰富、能级寿命较长及物化性能稳定等优点，这些优点使得稀土发光材料成为一类重要的功能材料。近年来，稀土发光材料已经被广泛地应用于照明、通信、色彩显示、防伪、生物医疗及军事等领域，并逐渐向其他高技术领域扩展。稀土离子的发射光谱主要是$4f^N$组态内能级间电偶极跃迁而产生的线状光谱，而根据跃迁选择定则，$4f^N$组态内的电偶极跃迁是禁戒的，稀土离子的辐射跃迁概率很低。同时，受到基质材料声子能量和表面缺陷等因素的影响，在稀土离子跃迁过程中很难避免无辐射跃迁过程的发生。因此，稀土发光材料的发光效率较低一直是其应用方面的难题。本书以具有优良光学性能和物化性能的$Y_2O_3$和$Y_3Al_5O_{12}$（YAG）为基质材料，采用沉淀法、溶胶-凝胶法、水热法和微波法制备了$Eu^{3+}$:$Y_2O_3$，$Li^+$、$Ag^+$掺杂的$Eu^{3+}$:$Y_2O_3$，$Bi^{3+}$/$Er^{3+}$:$Y_2O_3$，$Li^+$/$Er^{3+}$:$Y_2O_3$和$Li^+$/$Er^{3+}$:YAG纳米粉体，从影响稀土发光材料发光效率的物理机制入手来探索提高其发光效率的方法。

本书分为7章。第1章对稀土发光材料的研究背景和理论知识做了简要介绍。第2章则对稀土发光材料的制备方法和表征方法做了简要介绍。

第3章通过水热法和微波法制得了不同形貌的$Eu^{3+}$:$Y_2O_3$纳米粉体，揭示了$Eu^{3+}$:$Y_2O_3$纳米晶的生长机制。结合激发光谱、发射光谱、红外光谱和荧光寿命测试结果，探讨了$Eu^{3+}$:$Y_2O_3$纳米晶不同微观形貌对其表面态及光学性能的影响。通过水热法和微波法制得具有高结晶度的$Eu^{3+}$:$Y_2O_3$纳米晶，表面缺陷的减少使得能级间的无辐射跃迁概率降低，荧光强度增强。此外，微波法可以有效地提高$Eu^{3+}$:$Y_2O_3$纳米晶的合成效率，如微波反应（200 ℃、10 min）制得样品的发光强度与水热法（180 ℃、12 h）制得样品的发光强度相当。

第4章通过溶胶-凝胶法制备了$Li^+$、$Ag^+$掺杂的$Eu^{3+}$:$Y_2O_3$纳米粉体，研究了$Li^+$和$Ag^+$掺杂对$Eu^{3+}$:$Y_2O_3$纳米粉体晶体结构和微观形貌的影响，并对其发光性能做了系统的分析。此外，讨论了$Li^+$和$Ag^+$两种一价离子掺杂对$Eu^{3+}$:$Y_2O_3$晶体结构及发光行为的影响，并将两者对$Eu^{3+}$:$Y_2O_3$发光特性影响的物理机制进行系统的分析。$Li^+$和$Ag^+$的掺杂都能提高$Eu^{3+}$的发光强度，而其中的物理机制有所不同。$Li^+$导致的发光增强来源于两个因素：辐射跃迁概率的增大和无辐射跃迁概率的减小，实验结果表明后者起主要作用。而$Ag^+$掺杂后$Eu^{3+}$发光强度的增强来源于其辐射跃迁概率的增大。

第5章以$Bi^{3+}$为掺杂离子、$Er^{3+}$为激活离子，采用溶胶–凝胶法制备了$Bi^{3+}/Er^{3+}:Y_2O_3$纳米粉体，讨论了在紫外激发和红外激发下$Bi^{3+}$掺杂浓度对$Er^{3+}$发光行为的影响；同时，分析了$Bi^{3+}$掺杂对$Er^{3+}$ $^2H_{11/2}/^4S_{3/2}$能级猝灭浓度的影响。研究结果表明，紫外激发下$Er^{3+}$发光强度的增强（最强达42倍）来源于$Bi^{3+}$对$Er^{3+}$的敏化作用；而红外激发下$Er^{3+}$发光强度的增强则是由于$Bi^{3+}$的掺杂提高了$Er^{3+}$的辐射跃迁概率。此外，$Bi^{3+}$的引入减弱了近邻$Er^{3+}$之间的相互作用，使$Er^{3+}$ $^2H_{11/2}/^4S_{3/2}$能级的猝灭浓度提高了2 %。掺杂$Bi^{3+}$不仅能够在紫外激发下对$Er^{3+}$实现敏化作用，同时，在红外激发下可以增大$Er^{3+}$的辐射跃迁概率和$^2H_{11/2}/^4S_{3/2}$能级的猝灭浓度。

第6章通过溶胶–凝胶法制备了$Li^+$掺杂的$Er^{3+}:Y_2O_3$纳米粉体，并对其晶体结构和发光性能做了系统分析，讨论了$Li^+$掺杂对$Er^{3+}:Y_2O_3$晶体结构及发光行为的影响，并将$Li^+$掺杂对$Er^{3+}:Y_2O_3$发光特性影响的物理机制进行系统分析。没有$Li^+$掺杂时，$Er^{3+}$ $^2H_{11/2}/^4S_{3/2}$能级猝灭浓度为3.0%。掺杂浓度5.0 %的$Li^+$后$Er^{3+}$ $^2H_{11/2}/^4S_{3/2}$能级猝灭浓度降低到2.0 %。这是由于掺杂$Li^+$后$Y_2O_3$纳米晶的晶格常数减小，近邻$Er^{3+}$之间的距离减小。因此，形成了$Er^{3+}$团簇，导致$Er^{3+}$ $^2H_{11/2}/^4S_{3/2}$能级猝灭浓度降低。虽然掺杂$Li^+$降低了$Er^{3+}$ $^2H_{11/2}/^4S_{3/2}$能级猝灭浓度，但是小半径$Li^+$掺杂能够打破$Er^{3+}$晶体场对称性，从而增大了$Er^{3+}$辐射跃迁概率。掺杂浓度为5.0 %的$Li^+$后绿光发光强度提高了3.4倍。

第7章利用溶胶–凝胶法制得$Li^+/Er^{3+}$:YAG纳米粉体，讨论了$Li^+$在基质材料中处于不同占位时对$Er^{3+}$发光性能的影响及其物理机制。当$Li^+$占据替代位置时，绿光的发光强度缓慢增强；而填隙位$Li^+$出现后绿光的发光强度大幅增大（最强达到原发光强度的36倍）。分析结果表明，当$Li^+$占据替代位置时，相对于辐射跃迁概率的增加，无辐射跃迁概率的减小在发光强度提高中起到了主导作用。而因填隙位$Li^+$出现而造成的绿光大幅增强则是$Er^{3+}$ $^4I_{11/2}$能级寿命、$^2H_{11/2}/^4S_{3/2}$能级辐射概率及$Er^{3+}$对泵浦光源吸收率增大的共同结果。其中，$Er^{3+}$对泵浦光源吸收率的增大起主导作用。$Li^+$的掺杂可以降低$Er^{3+}$周围晶体场的对称性，打破了$Er^{3+}$ 4f–4f能级间的禁戒跃迁，增大了$Er^{3+}$的辐射跃迁概率、能级寿命和对泵浦光源的吸收率，从而大幅提高了$Er^{3+}$的发光效率。

通过以上研究，本书从影响稀土发光材料发光效率的物理机制出发，实现了对发光效率的有效提高，为提高稀土发光材料的发光强度以满足实际应用需要提供了有益的帮助。

最后，作者向所有对本书撰写给予支持和帮助的朋友和亲人们致以最衷心的感谢。由于作者知识水平有限，本书中难免有疏漏之处，恳请读者批评指正。

作　者

2020年1月

# 目　　录

# 第1章　绪　　论

## 1.1　稀土元素概述

稀土元素具有独特的电、光、磁、热性能，因此备受国内外科学家的关注，稀土功能材料也成为材料领域的研究热点。在稀土功能材料中，稀土发光材料十分引人注目。随着有关稀土发光基础理论研究的不断深入，稀土发光材料的研究和应用得到了长足发展。稀土发光材料有许多优点：具有丰富的能级，可以发射从紫外到红外的光谱，尤其在可见光区有很强的发射能力；具有较长的能级寿命，可达到毫秒级；物化性能稳定，能承受大功率的电子束、高能射线及强紫外光作用。近年来，稀土发光材料已经广泛应用于激光器、照明、色彩显示及生物医疗等领域，并逐渐向其他高技术领域扩展。

### 1.1.1　稀土元素的概念和电子层结构

根据国际纯粹和与应用化学联合会（International Union of Pure and Applied Chemistry，IUPAC）1968年的规定，稀土元素是指元素周期表中原子序数为57～71的15个镧系元素，即镧（La）、铈（Ce）、镨（Pr）、钕（Nd）、钷（Pm）、钐（Sm）、铕（Eu）、钆（Gd）、铽（Tb）、镝（Dy）、钬（Ho）、铒（Er）、铥（Tm）、镱（Yb）、镥（Lu），以及与镧系元素物化性质相似的21号元素钪（Sc）和39号元素钇（Y），共17个元素。

最早被发现的稀土元素是在1794年由芬兰科学家Gadolin发现的钇元素，随后的15种稀土元素在1803—1907年之间陆续被科学家们发现。直到1947年，Marinsky才通过人工方法从核反应堆中铀的分裂碎片里分离出稀土元素钷，稀土元素的发现前后共经历了150多年。由于受到科技水平的限制，18世纪发现的稀土矿物较少，当时只能通过化学方法制得少量不溶于水的稀土氧化物，习惯上就把这些氧化物称为“土”，因而得名稀土。随着科技的发展，人们发现事实上自然界中稀土元素的量并不少，而且稀土元素是典型的金属元素。由于钪元素在自然界中与其他元素具有非常紧密的共生关系，至今还未发现含钪的单独矿物，因此其属于典型的分散元素。钷是一种放射性元素，在自然界中存量极少，因此，在通常处理稀土矿物的过程中不包括钪和钷两种元素，只有其他15种常见的稀土元素。

元素的化学性质及一些物理性质主要取决于其最外层电子的结构。下面给出稀土的电子组态：

（1）钪元素位于元素周期表的第四周期，原子序数为21，有4层电子。原子的电子组态为$1s^22s^22p^63s^23p^63d^14s^2$。

（2）钇元素位于元素周期表的第五周期，原子序数为39，应该有5层电子。原子的电子组态为$1s^22s^22p^63s^23p^63d^{10}4s^24p^64d^{10}5s^2$。

（3）镧系元素填充方式稍有不同，根据能量最低原理可知，其原子的电子组态为$1s^22s^22p^63s^23p^63d^{10}4s^24p^64d^{10}4f^N5s^25p^65d^m6s^2$（$N$=0～14, $m$=0或1）。当钪、钇、镧系离子的特征价态为+3价时，其电子组态为$1s^22s^22p^63s^23p^6$（钪）；$1s^22s^22p^63s^23p^63d^{10}4s^24p^6$（钇）；$1s^22s^22p^63s^23p^63d^{10}4s^24p^64d^{10}4f^N5s^25p^6$（镧）。稀土原子和三价离子的电子结构见表1.1。

**表1.1　稀土原子和三价离子的电子结构**

| 元素名称 | 元素符号 | 原子序数 | 原子电子结构 | 三价离子电子结构 | 三价离子基态光谱 |
|---|---|---|---|---|---|
| 钪 | Sc | 21 | $[Ar]3d^14s^2$ | [Xe][Ar] | — |
| 钇 | Y | 39 | $[Kr]4d^15s^2$ | [Xe][Kr] | — |
| 镧 | La | 57 | $[Xe]5d^16s^2$ | $[Xe]4f^0$ | $^{1/2}S_0$ |
| 铈 | Ce | 58 | $[Xe]4f^15d^16s^2$ | $[Xe]4f^1$ | $^2F_{5/2}$ |
| 镨 | Pr | 59 | $[Xe]4f^36s^2$ | $[Xe]4f^2$ | $^3H_4$ |
| 钕 | Nd | 60 | $[Xe]4f^46s^2$ | $[Xe]4f^3$ | $^4I_{9/2}$ |
| 钷 | Pm | 61 | $[Xe]4f^56s^2$ | $[Xe]4f^4$ | $^5I_4$ |
| 钐 | Sm | 62 | $[Xe]4f^66s^2$ | $[Xe]4f^5$ | $^6H_{5/2}$ |
| 铕 | Eu | 63 | $[Xe]4f^76s^2$ | $[Xe]4f^6$ | $^7F_0$ |
| 钆 | Gd | 64 | $[Xe]4f^75d^16s^2$ | $[Xe]4f^7$ | $^8S_{7/2}$ |

续表1.1

| 元素名称 | 元素符号 | 原子序数 | 原子电子结构 | 三价离子电子结构 | 三价离子基态光谱 |
|---|---|---|---|---|---|
| 铽 | Tb | 65 | $[Xe]4f^{9}6s^{2}$ | $[Xe]4f^{8}$ | $^{7}F_{6}$ |
| 镝 | Dy | 66 | $[Xe]4f^{10}6s^{2}$ | $[Xe]4f^{9}$ | $^{7}F_{15/2}$ |
| 钬 | Ho | 67 | $[Xe]4f^{11}6s^{2}$ | $[Xe]4f^{10}$ | $^{5}I_{8}$ |
| 铒 | Er | 68 | $[Xe]4f^{12}6s^{2}$ | $[Xe]4f^{11}$ | $^{4}I_{15/2}$ |
| 铥 | Tm | 69 | $[Xe]4f^{13}6s^{2}$ | $[Xe]4f^{12}$ | $^{3}H_{6}$ |
| 镱 | Yb | 70 | $[Xe]4f^{14}6s^{2}$ | $[Xe]4f^{13}$ | $^{2}F_{7/2}$ |
| 镥 | Lu | 71 | $[Xe]4f^{14}5d^{1}6s^{2}$ | $[Xe]4f^{14}$ | $^{1}S_{0}$ |

稀土元素的化学性质十分相近，就是由于它们的电子层结构十分类似。除了Y元素以外，其他稀土离子电子层结构的形式均可以写为$1s^22s^22p^63s^23p^63d^{10}4s^24p^64d^{10}5s^25p^64f^N$（或$4f^{N-1}5d^1$）$6s^2$。其中La、Ce、Gd、Lu的电子结构是$4f^{N-1}5d^16s^2$，其他元素都是$4f^N6s^2$。Y的电子结构为$1s^22s^22p^63s^23p^63d^{10}4s^24p^64d^{10}5s^2$。在形成原子状态时，电子先填充$5s^25p^6$壳层，然后再填充$4f^N$壳层。而在离子状态时，$4f^N$壳层会收缩到$5s^25p^6$壳层内，因此，$4f^N$壳层的电子会受到$5s^25p^6$壳层电子的屏蔽。由于屏蔽作用，$4f^N$壳层的电子在晶体中受到的晶体场作用比较微弱，使得$4f^N$能级的光谱具有类似原子光谱的性质。下面介绍稀土离子的光谱项和能级。

### 1.1.2　稀土离子的光谱项和能级

稀土离子在晶体中一般呈现+3 价，在可见光和红外区域的发光主要来自 $4f^N$组态内能级间的跃迁，$4f^N$组态到 $4f^{N-1}5d$ 组态的跃迁则产生紫外和真空紫外区的发光。$4f^N$壳层的轨道角动量$L=3$，在同一壳层内等价的电子数目很多，形成的光谱项数目非常多。通常用光谱项 $^{2S+1}L$ 表示能量状态，$2S$+1 表示光谱项的多重性，对应关系如下：

| $S$ | $P$ | $D$ | $F$ | $G$ | $H$ | $I$ | $K$ | $L$ | $M$ | $N$ | … |
|---|---|---|---|---|---|---|---|---|---|---|---|
| 0 | 1 | 2 | 3 | 4 | 5 | 6 | 7 | 8 | 9 | 10 | … |

在用 $^{2S+1}L$ 表示光谱项的情况下，同一光谱项还处于简并状态。自由离子中自旋角动量和轨道角动量之间发生耦合可以产生总角动量 $J$，这样，能级将发生分裂。分裂后能级的光谱项用光谱支项 $^{2S+1}L_J$ 表示。能级的简并度在晶体中受到晶体场的作用，将被解除或者部分解除，总轨道量子数 $J$ 对应的能级会发生劈裂，该能级最多可以分裂为（$2J+1$）个能级。稀土离子的能级劈裂示意图如图 1.1 所示。

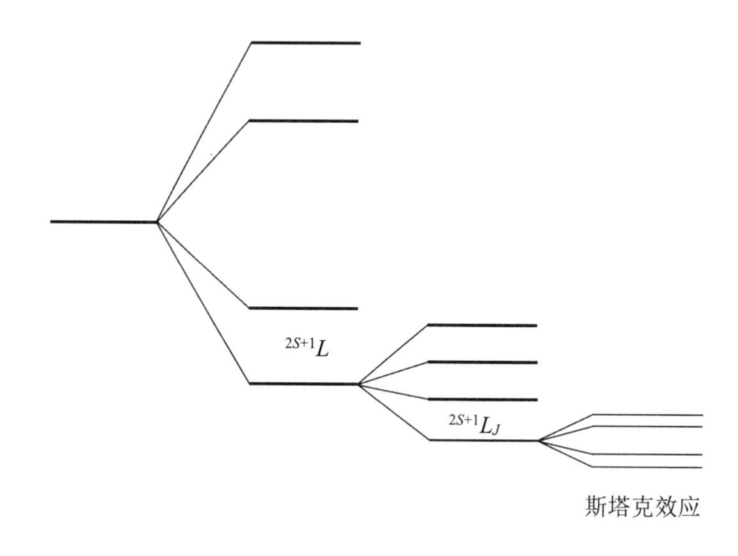


图1.1　稀土离子的能级劈裂示意图

Liu和Jacquier分析和收集了各种稀土离子在$LaF_3$晶体中的光谱，给出了各种稀土离子在50 000 $cm^{-1}$以下的能级分布图（图1.2，其中 $\lambda$ 为波长），从图1.2中可以观察到三价稀土离子的能级数目非常丰富。现已查明，在三价稀土离子的$4f^N$组态中，共存在1 639个能级，能量几乎涵盖了真空紫外到中红外波段，因此有关稀土离子掺杂的发光材料的研究与开发吸引了人们的广泛关注与重视。根据能级跃迁选择定则，可能发生跃迁的能级对的数目高达199 177个。稀土是一个巨大的光学材料宝库，可以从中发掘更多的新型光学材料。

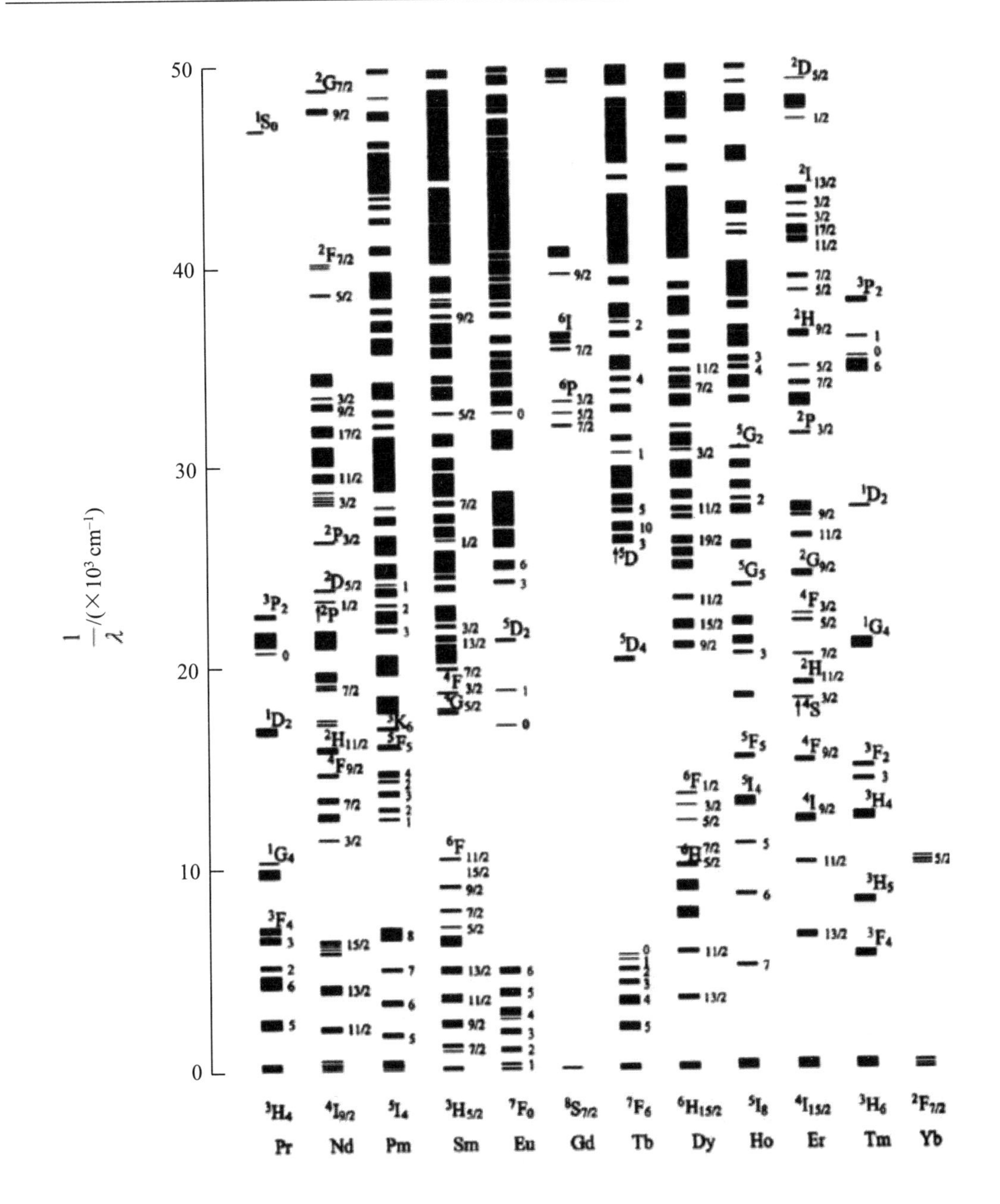


图1.2　$LaF_3$晶体中三价稀土离子能级分布图

## 1.2　稀土离子发光基本理论

发光是物质通过某种方式将所吸收的能量转化为光辐射的过程，是热辐射之外的另一种辐射。发光材料是指能够把从外界吸收的各种形式的能量转换为非平衡辐射的功能材料。自古以来，人类就热爱光明厌恶黑暗，希望能随意地控制光，通过人们不断的努力，至今已开发出很多实用的发光材料。在这些发光材料中，稀土起的作用远远超过其他元素。下面来具体介绍稀土元素的发光原理。

### 1.2.1 Stokes 发光与 Anti-Stokes 发光

如图1.3(a)所示，处于基态的离子吸收一个短波长的光子从基态跃迁到激发态，通过无辐射弛豫到较低的激发态，然后通过辐射跃迁回到基态，同时发出一个低能量的长波辐射，这个过程称为Stokes（斯托克斯）发光；相反地，基态离子通过吸收两个或者多个低能量光子而发射出高能量短波辐射的过程称为上转换（up-conversion）发光。上转换发光材料（up-conversion materials）是指在吸收长波辐射后，可以发射比激发光源波长短的辐射的发光材料。上转换发光现象违反了Stokes定律，也称上转换发光为Anti-Stokes发光，其过程示意图如图1.3(b)所示。由于上转换发光过程比Stokes发光复杂得多，下面详细介绍上转换发光机制。

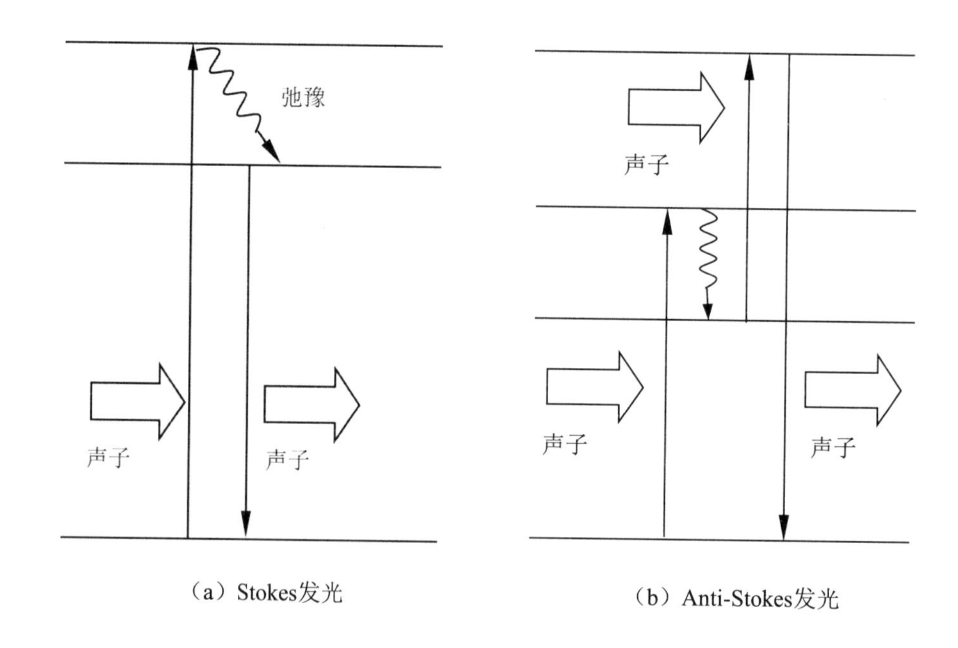


图1.3　Stokes发光与Anti-Stokes发光过程示意图

### 1.2.2 上转换发光机制

1966年，法国科学家奥泽尔发现在(Yb,Er):$NaY(WO_4)_2$材料中发射光子的能量大于吸收光子的能量，这是首次发现的上转换发光现象。从此以后，人们展开了对上转换发光的研究。与Stokes发光相比，上转换发光的机制要复杂一些。奥泽尔认为上转换发光过程可以归结为：能量传递上转换；激发态吸收；合作敏化上转换；合作发光；双光子吸收激发和光子雪崩效应。

（1）能量传递上转换（Energy Transfer Up-conversion，ETU）。

能量传递上转换如图1.4所示，处于激发态的施主离子把吸收的能量无辐射地传递给受主离子，使其跃迁到中间激发态。在回到基态之前，另一个处于激发态的受激离子又将能量传递给该受主离子，使受主离子跃迁到发射能级，然后以一个高能量的短波光子跃迁到基态。ETU过程是掺杂离子之间的相互作用，因此强烈依赖于掺杂离子的摩尔分数。离子的摩尔分数必须达到足够高才能保证能量传递的发生。

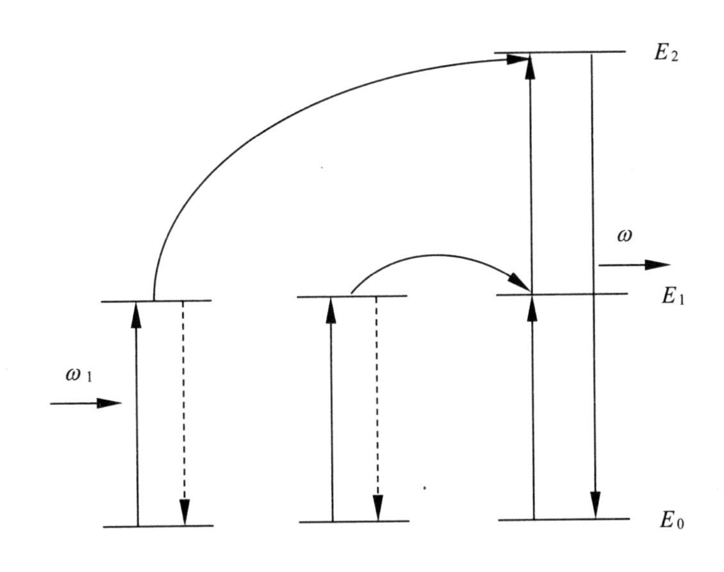


图1.4 能量传递上转换

（2）激发态吸收（Excited State Absorption，ESA）。

激发态吸收如图1.5所示，受主离子吸收一个光子而被激发到激发态，在从激发能级返回到基态之前，再吸收一个光子，而被激发到更高的能级，然后向下辐射跃迁到基态实现上转换发光。ESA为单个离子的吸收，不依赖于掺杂离子的摩尔分数。

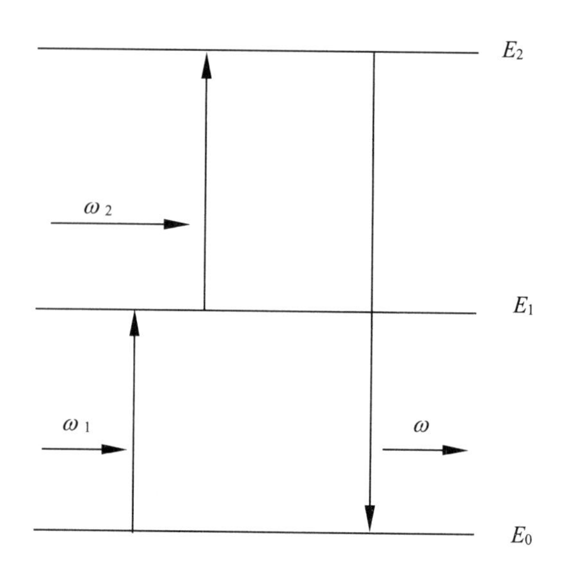


图1.5　激发态吸收

（3）合作敏化上转换（Cooperative Sensitization Up-conversion，CSU）。

合作敏化上转换是两个处于激发态的施主离子同时把能量传递给受主离子而跃迁回基态，如图 1.6 所示。与 ETU 相比，此过程不需要中间激发态。

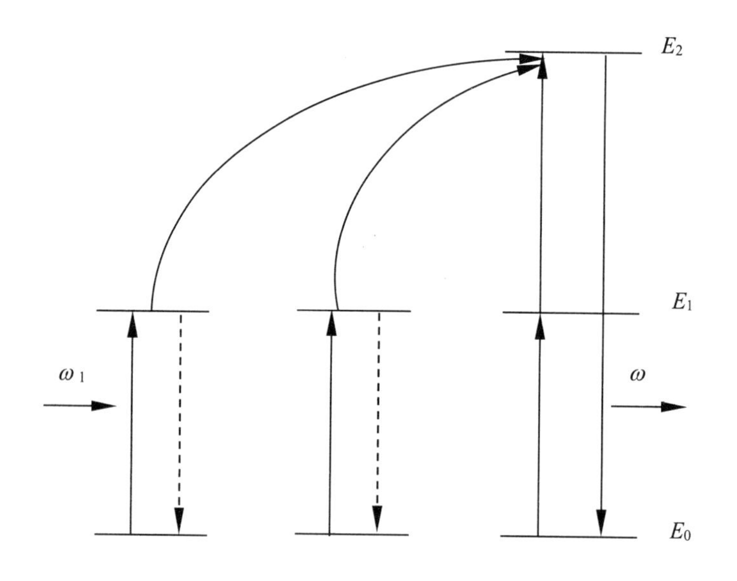


图1.6　合作敏化上转换

（4）合作发光（Cooperative Luminescence，CL）。

合作发光是两个处于激发态的离子同时回到基态，发射出的能量等于两个离子释放能量之和的一个光子，如图1.7所示。此过程中没有真正的发射能级，这是与ETU和CSU的主要区别。

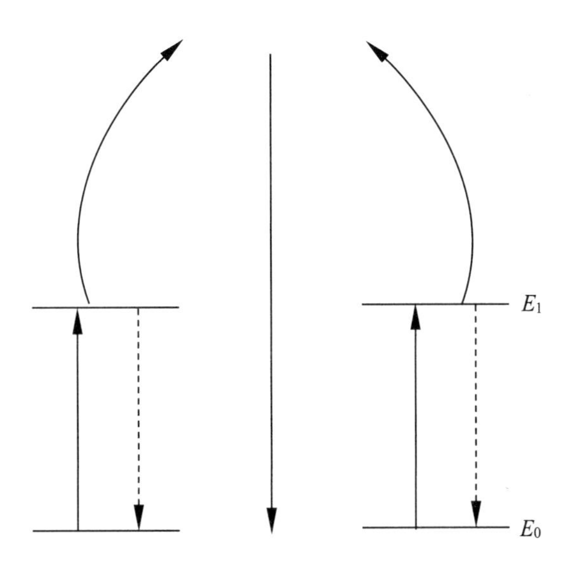


图1.7　合作发光

（5）双光子吸收激发（Two Photon Absorption Excitation，TPAE）。

双光子吸收激发是受主离子同时吸收两个光子被激发到激发态，如图1.8所示。此过程与ESA的区别是不需要中间激发态。

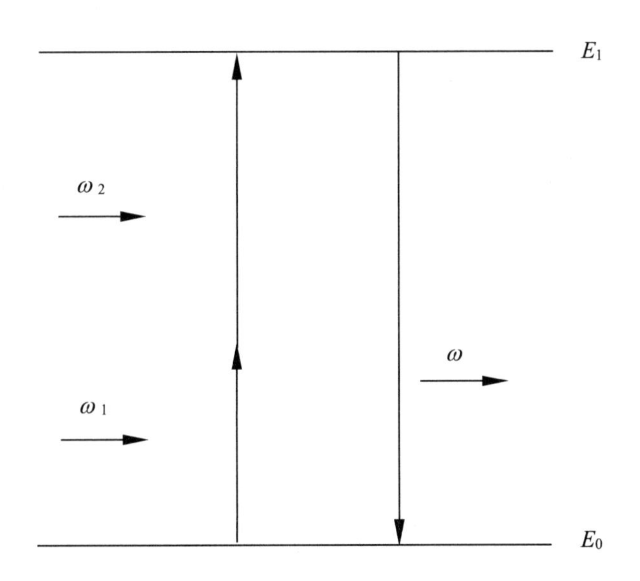


图1.8　双光子吸收激发

（6）光子雪崩（Photon Avalanche，PA）效应。

光子雪崩效应过程比较复杂，泵浦波长与激活离子基态的吸收波长有较大的差距，而与某激发态和其向上能级的能量差相匹配，如图1.9所示。此过程中激活离子之间存在较大的交叉弛豫速率，且建立雪崩需要一定的时间。

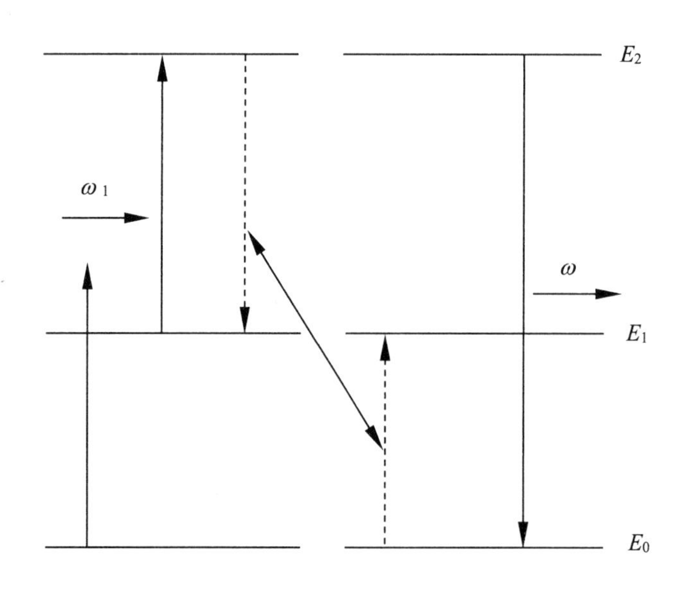


图1.9　光子雪崩效应

# 1.3　稀土离子发光光谱理论

## 1.3.1　能量传递方式

上文介绍了稀土离子的发光机制，可见能量传递在稀土离子的发光过程中有着重要的作用。能量传递的方式一般可以分为两类：辐射传递过程和无辐射传递过程。辐射传递过程是指离子 A 发射光谱的能量与离子 B 吸收光谱的能量相吻合，这时，离子 A 辐射出来的能量能够被离子 B 所吸收。在这种能量传递方式中，A、B 两种离子可看作相互独立的体系，两者之间没有直接的相互作用，但是要求两者的发射光谱和吸收光谱相重叠或有重叠的部分，即离子 A 发射的能量能够被离子 B 所吸收。由于稀土离子发射光谱主要为 f–f 能级跃迁而产生的线状光谱，光谱的发射强度和吸收强度都比较弱，辐射传递能量效率比较低，因此，辐射传递不是能量传递的主要方式。无辐射传递过程是通过体系中的多极矩作用使离子 A 某组能级对的能量无辐射地传递给离子 B 中与其能量相等的能级对，在这种传递过程中能量传递的效率较高，其成为稀土离子之间进行能量传递的主要方式。多极矩相互作用下的无辐射能量传递过程可分为共振传递过程、交叉弛豫传递过程和声子辅助传递过程，如图 1.10 所示。

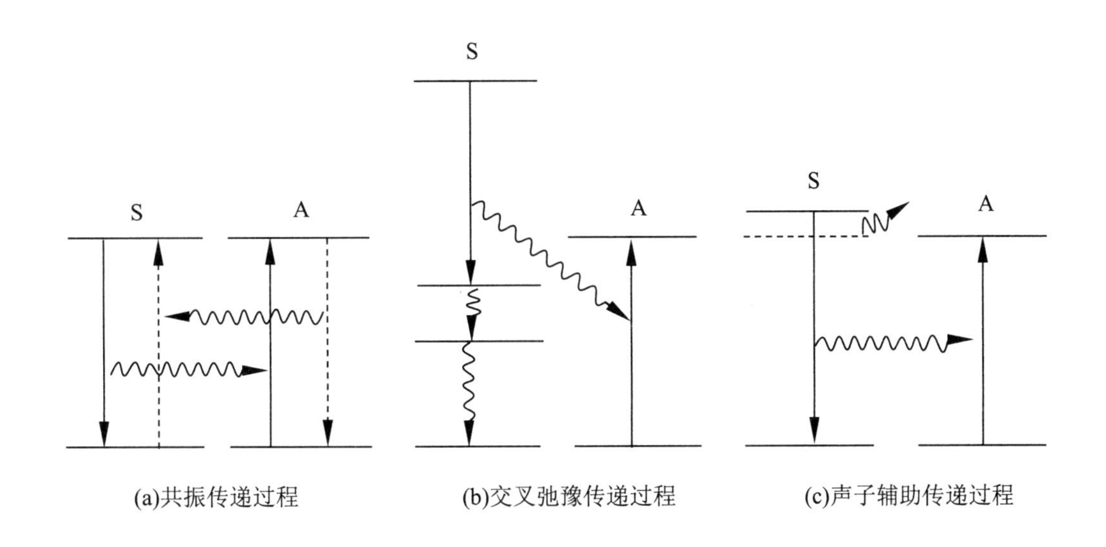


图1.10　无辐射能量传递过程示意图

图 1.10(a)所示为共振传递过程，此过程要求敏化离子 S 和激活离子 A 之间有位置相同且能量匹配的能级对，敏化离子 S 和激活离子 A 之间的能量传递具有可逆性。激活离子 A 的有效跃迁概率小于敏化离子 S 的传递概率时才能实现这种传递。图 1.10(b)所示为交叉弛豫传递过程，此过程中敏化离子 S 具有与激活离子 A 跃迁能量匹配的能级对，但能级对的位置不同，这种过程是不可逆的。图 1.10(c)所示为声子辅助传递过程，敏化离子 S 和激活离子 A 的能级对不十分匹配，但是相差不多，可以通过放出或吸收一个声子来实现能量传递。多极矩作用一般发生在离子间距离约为 20 Å（1 Å=0.1 nm）处，因此，稀土离子的能量传递依赖于其掺杂浓度[①]。了解了稀土离子的能量传递方式以后，下面来介绍稀土离子的能量传递理论。

### 1.3.2　Dexter 理论

当敏化离子 S 的能级 $i-j$ 和激活离子 A 的能级 $l-k$ 间发生交叉弛豫传递过程时，其

①掺杂浓度为专业术语，指掺杂离子的摩尔分数。

能量传递概率可以表示为

$$P_{\mathrm{SA}}=\frac{2\pi}{\hbar^2}\left|\langle jl|H_{\mathrm{SA}}|ik\rangle\right|^2\int f_{\mathrm{S}}(\omega)\varepsilon_{\mathrm{A}}(\omega)\mathrm{d}\omega \tag{1.1}$$

式中，S 和 A 分别为敏化中心和激活中心；$\hbar$ 为约化普朗克常数，$\hbar$=1.054 572 6×$10^{-34}$ J·s；$H_{\mathrm{SA}}$ 为相互作用的哈密顿算符；$f_{\mathrm{S}}(\omega)$和$\varepsilon_{\mathrm{A}}(\omega)$ 分别为敏化离子和激活离子跃迁时的归一化线性函数。通常只考虑电偶极–电偶极相互作用和电偶极–电四极相互作用。电偶极–电偶极相互作用的能量传递概率可表示为

$$P_{\mathrm{SA}}=\frac{3\hbar^4c^4}{4\pi}\frac{1}{\tau_{\mathrm{S}}}Q_{\mathrm{A}}\left(\frac{1}{R_{\mathrm{SA}}}\right)^6\frac{1}{n^4}\int\frac{f_{\mathrm{S}}(E)\varepsilon_{\mathrm{A}}(E)}{E^4}\mathrm{d}E \tag{1.2}$$

式中，$Q_{\mathrm{A}}$ 为激活离子的吸收截面的积分；$\tau_{\mathrm{S}}$ 为敏化离子跃迁辐射寿命；$R_{\mathrm{SA}}$ 为敏化离子和激活离子间的距离；$n$ 为主量子数；$E$ 为传递的能量，$E=h\nu$。

电偶极–电四极相互作用的能量传递概率为

$$P_{\mathrm{SA}}=\frac{135\pi\alpha\hbar^9c^8g_{\mathrm{A}}(k)}{4n^6R_{\mathrm{SA}}^8\tau_{\mathrm{S}}\tau_{\mathrm{A}}g_{\mathrm{A}}(l)}\int\frac{f_{\mathrm{S}}(E)\varepsilon_{\mathrm{A}}(E)}{E^8}\mathrm{d}E \tag{1.3}$$

式中，$\alpha$ 为常数，$\alpha=1.266$；$\tau_{\mathrm{A}}$ 为激活离子跃迁辐射寿命；$g_{\mathrm{A}}(k)$ 和 $g_{\mathrm{A}}(l)$ 分别为激活离子 $k$ 能级和 $l$ 能级的简并度。

从多极相互作用能量传递概率的表达式可以看出，能量传递效率与敏化离子和激活离子间的距离成反比。因此，随着两者之间距离的适当减小，敏化离子与激活离子之间的能量传递效率会增大。

### 1.3.3　多声子辅助弛豫理论

多声子辅助弛豫（Multiple Polyphonon Relaxation，MPR）理论普遍存在于稀土离子的发光过程中，几乎对每一个能级都有影响。众所周知，处于较高激发态的离子总有向低能态跃迁的趋势。但是，在某些情况下，它不是通过发射光子的方式来释放能量，而是通过辐射出几个声子来降低自身的能量，并弛豫到能量较低的能级上。MPR 发生的条件是两个能级之间的能量差要很小。一般来说，当两个能级的能量差小于或等于声子能量的 4～5 倍时，MPR 概率可与辐射跃迁概率相比，这时，需要考虑这两个能级间的 MPR 过程。MPR 概率通常用下式表示，即

$$W_n=W_0[1-\exp(-\hbar\nu/kT)]^{-n} \tag{1.4}$$

式中，$W_n$ 为温度 $T$ 时的多声子辅助弛豫概率；$W_0$ 为温度在 0 K 时的多声子辅助弛豫概率；$\nu$ 为体系的声子频率；$k$ 为玻耳兹曼常数；$T$ 为绝对温度；$n$ 为能级差与基质声子能量的比

值，$n = \Delta E / \hbar\nu$，$\Delta E$ 为相关能级间的能量差。

从式（1.4）中可以看出，在温度 $T$ 不变的情况下，对于一定的能级差 $\Delta E$，基质的声子能量越大，则发生多声子辅助弛豫过程的概率也就越大。那么，辐射跃迁概率会随之减小，从而导致发光强度减弱。因此，要想提高稀土离子的发光强度，就要采取有效的措施来降低基质的声子能量，减少多声子辅助弛豫过程。

上文介绍了稀土离子的能量传递理论，下面来介绍稀土离子的辐射跃迁理论。

### 1.3.4　J–O 理论

稀土离子发光光谱有两类：一类是线状光谱，是因$4f^N$组态内能级间的跃迁而产生的；另一类是带状光谱，是因$4f^N$组态内能级与其他组态能级间的跃迁而产生的。因为$4f^N$组态内能级各个状态的宇称是相同的，4f–4f能级间电偶极跃迁的矩阵元值为0，所以电偶极作用不能引起4f–4f跃迁。而在晶体中却能观察到$4f^N$组态内能级间跃迁产生的线状光谱，这是晶体场奇次项作用的结果。这种机理的理论研究在1962年分别被Judd和Ofelt解决，后来关于4f–4f跃迁的光谱强度的理论又称为J–O理论。根据J–O理论，影响发光强度的主要原因有电偶极跃迁、磁偶极跃迁和电四极跃迁。因此光谱强度可以写为

$$f_{\mathrm{ex}} = f_{\mathrm{ed}} + f_{\mathrm{md}} + f_{\mathrm{eq}} \tag{1.5}$$

式中，$f_{\mathrm{ex}}$ 为振子强度；$f_{\mathrm{ed}}$ 为电偶极跃迁的振子强度；$f_{\mathrm{md}}$ 为磁偶极跃迁的振子强度；$f_{\mathrm{eq}}$ 为电四极跃迁的振子强度。

电偶极跃迁的振子强度 $f_{\mathrm{ed}}$ 的表达式为

$$f_{\mathrm{ed}} = \frac{8\pi^2 mc\sigma}{3h(2J+1)}\chi_{\mathrm{ed}} \sum_{\lambda=2,4,6} \Omega_\lambda \left\langle 4f^N \psi J \| U^\lambda \| 4f^N \psi' J' \right\rangle^2$$

$$\Omega_\lambda = [\lambda][t]^{-1} \sum_{p,t} \left| A_{tp} \right|^2 \Xi^2(t,\lambda) \tag{1.6}$$

式中，$m$ 为电子质量；$c$ 为光速；$\sigma$ 为跃迁能量；$h$ 为普朗克常数；$J$ 为所处能级；$\chi_{\mathrm{ed}} = (n^2+2)/9n$；$\Omega_\lambda$ 为强度常数，可以通过实验拟合获得；$\psi$ 为波函数；$U^\lambda$ 为体系的单位张量算符；$\lambda$ 为偶数，对于 4f 电子，$\lambda$=2,4,6；$t$ 和 $p$ 为张量角标，$t$ 为奇数。

稀土离子电偶极跃迁的选择定则为

$$\Delta l = \pm 1；\ \Delta S = 0；\ |\Delta L| \leqslant 6；\ |\Delta J| \leqslant 6$$

当 $J$ 或 $J' = 0$ 时，$|\Delta J|$=2,4,6；　$|\Delta M| = p + q$。

其中，$l$ 为轨道角动量量子数；$S$ 为自旋角动量量子数；$L$ 为角动量量子数；$J$ 为总角动量

量子数；$M$ 为磁量子数。从电偶极跃迁的选择定则可知，由于稀土离子 4f 壳层的轨道角动量量子数 $l=3$，$\Delta l=0$，所以 4f 组态内的电偶极跃迁是禁戒的。但是在晶体场奇次项的作用下，4f 组态可以使与其宇称相反的组态混合，这些组态之间的电偶极跃迁矩阵元不再为 0，出现了线状的 4f–4f 跃迁。目前应用最广泛的可见光主要是由 4f–4f 跃迁而产生的。为了提高稀土离子的发光强度，应采取有效的措施打破稀土离子周围晶体场的对称性，解除 $4f^N$ 组态内电偶极跃迁的禁戒状态，增大 4f–4f 的跃迁概率。

磁偶极跃迁的振子强度表示为

$$f_{\mathrm{md}}=\frac{h\sigma}{6mc(2J+1)}\chi_{\mathrm{md}}\left\langle 4\mathrm{f}^N\psi J\|L+2S\|4\mathrm{f}^N\psi'J'\right\rangle^2 \tag{1.7}$$

磁偶极跃迁选择定则为

$$\Delta l=0;\quad \Delta S=0;\quad \Delta L=0;\quad \Delta J=0,\ \pm 1;\quad \Delta M=0,\ \pm 1$$

电四极跃迁的振子强度为

$$f_{\mathrm{eq}}=\frac{16\pi^4 mc\sigma^3}{45h(2J+1)}\chi_{\mathrm{eq}}\left[\left\langle r^2\right\rangle\left\langle 4f\left\|C^2\right\|4f\right\rangle\left\langle 4f^N\psi J\left\|C^2\right\|4f^N\psi'J'\right\rangle\right]^2 \tag{1.8}$$

电四极矩跃迁选择定则为

$$\Delta l=0;\quad \Delta S=0;\quad \Delta L\leqslant 2;\quad \Delta J\leqslant 2$$

磁偶极跃迁和电四极跃迁也是重要的跃迁方式，它们对振子强度也有贡献，但是数量级要比电偶极跃迁的数量级小。稀土离子的发光主要来源于电偶极跃迁。

### 1.3.5 爱因斯坦关系

处于高能级 $E_2$ 的一个原子自发地向低能级 $E_1$ 跃迁，并发射一个能量为 $h\nu$ 的光子的过程称为自发跃迁，自发跃迁过程用自发跃迁概率 $A_{21}$ 描述。$A_{21}$ 表示单位时间内 $n_2$ 个高能级（$E_2$ 能级）原子中发生自发跃迁的原子数与 $n_2$ 的比值，即

$$A_{21}=\left(\frac{\mathrm{d}n_{21}}{\mathrm{d}t}\right)_{\mathrm{sp}}\frac{1}{n_2} \tag{1.9}$$

式中，$A_{21}$ 为自发跃迁爱因斯坦系数。

如果处于低能态 $E_1$ 的一个原子在频率为 $\nu$ 的辐射场作用下，吸收一个能量为 $h\nu$ 的光子并跃迁到高能级 $E_2$，这种过程称为受激吸收跃迁，此过程用受激吸收跃迁概率 $W_{12}$ 来描述：

$$W_{12}=\left(\frac{\mathrm{d}n_{12}}{\mathrm{d}t}\right)_{\mathrm{st}}\frac{1}{n_1}=B_{12}\rho_\nu \tag{1.10}$$

式中，$B_{12}$ 为受激吸收跃迁爱因斯坦系数；$\rho_\nu$ 为激发源的能量密度。

处于高能级 $E_2$ 的原子在频率 $\nu$ 的辐射场作用下跃迁至低能级 $E_1$，同时辐射一个能量为 $h\nu$ 的光子，其受激跃迁概率为

$$W_{21}=\left(\frac{\mathrm{d}n_{21}}{\mathrm{d}t}\right)_{\mathrm{st}}\frac{1}{n_2}=B_{21}\rho_\nu \tag{1.11}$$

式中，$B_{21}$ 为受激辐射爱因斯坦系数。

热平衡下玻耳兹曼分布为

$$\frac{n_2}{n_1}=\frac{f_2}{f_1}\exp\left[-\left(\frac{E_2-E_1}{k_{\mathrm{B}}T}\right)\right] \tag{1.12}$$

式中，$f_1$ 和 $f_2$ 分别为能级 $E_1$ 和 $E_2$ 的统计权重。

在热平衡下，$n_1$ 和 $n_2$ 应保持不变，有

$$n_2A_{21}+n_2B_{21}\rho_\nu=n_1B_{12}\rho_\nu \tag{1.13}$$

由式（1.12）、式（1.13）和黑体辐射普朗克公式

$$\rho_\nu=\frac{8\pi h\nu^3}{c^3}\frac{1}{\exp\left(\frac{h\nu}{k_{\mathrm{B}}T}\right)-1} \tag{1.14}$$

可得

$$\frac{c^3}{8\pi h\nu^3}\left[\exp\left(\frac{h\nu}{k_{\mathrm{B}}T}\right)-1\right]=\frac{B_{21}}{A_{21}}\left[\frac{B_{12}f_1}{B_{21}f_2}\exp\left(\frac{h\nu}{k_{\mathrm{B}}T}\right)-1\right] \tag{1.15}$$

当 $T\to\infty$ 时，有

$$B_{12}f_1=B_{21}f_2 \tag{1.16}$$

$$\frac{A_{21}}{B_{21}}=\frac{8\pi h\nu^3}{c^3} \tag{1.17}$$

当 $f_1=f_2$ 时，有 $B_{12}=B_{21}$，则有

$$\frac{A_{21}}{B_{12}}=\frac{8\pi h\nu^3}{c^3} \tag{1.18}$$

即自发跃迁爱因斯坦系数与受激吸收跃迁爱因斯坦系数成正比。

## 1.4　稀土发光材料的研究进展

稀土元素独特的电子层结构决定了它们具有优越的发光性能。稀土离子具有丰富的能级，因此，稀土发光材料是一个巨大的发光宝库，吸引了国内外科学家们的研究兴趣。随

着社会的发展和科技的进步，稀土发光材料得到了迅速的发展。下面就稀土发光材料的研究现状做简要的介绍。

### 1.4.1 稀土发光材料的分类

稀土发光材料主要是由作为材料主体的化合物（基质材料）和掺入微量的稀土发光中心（激活离子）组成的。其中，基质材料的性质直接影响稀土发光材料的光学性质和物化性质。因此，为了提高稀土发光材料的实用性，基质材料不仅要具有声子能量低、透光范围宽等光学优点，还必须具有物化稳定性好、机械强度高及抗光伤阈值高等物化性质。按照基质材料的不同，稀土发光材料可以主要分为氟化物体系、卤化物体系、硫化物体系和氧化物体系。

（1）氟化物体系。氟化物基质材料具有较低的声子能量，可以减小由于光子弛豫而造成的无辐射跃迁损失，从而可以得到较高的发光效率。同时，氟化物还具有透光范围宽、容易拉成光纤维等优点，是目前应用较广的一类发光基质材料，典型的氟化物有 $LiYF_4$、$NaYF_4$、$YF_3$ 及 $LaF_3$ 等。然而，氟化物的物化稳定性和机械强度都较差，多数都有剧毒且制备成本高，这给生产和应用都带来了很大困难。

（2）卤化物体系。卤化物体系主要是稀土掺杂的重金属氯化物，如 $KPb_2Cl_5$ 和 $KPb_2Br_5$，其声子能量比氟化物还低几百个波数，可以进一步降低由于多声子弛豫而损失的能量，提高发光效率。但是，卤化物在空气中易潮解，这给其制备和应用带来了一些困难。

（3）硫化物体系。硫化物基质材料（如 $La_2S_3$、CaS）与氟化物基质材料一样，具有较低的声子能量，同时，其物化稳定性也比较稳定。但是，其要求在密闭条件下进行制备，不能与氧和水接触，这就给制备过程带来了难度。由于上述材料都有难以克服的缺点，这促使人们寻找其他基质材料。

（4）氧化物体系。氧化物基质材料虽然声子能量较高，但这类材料具有光学性能好、物化性能稳定、机械强度高、容易制备且制备成本低、无毒等优点，成为很有发展潜力的一类发光基质材料，是目前稀土发光基质材料的热点研究对象。典型的氧化物基质材料有 $Y_2O_3$、$Y_3Al_5O_{12}$、$Gd_2O_3$、$ZrO_2$ 及 ZnO 等。其中，$Y_2O_3$ 和 $Y_3Al_5O_{12}$ 具有优越的光学性能和物化性能，是本书的主要研究对象。下面来介绍稀土掺杂氧化物发光材料的研究进展。

### 1.4.2　稀土掺杂氧化物发光材料的现状及存在问题

稀土掺杂氧化物发光材料具有透光范围广、物化性能稳定、机械性能好、制备容易且成本低、毒性低等一系列优点，因此成为很有发展前景的一类发光材料，目前广泛应用于各领域。

早在 20 世纪 60 年代初期，稀土掺杂氧化物荧光粉就成为常规荧光粉的主要研究对象。钒酸钇铕（$Eu^{3+}$:$YVO_4$）、氧化钇铕（$Eu^{3+}$:$Y_2O_3$）和硫氧化钇铕（$Eu^{3+}$:$Y_2O_3S$）成为红色稀土荧光粉，取代了发光效率很低的 Mn: $Zn_3(PO_4)_2$。到了 20 世纪 70 年代，稀土发光材料的应用有了进一步的扩展。荷兰飞利浦公司成功研制了灯用稀土三基色荧光粉：红粉 $Eu^{3+}$:$Y_2O_3$、绿粉(Ce，Tb)$MgAl_{11}O_{19}$ 和蓝粉(Ba，Mg，Eu)$_3Al_{16}O_{27}$，并将三者按照一定比例混合制得荧光灯。稀土三基色粉的发光效率比卤粉的发光效率高，且显色更好，适用于紧凑型节能灯。稀土阴极射线发光材料主要应用于电子显示器件，作为能量转换媒介，把电信号转变为光信号。稀土阴极射线管主要应用在计算机显示屏幕和彩色电视机的显像管中。荧光粉由红、绿、蓝三种荧光粉按照适当的比例制作而成。蓝粉和绿粉采用价格较为低廉而且效率较高的硫化锌基质材料作为主要材料，红粉目前普遍使用的是有计划的硫化钇磷光体（$Eu^{3+}$:$Y_2O_3S$）。近年来三维立体显示成为平板显示的热点，它打破了原有的显示视觉效果，观察者可以从图 1.11～1.13 所示方向进行观测。美国斯坦福大学的 Downing 等于 1996 年利用双频上转换三色立体三维显示的方法在稀土掺杂的重金属氟化物玻璃中实现了三维立体显示。随后，2005 年，日本大阪大学的 Miyazaki 等在 810 nm 激发下 $Er^{3+}$掺杂的氟化物玻璃中实现了三维立体成像。由于玻璃的热稳定性很差，因此很难实现商业化的双三维显示系统。同时玻璃基质也很难制备成体积较大且光学性能均一的样品。为了解决以上问题，2008 年中国科学院上海光学精密机械研究所的 Liu 等以 $NaYF_4$ 为基质，以 $Yb^{3+}$–$Er^{3+}$和 $Yb^{3+}$–$Tm^{3+}$为掺杂离子对，在 980 nm 激发下实现了三维立体成像。

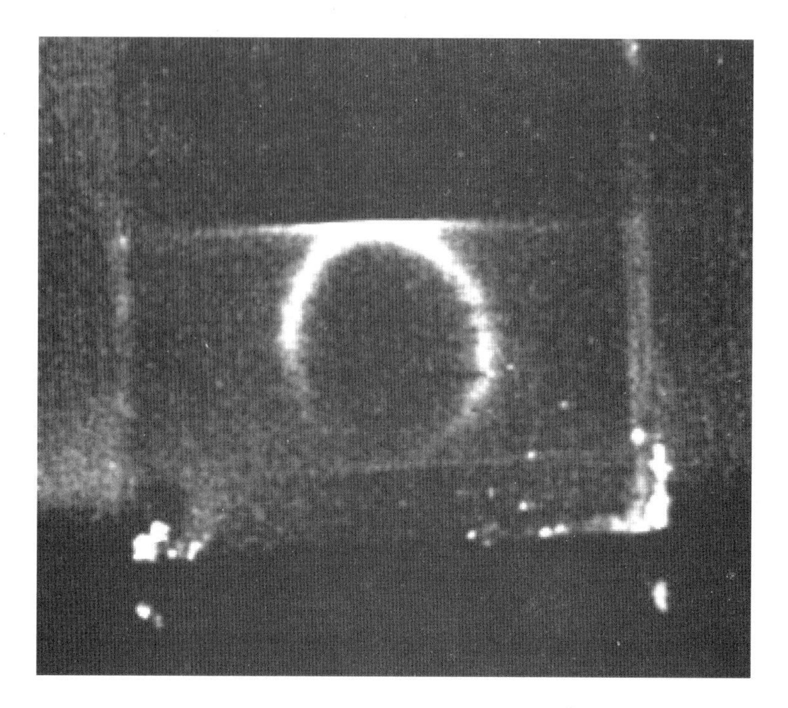

图1.11　从侧面观测到的三维成像

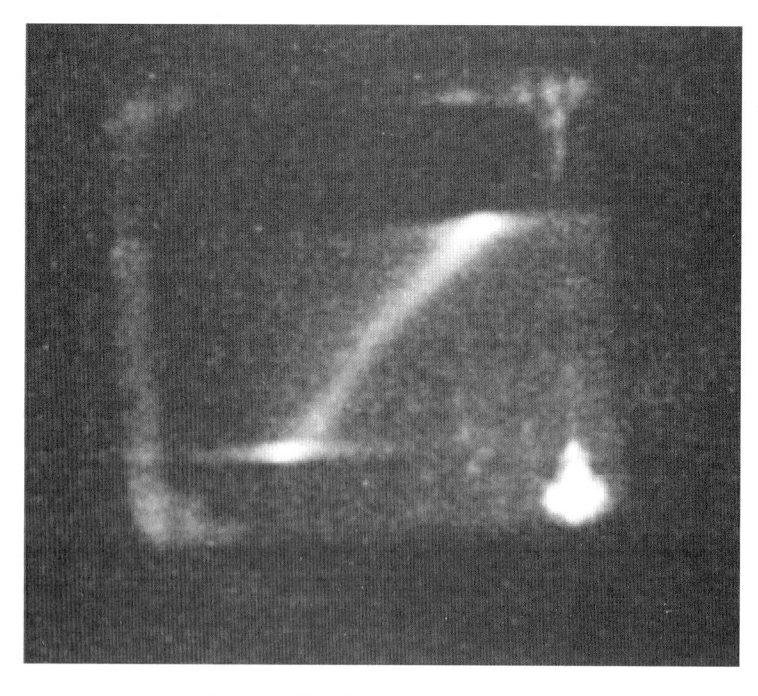

图1.12　从顶部观测到的三维成像

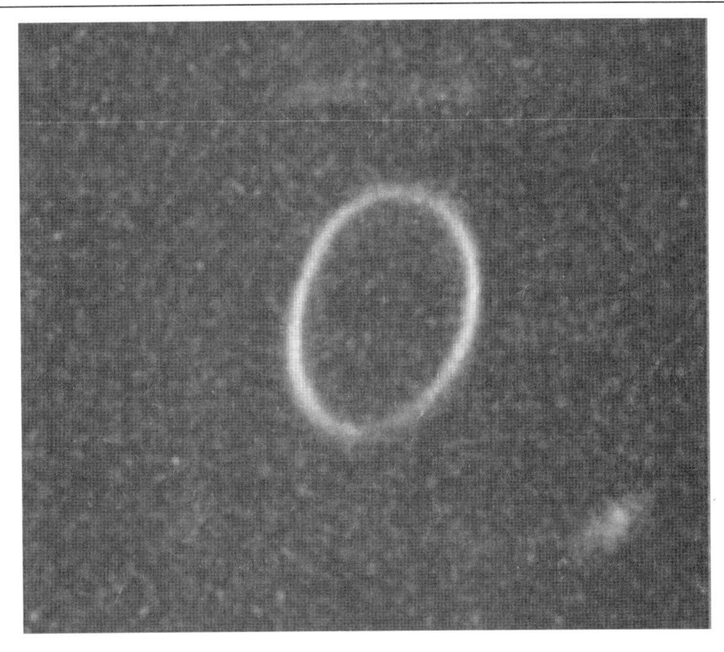

图1.13 从前面观测到的三维成像

随着半导体发光二极管发光效率的提高，1996年日本日亚化学公司将蓝色GaN芯片作为光源与可被蓝光激发而发出黄光的铈掺杂的$(YGd)_3(AlGa)_5O_{12}$荧光粉有机地结合起来，实现了白光LED。白光LED作为第四代照明光源，在未来将产生巨大的节能效果。但是，为了满足实际应用需要，稀土发光材料的发光效率还有待进一步提高。由于稀土离子的f–f跃迁都属于禁戒跃迁的窄带，强度较弱，不利于吸收激发光能，这已成为稀土离子发光效率不高的原因之一。在能源紧缺的当今社会，节能成为照明材料研究和发展的重要方向。如何提高稀土离子的发光效率，从而适应实际应用并节约能量，是我们必须解决的问题。

氧化物上转换发光材料优越的物化稳定性及优良的光学特性使其在生物医学成像、温度传感器及三维立体彩色显示等方面具有广阔的应用前景。2006年，Lim等将$Er^{3+}/Yb^{3+}:Y_2O_3$纳米粉应用于线形虫体的成像实验。2007年，Dong等发现$Er^{3+}/Yb^{3+}:Al_2O_3$在978 nm激发下可实现275～973 K的温度探测，其精度可达到0.005 1 $K^{-1}$。2008年，Hinklin等在980 nm激发下的透明多晶$(Y_{0.86}Yb_{0.11}Er_{0.33})_2O_3$中得到了662 nm的红光，在三维立体显示中可用作红色像素。虽然氧化物基质材料的声子能量比氟化物基质材料的声子能量要高，导致其上转换发光效率降低，但是，其稳定的化学性能、较高的熔点和优越的力学性能则是氟化物基质材料所不具备的。因而，稀土掺杂氧化物发光材料在许多应用领域的地位仍是不可替代的。然而低的上转换效率成为氧化物上转换发光材料实际应用的主要障碍，低的发射强度限制了温度探测的范围、成像信噪比及激光输出功率等。实现稀土掺杂氧化物上转换发光材料荧光的大幅度增强将增大其使用价值，并扩展其应用领域。1966 年奥泽尔在研究钨酸镱钠玻璃时意外发现当基质材料中掺入 $Yb^{3+}$时，$Er^{3+}$、$Ho^{3+}$和 $Tm^{3+}$的上转换可见发光强度在红外光激发下几乎提高了两个数量级，遗憾的是自那以后还没有其他方法能将上转换发光大幅增强。1974 年，研究人员对之前发表的有关上转换发光方面的材料进行了搜集和整理。结果发现，当时最好的材料的上转换发光效率不超过 0.1%。随着科技的发展和实际应用的需要，如何进一步提高上转换材料的发光效率成为其面临的问题。在当时，由于发光二极管的发射峰与上转换材料的激发峰的匹配不理想，因此，进一步提高上转换发光材料的效率十分困难。20 世纪 90 年代以来，随着大功率红外连续二极管激光器的研制成功以及日益成熟，上转换荧光材料的理论、实验和应用研究都达到了一个高潮。经过不懈的努力，室温下终于在氟化物晶体中成功地获得了激光运转，光–光转换效率达到了 1.4%。虽然上转换材料得到了长足发展，但要满足实际应用还需进一步提高其发光效率。

### 1.4.3 影响稀土发光材料发光性能的因素

从稀土发光材料的发展来看，发光效率低一直是其发展道路上的障碍。稀土发光材料通常由基质材料和激活离子组成，影响其发光效率的因素主要是基质材料的声子能量和表面缺陷以及激活离子的吸收和发射能力。

基质材料的声子能量是晶格振动能，当声子能量与激发或发射频率相近时，晶格会吸收能量产生无辐射跃迁，从而造成能量损失，使得发光效率降低。基质材料的表面缺陷会在发光过程中成为能量的俘获中心，从而增大无辐射跃迁概率。因此，要得到较高的发光效率就需要降低基质材料的声子能量，同时，减少基质材料的表面缺陷和无辐射跃迁过程。

对于激活离子来说，稀土离子的线状光谱来源于 4f–4f 能级间的电偶极跃迁。而根据宇称选择定则，这种跃迁是禁戒的，强度较弱，不利于吸收激发光能，同时，其发射能力也很弱，这已成为稀土离子发光效率不高的原因之一。要想提高稀土离子的发光效率，可以通过掺杂敏化离子帮助激活离子吸收激发光能或者打破 f–f 能级间的禁戒跃迁以增大辐射跃迁概率。

激活离子的猝灭浓度对其发光效率也有直接的影响。在稀土离子的掺杂浓度达到猝灭浓度之前，其发光强度随着掺杂量的增加而增大，而达到猝灭浓度以后发光强度将随着掺杂浓度的增加逐渐减小。如果能够有效地提高稀土离子的猝灭浓度，无疑可以提高对泵浦光源的吸收能力，从而提高稀土离子的发光效率。

## 1.5 提高稀土发光材料发光效率的方法

从以上对稀土发光材料发光效率的影响因素分析可以得出，提高稀土发光材料的发光效率可以从以下几方面入手。

### 1.5.1 减小无辐射跃迁概率

稀土离子的发光效率在很大程度上受到能级间无辐射跃迁的影响，无辐射跃迁概率越大，越不利于发光。而无辐射跃迁的概率与基质材料的声子能量有关，基质材料的声子能量越高，产生无辐射跃迁的概率就越大。而对于纳米发光材料而言，无辐射跃迁概率除了与基质材料的声子能量有关，还与基质材料的表面态有关。表面缺陷越多，无辐射跃迁概率就越大。因此，为了提高发光效率，必须减少基质材料的表面缺陷。由于纳米材料尺寸小、比表面积大，因此，其表面缺陷远多于块体材料的表面缺陷，从而增大了无辐射跃迁概率。为了提高纳米发光材料的发光效率，可以采取适当的措施减少其表面缺陷的数量，从而减小无辐射跃迁概率，提高其发光效率。

研究认为纳米颗粒表面存在大量的表面缺陷态，而表面缺陷具有很大的振动能量，会极大地增大能级之间的无辐射弛豫概率，从而降低上转换发光效率。Kömpe 和 Mai 分别在 Tb:$CePO_4$/$LaPO_4$ 和 Yb,Er:$NaYF_4$/$NaYF_4$ 核/壳结构中发现，当在纳米颗粒表面包覆一层与其晶格常数近似的材料时，可以减少样品的表面缺陷态，因此，可以大幅提高上转换的发光效率。2006 年，Bai 等采用两步水热合成法在 $Eu^{3+}$:$Y_2O_3$ 纳米管上包覆一层氧化钇，从而减少了纳米管表面的缺陷，减少了无辐射跃迁过程，使得 $Eu^{3+}$的红光发射有了明显提高。2007 年，Yi 等制备了水溶性的 Yb,Er(Tm):$NaYF_4$/$NaYF_4$/聚合物核/壳/壳纳米颗粒，发现在发光纳米颗粒表面包覆一层低声子能量的壳层可以有效减小处于颗粒表面的稀土离子的无辐射跃迁概率，使其发光增强。然而，这些通过核/壳结构来降低无辐射跃迁概率的制备过程过于复杂，而且产量很低。为了使稀土发光材料实现大规模的实际应用，需要从影响无辐射跃迁过程的机理出发，在提高其发光效率的同时，简化制备流程，提高生产效率。

### 1.5.2 选择合适的敏化离子

由于稀土离子发射光谱主要为 f–f 能级间跃迁而产生的线状光谱，光谱的发射强度和吸收强度都比较弱。为了提高激活离子的发光效率必须提高激活离子对泵浦光能量的利用率。因此，敏化离子在提高激活离子的发光效率中起到了非常重要的作用。有些稀土离子在没有敏化离子掺杂的情况下几乎不发光，当掺杂少量敏化离子后其发光强度就可以增加一个数量级以上。敏化离子和激活离子之间的能量传递主要有两种机制：①敏化离子吸收激发能量后再将能量辐射出来，激活离子将敏化离子辐射的能量进行再吸收，即敏化离子通过辐射将能量传递给激活离子；②当敏化离子与激活离子之间存在共振能级时，敏化离子将吸收的能量无辐射共振传递给激活离子，使激活离子被激发，即敏化离子通过无辐射共振将能量传递给激活离子。无论是辐射能量传递还是无辐射能量传递都要求敏化离子发射光谱与激活离子的吸收光谱有相交叠的部分。根据这个原理，目前已经在很多体系中实现了敏化离子对激活离子的敏化作用。

$Yb^{3+}$是最早发现的一种敏化离子，其 $^2F_{7/2}\to{}^2F_{5/2}$ 跃迁吸收能力很强，在 980 nm 附近有较大的吸收截面，与目前可以得到的半导体激光器 GaAlAs 和 InGaAs 的激光发射波长相匹配。此外，$Yb^{3+}$的 $^2F_{5/2}$ 能级高于 $Er^{3+}$、$Ho^{3+}$、$Tm^{3+}$的 $^4I_{11/2}$、$^5I_6$、$^3H_5$ 能级，可将吸收的红外激发能量传递给这些激活离子，从而实现对这些离子的敏化，增强其上转换发光强度。因此，在大功率红外二极管激光器泵浦下 $Yb^{3+}$与 $Er^{3+}$、$Tm^{3+}$、$Ho^{3+}$之间可以实现有效的能量传递。1966 年，奥泽尔在研究钨酸镱钠玻璃时发现当基质材料中掺入 $Yb^{3+}$后，$Er^{3+}$、$Tm^{3+}$、$Ho^{3+}$在红外光激发时，可见光发光强度几乎提高了两个数量级。此外，$Yb^{3+}$能级的结构简单，只有一个激发态，避免了其自身的上转换发光过程的发生，因此，$Yb^{3+}$被广泛用作红外光激发下上转换发光材料的敏化离子。Fujioka 等发现 $Cr^{3+}$与 $Nd^{3+}$的激发谱在 400～710 nm 有交叠，且 $Cr^{3+}$在此波长范围内有吸收中心位于 440 nm 和 590 nm 的两个吸收带，分别对应 $Cr^{3+}$的 $^4A_2\to{}^4T_1$ 和 $^4A_2\to{}^4T_2$ 跃迁。因此，在 440 nm 和 590 nm 激发下 $Cr^{3+}$可以将 $Nd^{3+}$在红外区域的发光强度提高一个数量级。Wang 等发现在 331 nm 激发下，能量可以通过无辐射跃迁有效地从 $Ce^{3+}$的 $^2E$ 能级传递给 $Cr^{3+}$的 $^4T$ 能级，从而大幅增强 $Cr^{3+}$的红光发射。此外，人们发现 $Bi^{3+}$在紫外激发下的发射光谱和 $Eu^{3+}$的吸收光谱有交叠，在紫外激发下 $Bi^{3+}$可以有效地敏化 $Eu^{3+}$，使其红光发射大幅提高。

利用敏化离子的敏化作用可以有效地提高稀土离子的发光效率。但是，目前有关敏化离子和激活离子的研究一直停留在少数几种常用的组合上。我们应该以敏化发生的条件为理论基础，结合对稀土离子跃迁能级的分析，开发出新的敏化离子与激活离子的组合，以适应稀土发光材料的应用需要，提高稀土离子的发光效率。

### 1.5.3 增大稀土离子的辐射跃迁概率

众所周知，稀土离子的线状光谱来源于4f–4f能级间的电偶极跃迁。由于稀土离子$4f^N$

组态内能级各个状态宇称是相同的，4f–4f能级间电偶极跃迁的矩阵元值为0，所以电偶极作用不能引起4f–4f跃迁。而在晶体中却能观察到$4f^N$组态内能级间的跃迁，这是晶体场奇次项作用的结果。在晶体场作用下，4f组态会同与其宇称相反的更高电子组态（5d或5g）混合，这时，4f–4f能级间原有的电偶极禁戒跃迁可以被部分打破，辐射跃迁概率增大，稀土离子的发光效率会提高。要想增强稀土离子的发射和吸收强度必须打破晶体中原有的晶体场对称性，增大4f–4f能级间的电偶极跃迁概率。

1999年，Patra等研究了$Eu^{3+}$在$Al_2O_3$和$SiO_2$两种基质中的发光情况。结果发现前者的发光强度明显高于后者的发光强度，且前者的电偶极跃迁（$^5D_0 \to {}^7F_1$）概率与磁偶极跃迁（$^5D_0 \to {}^7F_2$）概率的比值较后者大。研究认为，$Eu^{3+}$在$SiO_2$所占位置的对称性比其在$Al_2O_3$所占位置高，因此，抑制了其电偶极跃迁概率，进而降低了$Eu^{3+}$的发光强度。在2003年，Patra又发现$Er^{3+}$:$ZrO_2$的发光强度与$ZrO_2$的对称性密切相关。随着烧结温度的升高，$ZrO_2$由四方相转变成单斜相，这一晶相的转变使得$Er^{3+}$:$ZrO_2$的发光强度明显提高。结果表明，处于低对称位的$Er^{3+}$具有更高的辐射跃迁概率。随着研究的发展，人们发现低价态、小半径的$Li^+$掺杂可以提高稀土离子的发光强度。2005年，Shin等报道$Li^+$掺杂可以分别通过电荷补偿和改变晶体对称性来提高$Eu^{3+}$:$Y_2O_3$和$Eu^{3+}$:$Gd_2O_3$的发光强度。2008年，Chen等发现$Li^+$掺杂可以通过改变$^4I_{13/2}$能级的寿命和$^2H_{11/2}$/$^4S_{3/2}$能级绿光辐射率大幅增强$Er^{3+}$:$Y_2O_3$的发光强度。2009年，Bai等的实验结果表明，$Li^+$掺杂可以提高$Ho^{3+}$/$Yb^{3+}$:$Y_2O_3$的发光强度，他们认为$Li^+$掺杂不仅可以降低晶体场的对称性，而且可以使基质中$OH^-$的摩尔分数减小。关于$Li^+$掺杂提高稀土离子发光强度的报道很多，主要是通过其掺杂改变了激活离子本身的一些性质，但是对于$Li^+$所起的作用众说纷纭，人们还没有弄清楚发光增强机理。而且，研究中多为$Li^+$处于替代晶体中离子格位的位置，关于处于填隙位置的$Li^+$对发光的影响却少有报道。因此，应该从$Li^+$入手，对$Li^+$在晶格中不同占位的情况和影响发光的机理应该做系统的研究，为寻找简单、有效增大辐射跃迁概率的方法提供理论和实验基础。

### 1.5.4 提高激活离子的猝灭浓度

对于稀土离子而言，在其掺杂量达到掺杂猝灭浓度之前，稀土离子的发光强度随着掺杂量的增加而增大，而达到猝灭浓度以后，发光强度将随着掺杂浓度的增大而逐渐减小。如果能够有效提高稀土离子的猝灭浓度，无疑可以增加参与吸收和发射过程的离子数，提高稀土离子的发光强度。虽然人们在$Eu^{3+}$:$YVO_4$和$Eu^{3+}$:$YBO_3$等体系的纳米颗粒中发现随着稀土离子尺寸的减小，其猝灭浓度提高，但是这主要归因于纳米晶的大比表面积使共振能量传递时受到边界的阻碍。这并没有从根本上提高激活离子的猝灭浓度，而且对于块体材料也是不适用的。在某种基质材料中，稀土离子的掺杂量是有限度的，目前尚未发现有效的方法可以提高稀土离子的猝灭浓度。因此，增加稀土离子猝灭浓度以提高其发光效率是很有意义的工作。

# 1.6 本书研究的主要内容及意义

## 1.6.1 本书研究的主要内容

本书以具有优良物化性能和机械性能的钇氧化物为基质材料，并选取其中具有代表性的 $Y_2O_3$ 和 $Y_3Al_5O_{12}$ 为研究对象。从影响稀土发光材料发光效率的物理机制出发来研究提高发光效率的方法，具体研究内容如下：

（1）通过水热法和微波法制备 $Eu^{3+}$:$Y_2O_3$ 纳米晶，分析了纳米晶的生长机制，讨论其发光性能与表面态的关联，并通过改变晶体形貌、减少表面缺陷，降低了无辐射跃迁概率，提高了发光效率。其中微波法简化了稀土掺杂纳米晶的制备方法，提高了生产效率。

（2）以 $Li^+$和 $Ag^+$两种一价离子掺杂来改善 $Eu^{3+}$的发光性能，分析两种离子对 $Eu^{3+}$:$Y_2O_3$ 发光特性影响的物理机制。一价离子 $Li^+$和 $Ag^+$的掺杂都能提高 $Eu^{3+}$的发光强度，而其中的物理机制有所不同。$Li^+$导致的发光增强来源于两个因素，即辐射跃迁概率的增大和无辐射跃迁概率的减小，实验结果表明后者起主要作用。而 $Ag^+$掺杂后 $Eu^{3+}$的发光强度的增强来源于其辐射跃迁概率的增大。

（3）以 $Bi^{3+}$掺杂来改善 $Er^{3+}$的发光性能，并研究其中的物理机制：利用紫外激发下 $Bi^{3+}$对 $Er^{3+}$的敏化作用大幅提高了 $Er^{3+}$的发光效率；利用 $Bi^{3+}$对 $Er^{3+}$周围晶体场的调制作用增大其辐射跃迁概率；通过 $Bi^{3+}$掺杂减弱近邻 $Er^{3+}$间的交叉弛豫作用，提高 $Er^{3+}$的 $^2H_{11/2}$/$^4S_{3/2}$ 能级猝灭浓度。

（4）以 $Li^+$掺杂来改善 $Er^{3+}$的发光行为，并分析 $Li^+$掺杂对 $Er^{3+}$:$Y_2O_3$ 发光特性影响的物理机制。本书研究了掺杂 $Li^+$前后 $Er^{3+}$的 $^2H_{11/2}$/$^4S_{3/2}$ 能级猝灭浓度的变化，以及 $Er^{3+}$发光强度的变化。虽然掺杂 $Li^+$降低了 $Er^{3+}$的 $^2H_{11/2}$/$^4S_{3/2}$ 能级猝灭浓度，但是小半径 $Li^+$掺杂能够打破 $Er^{3+}$晶体场的对称性，从而增大 $Er^{3+}$的辐射跃迁概率。

（5）以小半径、低价态的 $Li^+$掺杂来降低 $Er^{3+}$周围晶体场的对称性。通过 $Er^{3+}$辐射跃迁概率、能级寿命及对泵浦光源吸收率的增大，大幅度地提高其发光效率。

### 1.6.2 本书研究的目的和意义

从上文对稀土发光材料发展的介绍可以看出，由于稀土离子具有能级丰富、物化稳定性好及荧光寿命长等优点，近年来，稀土发光材料受到了国内外研究者的青睐，有了突飞猛进的发展，但其发光效率较低一直是稀土发光材料应用领域的难题。为了提高稀土发光材料的发光效率，使其走向大规模的实际应用，本书将从影响稀土发光材料发光效率的机制出发来探索提高发光效率的途径，以实现对发光效率的有效提高。

本书以具有优良物化性能和光学性能的稀土掺杂钇氧化物为研究对象，以影响稀土离子发光效率的物理机制为指导，从以下几个方面出发来提高稀土离子的发光效率：降低发光材料的无辐射跃迁概率；利用敏化离子有效提高激活离子的发光强度；打破激活离子周围局域晶体场对称性提高其辐射跃迁概率；提高激活离子的猝灭浓度。本书的研究结果对其他基质材料发光体系的研究具有一定的指导意义，为提高稀土发光材料的发光强度、拓展其应用领域提供了有益的帮助。

## 本章参考文献


[1] SINGH L R, NINGTHOUJAM R S, SUDARSAN V, et al. Luminescence study on $Eu^{3+}$ doped $Y_2O_3$ nanoparticles: particle size, concentration and core-shell formation effects [J]. Nanotechnology, 2008, 19: 055201-055208.

[2] BAI Y F, WANG Y X, PENG G Y, et al. Enhanced white light emission in Er/Tm/Yb/Li codoped $Y_2O_3$ nanocrystals [J]. Opt. Commun., 2009, 282: 1922-1924.

[3] YANG H M, SHI J X, GONG M L, et al. The UV and VUV luminescence properties of the phosphor $Mg_2GeO_4$:$Tb^{3+}$ [J]. Mater. Lett., 2010, 64: 1034-1036.

[4] STOUWDAM J W, VANVEGGL F C J M. Near-infrared emssion of redispersible $Er^{3+}$, $Nd^{3+}$, and $Ho^{3+}$ doped $LaF_3$ nanoparticles [J]. NanoLett., 2002, 2: 733-737.

[5] ZHANG J, WANG S W, AN L Q, et al. Infrared to visible up-conversion luminescence in $Er^{3+}$:$Y_2O_3$ transparent ceramics [J]. J. Lumin., 2007, 8-10:122-123.

[6] SHUKSHIN V E. Spectroscopic and lasing properties of disordered $Yb^{3+}$-doped crystals [J]. Phys. Wave Phenom., 2009, 17: 165-191.

[7] UHEDA K. Application of nitiride and oxynitiride compounds to various phosphors for white LED [J]. Siai. Non-oxides., 2009, 403: 15-18.

[8] PSUJA P, HRENIAK D, STREK W. Rare-earth doped nanocrystalline phosphors for field

emission displays [J]. J. Nanomater., 2007: 81350.

[9] SETUA S, MENON D, ASOK A, et al. Folate receptor targeted, rare-earth oxide nanocrystals for bi-modal fluorescence and magnetic imaging of cancer cells [J]. Biomaterials, 2010, 31: 714-729.

[10] CAO T Y, YANG T S, GAO Y, et al. Water-soluble $NaYF_4$:Yb/Er up-conversion nanophosphors: synthesis, characteristics and application in bioimaging [J]. Inorg. Chem. Commun., 2010, 13: 392-394.

[11] 李建宇. 稀土发光材料及其应用[M]. 北京:化学工业出版社, 2003.

[12] 黄小勇. 稀土掺杂发光材料下转换发光特性研究[D]. 广州: 华南理工大学, 2011.

[13] AUZEL F. Compteur quantique par transfert denergie entre deux ions de terres rares dans un tungstate mixte et dans un verre [J]. Compt. Rend. Acad. Sci. Paris B, 1966, 262B: 1016-1019.

[14] AUZEL F. Compteur quantique par transfert denergie de $Yb^{3+}$ a $Tm^{3+}$ dans un tungstate mixte et dans un verre germanate [J]. Compt. Rend. Acad. Sci. Paris B, 1966, 263B: 819-821.

[15] AUZEL F. Up-conversion and anti-stokes processes with f and d ions in solids [J]. Chem. Rev., 2004, 104: 139-173.

[16] VANUITER L G, JOHNSON L F. Energy transfer between rare-earth ions [J]. J. Chem. Phys., 1966, 44: 3514-3522.

[17] DEXTER D L. A theory of sensitized luminescence in solids [J]. J. Chem. Phys., 1953, 21: 836-850.

[18] MIYAKAWA T, DEXTER D L. Phonon sidebands, Multiphonon relaxation of exeited states, and Phonon-assisted energy transfer between ions in solids [J]. Phys. Rev. B, 1970, l: 2961-2969.

[19] DASILVA C J, DEARAUJO M T, GOUVEIA E A. Thermal effect on multiphonon-assised anti-stokes exeited up-conversion fluoreseence emission in $Yb^{3+}$-sensitized $Er^{3+}$-doped optical fiber [J]. Appl. Phys. B, 2000, 70: 185-194.

[20] CHEN G Y, LIU H C, LIANG H J, et al. up-conversion emission enhancement in $Yb^{3+}/Er^{3+}$-codoped $Y_2O_3$ nanocrystals by tridoping with $Li^+$ ions [J]. J. Phys. Chem. C, 2008, 112: 12030-12036.

[21] GUO H, DONG N, YIN M, et al. Visible up-conversion in rare earth ion-doped $Gd_2O_3$ nanocrystals [J]. J. Phys. Chem. B, 2004, 108: 19205-19209.

[22] BLASSE G, GRABMAIER B C. Luminescent materials [M]. Berlin:Springer-Verlag, 1994: 71.

[23] WANG H S, DUAN C K, TANNER P A. Visible up-conversion luminescence from $Y_2O_3$:$Eu^{3+}$,$Yb^{3+}$ [J]. J. Phys. Chem. C, 2008, 112: 16651-16654.

[24] JUDD B R. Optical absorption intensities of rare-earth ions [J]. Phys. Rev., 1962, 127: 750-761.

[25] OFELT G S. Intensities of crystal spectra of rare-earth ions [J]. J. Chem. Phys., 1962, 37: 511-520.

[26] 周炳琨, 高以智, 陈倜嵘, 等. 激光原理[M]. 北京: 国防工业出版社, 2004.

[27] AUZEL F, CHEN Y H. Photon avalanche luminescence of $Er^{3+}$ ions in $LiYF_4$ crystals [J]. J. Lumin., 1995, 65: 45-56.

[28] YIN J G, HANG Y, ZHANG L H, et al. Origin of the 330 nm absorption band and effect of doping Yb in $LiYF_4$ crystals [J]. J. Lumin., 2010, 130: 1338-1342.

[29] ALONSO A S, RAMOS J M, YANES A. C, et al. Up-conversion in sol-gel derived nano-glass-ceramics comprising $NaYF_4$ nano-crystals doped with $Yb^{3+}$, $Ho^{3+}$ and $Tm^{3+}$ [J]. Opt. Mater., 2010, 32: 903-908.

[30] MIEKE J M, LINDA A, VAN D E B M, et al. Downconversion for solar cells in $YF_3$:$Nd^{3+}$, $Yb^{3+}$ [J]. Phys. Rev. B, 2010, 81: 035107.

[31] FUKUDA K, KAWAGUCHI N, ISHIZU S, et al. Crystal growth and scintillation characteristics of the $Nd^{3+}$ doped $LaF_3$ single crystal [J]. Optic. Mater., 2010, 32: 1142-1145.

[32] NOSTRAND M C, PAGE R H, PAYNE S A, et al. Optical properties of $Dy^{3+}$ and $Nd^{3+}$ doped $KPb_2Cl_5$ [J]. J. Opt. Soc. Am. B, 2001, 18: 264-276.

[33] RADEMAKER K, KRUPKE W F, PAGE R H, et al. Optical properties of $Nd^{3+}$ and $Tb^{3+}$ doped $KPb_2Br_5$ and $RbPb_2Br_5$ with low nonradiative decay [J]. J. Opt. Soc. Am. B, 2004, 21: 2117-2129.

[34] SANTOS P V, GOUVEIA E A, ARAUJO M T, et al. IR-visible up-conversion and thermal effects in $Pr^{3+}$/$Yb^{3+}$-codoped $Ga_2O_3$:$La_2S_3$ chalcogenide glasses [J]. J. Phys. Condens. Matter. , 2000, 12: 10003-10010.

[35] FAN W H, HOU X, ZHAO W, et al. Effect of the growth conditions on infrared up-conversion efficiency of CaS:Eu, Sm thin films [J]. Appl. Phys. A, 2001, 73: 115-119.

[36] SINGH L R, NINGTHOUJAM R S, SUDARSAN V, et al. Luminescence study on $Eu^{3+}$

doped $Y_2O_3$ nanoparticles: particle size, concentration and core-shell formation effects [J]. Nanotechnology, 2008, 19: 055201-055208.

[37] LIU M, WANG S W, ZHANG J, et al. Up-conversion luminescence of $Y_3Al_5O_{12}$ (YAG):$Yb^{3+}$, $Tm^{3+}$ nanocrystals [J]. Opt. Mater., 2007, 30: 370-374.

[38] LIU G X, ZHANG S, DONG X T, et al. Solvothermal synthesis of $Gd_2O_3$: $Eu^{3+}$ luminescent nanowires [J]. J. Nanomater. , 2010: 365079.

[39] LIU Y X, XU C F, YANG Q B. White up-conversion of rare-earth doped ZnO nanocrystals and its dependence on size of crystal particles and content of $Yb^{3+}$ and $Tm^{3+}$ [J]. J. Appl. Phys., 2009, 105: 084701.

[40] YU L X, LIU H, NOGAMI M. The affects of doping $Eu^{3+}$ on structures and morphology of $ZrO_2$ nanocrystals [J]. Opt. Mater., 2010, 32: 1139-1141.

[41] SULLIVAN A. 3-deep new displays render images you can almost reach out and touch [J]. IEEE Spectrum, 2005, 42: 30-35.

[42] HINKLIN T R, RAND S C, LAINE R M. Transparent, polycrystalline upconverting nanoceramics: towards 3-D displays [J]. Adv. Mater., 2008, 20: 1270-1273.

[43] HONDA T, DOUMUKI T, AKELLA A, et al. One-colorone-beam pumping of $Er^{3+}$-doped ZBLAN glasses for a three-dimensional two-step excitation display [J]. Opt. Lett., 1998, 23:1108-1110.

[44] 曾伟，周时凤，徐时清，等. 基于上转换荧光的三维立体显示 [J]. Laser & Opoelectronics Progress, 2007, 44(3):69-73.

[45] DOWNING E, HESSELINK L, RALSTON J, et al. A three-color, solid-state, three-dimensional display [J]. Science, 1996, 273:1185-1189.

[46] MIYAZAKI D, LASHER M, FAINMAN Y. Fluorescent volumetric display excited by a single infrared beam [J]. Appl. Opt., 2005, 44: 5281-5285.

[47] LIU X F, DONG G P, QIAO Y B, et al. Transparent colloid containing upconverting nanocrystals: an alternative medium for three-dimensional volumetric display [J]. Appl. Opt., 2008, 47(34): 6416-6421.

[48] LIM S F, RIEHN R, RYU W S, et al. In vivo and scanning electron microscopy imaging of upconverting nanophosphors in caenorhabditis elegans [J]. Nano. Lett., 2006, 6: 169-174.

[49] DONG B, LIU D P, WANG X J, et al. Optical thermometry through infrared excited green up-conversion emissions in $Er^{3+}$–$Yb^{3+}$ codoped $Al_2O_3$ [J]. Appl. Phys. Lett., 2007, 90: 181117.

[50] HINKLIN T R, RAND S C, LAINE R M. Transparent, polycrystalline up-converting nanoceramics: towards 3-D displays [J]. Adv. Mater., 2008, 20: 1270-1273.

[51] LIU X F, CHI Y Z, DONG G P, et al. Optical gain at 1550 nm from colloidal solution of $Er^{3+}$–$Yb^{3+}$ codoped $NaYF_4$ nanocubes [J]. Opt. Exp., 2009, 17(7): 5885-5890.

[52] HEINE F, HEUMANN E, DANGER T, et al. Green up-conversion continuous wave $Er^{3+}$:$LiYF_4$ laser at room temperature [J]. Appl. Phys. Lett., 1994, 65(4): 383-384.

[53] KÖMPE K, BORCHERT H, STORZ J, et al. Green-emitting $CePO_4$:Th/$LaPO_4$ core-shell nanoparticles with 70% photoluminescence quantum yield [J]. Angew. Chem. Int. Ed., 2003, 42: 5513-5516.

[54] MAI H X, ZHANG Y W, SUN L D, et al. Highly efficient multicolor up-conversion emissions and their mechanisms of monodisperse $NaYF_4$:Yb,Er core and core/shell-structured nanocrystals [J]. J. Phys. Chem. C, 2007, 111(37): 13721-13729.

[55] BAI X, SONG H F, PAN G H, et al. Luminescent enhancement in europium-doped yttria nanotubes coated with yttria [J]. Appl. Phys. Lett., 2006, 88: 143104.

[56] Yi G S, CHOW G M. Water-soluble $NaYF_4$:Yb,Er(Tm)/$NaYF_4$/polymer core/shell/shell nanoparticles with significant enhancement of up-conversion fluorescence [J]. Chem. Mater., 2007, 19(3): 341-343.

[57] WANG M Q, FAN X P, XIONG G H. Luminescence of $Bi^{3+}$ ions and energy transfer from $Bi^{3+}$ ions to $Eu^{3+}$ ions in silica glasses prepared by the sol-gel process [J]. J. Phys. Chem. Solids, 1995, 56: 859-862.

[58] XIA Z G, DOU H Y, SUN J Y. NIR-to-blue, green, orange and white up-conversion luminescence in $Yb^{3+}$/$Tm^{3+}$/$Er^{3+}$/$Ho^{3+}$-doped $Na_{0.5}Gd_{0.5}WO_4$ nanocrystals [J]. J. Optoelectron. Adv. M, 2010, 12: 975-979.

[59] SANTANA A A, MENDEZ R J, YANES A C, et al. Up-conversion in sol-gel derived nano-glass-ceramics comprising $NaYF_4$ nano-crystals doped with $Yb^{3+}$, $Ho^{3+}$ and $Tm^{3+}$ [J]. Optical Materials, 2010, 32(9): 903-908.

[60] FUJIOKA K, SAIKI T, MOTOKOSHI S, et al. Luminescence properties of highly Cr co-doped Nd:YAG powder produced by sol-gel method [J]. Journal of Luminescence, 2010, 130: 455-459.

[61] WANG W D, TANG J K, HSU S T, et al. Energy transfer and enriched emission spectrum in Cr and Ce co-doped $Y_3Al_5O_{12}$ yellow phosphors [J]. Chem. Phys. Lett., 2008, 457: 103-105.

[62] CHAN T S, KANG C C, LIU R S, et al. Combinatorial study of the optimization of $Y_2O_3$:Bi, Eu red phosphors [J]. J. Comb. Chem., 2007, 9: 343-346.

[63] PATRA A, SOMINSKA E, RAMESH S, et al. Sonochemical preparation and characterization of $Eu_2O_3$ and $Tb_2O_3$ doped in and coated on silica and alumina nanoparticles [J]. J. Phys. Chem. B, 1999, 103: 3361-3365.

[64] PATRA A, FRIEND C S, KAPOOR R, et al. Effect of crystal nature on up-conversion luminescence in $Er^{3+}$:$ZrO_2$ nanocrystals [J]. Appl. Phys. Lett., 2003, 83: 284-286.

[65] SHIN S H, KANG J H, JEON D Y, et al. Enhancement of cathodoluminescence intensities of $Y_2O_3$: Eu and $Gd_2O_3$: Eu phosphors by incorporation of Li ions [J]. J. Lumin., 2005, 114: 275-280.

[66] CHEN G Y, LIU H C, SOMESFALEAN G, et al. Enhancement of the up-conversion radiation in $Y_2O_3$:$Er^{3+}$ nanocrystals by doping with $Li^+$ ions [J]. Appl. Phys. Lett., 2008, 92: 113114.

[67] BAI Y F, WANG Y X, PENG G Y, et al. Enhance up-conversion photoluminescence intensity by doping $Li^+$ in $Ho^{3+}$ and $Yb^{3+}$ codoped $Y_2O_3$ nanocrystals [J]. J. Alloys Compd., 2009, 478: 676-678.

[68] HUIGNARD A, GACOIN T, BOILOT J. Synthesis and luminescence properties of colloidal $YVO_4$: Eu phosphors [J]. Chem. Mater., 2000, 12: 1090-1094.

[69] WEI Z, SUN L, LIAO C, et al. Size-dependent chromaticity in $YBO_3$:Eu nanocrystals: correlation with microstrueture and site symmetry [J]. J. Phys. Chem. B, 2002, 106: 10610-10617.

# 第 2 章 稀土发光材料的制备与表征方法

## 2.1 稀土发光材料的制备方法

稀土发光材料的制备方法有很多种，大致可分为固相法和液相法两大类。固相法包括固相反应法、微波合成法及燃烧合成法等，液相法有溶胶–凝胶法、沉淀法、喷雾热解法及水热法等。不同方法制备所得到荧光粉的状态和性能有一定差异，这些方法各有优缺点。

稀土发光材料的制备存在两个关键问题：原料的均匀混合和基质材料的结晶度。原料混合不均匀将导致第二相生成及稀土离子掺杂不均匀；基质材料结晶不好将导致基质中存在较多缺陷，从而成为稀土离子的猝灭中心，使得稀土离子的发光效率严重降低。固相法需要通过机械混合的方法将反应物通过球磨或研磨的方法混合均匀，而液相法是在溶液或者胶体中将原料进行混合。基质材料的结晶往往需要通过高温煅烧完成，不同的体系和不同的方法所需要的煅烧温度和保温时间各不相同。不同方法所制备得到的粉末在微观形貌和宏观性能上也不相同，各有优缺点。固相法所得到的粉末结晶度好，纯度高，缺陷少，但通常晶粒尺寸较大，需要经过进一步加工方可使用，颗粒大小分布不够均匀，分散度不够好，容易结块。由于液相反应法原料的混合是在液体中进行的，得到均匀性较好的前驱体相对容易，通过煅烧所得到的粉末均匀性也较好，且分散度高，晶粒尺寸较小，可以达到纳米量级，不需要进一步加工便可应用。小尺寸前驱体具有很好的活性，因此，煅烧温度比固相法低，但在前驱体中往往容易引入杂质，从而影响产物的纯度和发光性能。下面就对常用的一些制备稀土发光材料的方法做简要的介绍。

### 2.1.1 固相反应法

固相反应法是合成发光材料的一种传统方法，也是现阶段工业生产最常用的方法，应用范围广。在固相反应法中，把反应原料（如金属盐或金属氧化物）按配比充分混合，经球磨或研磨后再进行煅烧，发生固相反应后，最后得到的粉体常常需要经过进一步球磨或研磨后得到超细粉方可应用。固相反应的过程主要包括原料颗粒固相界面的扩散、原子尺度的化学反应、新相的形核、固相的输运及新相晶粒的长大。固相反应往往由材料的晶体结构及其缺陷结构决定，而不单纯是成分的固有反应性。在固态材料中的传质能力和反应速度都与晶格中存在的各种缺陷有着密切联系。一般来说，固相中的各种缺陷越多，则其传质能力也就越强，固相反应速率也就越快。固相反应的充要条件是反应物之间必须充分接触，而反应物之间的接触是通过颗粒界面进行的。反应物的颗粒越小，其比表面积越大，反应物颗粒之间的接触面积也就越大，越有利于固相反应的进行。因此，将反应物充分研磨降低颗粒尺寸并混合均匀，可以增大反应物颗粒之间的接触面积，从而增大固相反应的反应速率。此外，一些外部因素，如温度、压力、添加剂、射线的辐照等，也是影响固相反应的重要因素。固相法是一种传统的制备稀土发光材料的方法，虽然有其固有的缺点，如颗粒大小分布不够均匀，分散度不够好容易结块、易混入杂质等，但由于该法制备的粉体颗粒无团聚、填充性好、成本低、产量大且制备工艺简单，迄今仍是常用的方法。

### 2.1.2 溶胶–凝胶法

溶胶–凝胶法是 20 世纪 60 年代发展起来的制备无机材料的一种无机材料制备工艺，在稀土发光材料的制备中有着广泛的应用。目前，这种方法也广泛应用于纳米材料的制备。溶胶–凝胶法制备过程大致可分为溶胶形成、凝胶形成、凝胶干燥和热处理过程。具体是先将无机盐或金属醇盐作为前驱体，溶解在水或有机溶剂中形成均匀混合溶液。溶质与溶剂发生水解、醇解、缩合化学反应，在溶液中形成稳定的透明溶胶体系。溶胶经过陈化过程，胶粒间缓慢聚合，形成三维空间网络结构的凝胶，凝胶网络间充满了失去流动性的溶剂，形成凝胶。凝胶经过后续煅烧转变为所需的最终产物。其最基本的反应是：

$$M(OR)_n+H_2O \rightarrow M(OH)_x(OR)_{n-x}+xROH \quad \text{水解反应}$$

$$-M-OH+HO-M- \rightarrow -M-O-M-+H_2O$$

$$-M-OR+HO-M- \rightarrow -M-O-M-+ROH$$

聚合反应

溶胶–凝胶法反应条件温和且灵活可控，在制备稀土发光材料方面具有很大的潜力。其优点主要有以下几个方面：首先，由于反应物在液相中混合分散且反应条件温和，因此，所得产物的颗粒细小、尺寸分布均匀且形貌规则；其次，由于所得产物的尺寸小，往往在纳米量级，因此，产物的比表面积较大，烧结活性高，煅烧温度比固相反应法低，烧结后容易得到颗粒大小均匀、形貌规则的发光材料粉末颗粒；再次，溶胶–凝胶法的制备条件灵活可控，可以通过控制适当的反应条件得到不同尺寸和形貌的产物，从而控制和改变产物的发光性能。虽然溶胶–凝胶法具有不容置疑的优点，但由于反应过程中不可避免地带入了羟基、碳酸根等高能有机悬键，导致发光过程中无辐射跃迁过程的产生，会降低稀土离子的发光效率，因而需要采取有效措施设法消除。

### 2.1.3　沉淀法

通过溶质从均匀液体中沉淀来制备无机和有机粉体的方法称为沉淀法。当溶液中有两种或多种阳离子，它们以均相存在于溶液中，加入沉淀剂，经沉淀反应后，得到各种成分的均一的沉淀的方法称为共沉淀法。共沉淀法是制备含有两种或两种以上金属元素的复合氧化物超细粉体的重要方法。共沉淀法也是制备稀土发光材料的很重要的一种方法。其沉淀物析出过程与溶剂在溶液中的浓度、反应溶液的 pH 以及反应温度等因素密切相关。我们可以通过调整这些反应参数来控制反应过程，从而控制反应产物的形貌和尺寸。共沉淀法所得沉淀物经过干燥后可得前驱粉体，进一步高温煅烧后可得到氧化物、硫化物、碳酸盐、草酸盐、磷酸盐等陶瓷粉体等产物。沉淀可以看作溶解的逆过程，当固体在溶剂中不断溶解时，溶液浓度逐渐上升，在一定温度下溶解达到饱和时，固体与溶液呈动态平衡。这时溶液中溶质的浓度就是饱和浓度。而在沉淀过程中，当溶质在液相中的浓度达到饱和时，如果没有同相浓度存在，仍然没有沉淀产生，只有当溶质在溶液中的浓度超过临界饱和度时，沉淀方能自发进行。因此过饱和溶液是沉淀的必要条件，要使溶液结晶沉淀，首先应该配制过饱和溶液，提高溶质浓度，降低溶液温度。共沉淀法制备无机粉末的优点在于：制备工艺简单、成本低、制备条件易于控制、合成周期短；通过溶液中的各种化学反应直接得到化学成分均一的纳米粉体材料；反应条件温和，容易制得颗粒尺寸小、分散性好而且分布均匀的纳米粉体材料。但共沉淀法过程较复杂，比较难控制。

### 2.1.4　水热法

水热法是指在一定温度（100～1 000 ℃）和一定压力（1 MPa～1 GPa）下，利用水溶液中物质发生化学反应所进行合成的方法，近几年，在纳米材料的制备中备受关注。水热法通常包括以下步骤：将反应物准确称量后配成溶液充分混合或生成沉淀，转入高压釜中密封，加热到数百摄氏度，在恒温箱中保温数小时后得到前驱体沉淀，随后进行高温煅烧得到结晶状态良好的产物。水热反应是在亚临界和超临界状态下进行的，而且反应处于分子水平，物质的反应性会比常态下有所提高，因而水热反应可以替代某些高温固相反应。此外，水热反应的均相成核及非均相成核机理与固相反应的扩散机制不同，因此，通过控制水热法的反应条件可以合成出其他方法无法制备的新型化合物和新材料。水热法合成稀土发光材料在低中温液相中进行，反应条件温和，可以得到理想化学计量组成的材料，并可以合成新物相；反应中可通过控制溶液的浓度、反应温度、压力、pH和反应时间等制得晶粒发育完整、结晶度良好、粒径很小且分布均匀、形貌可控的粉体，有利于改善材料性能；工艺简单，无须高温处理和研磨，避免了晶粒团聚、长大以及杂质和结构缺陷等发光猝灭中心的产生。但是，水热法属于高压合成手段，对反应设备的要求较高，且反应不易控制，因此目前很难在大规模的生产中实施应用，只能用来进行少量生产或用于科学研究。

### 2.1.5 低温燃烧合成法

低温燃烧合成（Low-temperature Combustion Synthesis, LCS）法是一种利用化学反应的自身放热使反应持续进行的合成方法。可溶性金属盐（主要是硝酸盐）与燃烧剂（如尿素、柠檬酸、甘氨酸等）溶入去离子水中，迅速将溶液加热直至溶液发生沸腾，当溶液浓缩后会发生冒烟和燃烧现象，在数分钟内整个燃烧过程便可完成，其产物为疏松的氧化物粉体。低温燃烧合成法的初始点火温度低，从而避免了产物的严重烧结。同时，低温燃烧法能实现各组分前驱体溶液的分子水平混合，可合成高温燃烧法难以合成的多组分纳米级氧化粉体，因此，近年来得到了广泛发展。燃烧法的基本原理是氧化–还原反应，通常选取金属硝酸盐作为氧化剂，同时，提供了目标产物所需要的金属离子。溶液中有机燃料作为还原剂，氧化剂和还原剂共存于溶液中保证了各相组分发生外爆炸式的氧化–还原热反应。反应所产生的大量热促使产物结晶化，产生的大量气体使产物存在大量的气孔，最终形成分散均匀的纳米粉体。低温燃烧合成法反应温度低，合成时间短，各组分能达到分子或原子级均匀度，合成所需设备简单，原料成本低，制得的荧光粉颗粒尺度小，比表面积大，分散性好。

### 2.1.6 喷雾热解法

喷雾热解（Spray Pyrolysis, SP）法是将各反应物（通常为金属盐）按制备复合型粉末所需的化学计量比以水、乙醇或其他溶剂将反应原料配成前驱体溶液或胶体溶液,在雾化器作用下雾化成气溶胶状的雾滴,由惰性气体或还原性气体将溶胶状的雾滴带入高温反应炉中，在反应炉中瞬间完成溶剂蒸发、溶质沉淀形成固体颗粒、颗粒干燥、热分解、烧结成型等物化反应的过程，最终可得到与初始反应物完全不同的具有全新化学组成的超细粉末。

喷雾热解法兼具传统气相法和液相法的诸多优点：原料在溶液状态下混合，能够保证组分分布均匀；可精确控制化学计量比，适合制备多组分复合粉末；颗粒一般呈规则的球形，而且少团聚，无须后续的洗涤研磨，保证了产物的高纯度、高活性；工序简单，反应时间短，一步即获得成品，生产效率高，适合用于大规模工业化生产。

## 2.2　稀土发光材料的表征方法

### 2.2.1　X 射线衍射测试

X 射线衍射仪是利用 X 射线衍射（X-Ray Diffraction, XRD）原理，反映出晶体的内部结构信息（晶体的化学组成、晶格类型与结构、晶面指数及相对强度、织构及应力、物相成分等）的仪器。X 射线的波长和晶体内部原子面之间的间距相近，晶体可以作为 X 射线的空间衍射光栅，即一束 X 射线照射到物体上时，受到物体中原子的散射，每个原子都产生散射波，这些波互相干涉，结果就产生衍射。衍射波叠加的结果使射线的强度在某些方向上加强，在其他方向上减弱。分析衍射结果，便可获得晶体结构。本书中样品的 XRD 测试是利用 Rigaku D/max−γ B 型 X 射线衍射仪，采用的是 Cu 靶 $K_\alpha$ 射线($\lambda = 0.154\ 18$ nm)，测量步长为 0.02°，测量范围为 20°～80°。

### 2.2.2　扫描电子显微镜测试

扫描电子显微镜（Scanning Electron Microscope, SEM）是介于透射电子显微镜和光学显微镜之间的一种微观形貌观察手段，可直接利用样品表面材料的物质性能进行微观成像。SEM 的优点是：有较高的放大倍数，20～100 万倍之间连续可调；有很大的景深，视野大，成像富有立体感，可直接观察各种试样表面凹凸不平的细微结构；试样制备简单。目前的 SEM 都配有 X 射线能谱仪装置，这样可以同时进行显微组织形貌的观察和微区成分分析，因此它是当今十分有用的科学研究仪器。SEM 的制造依据是电子与物质的相互作用。SEM 从原理上讲就是利用聚焦得非常细的高能电子束在试样上扫描，激发出各种物理信息。通过对这些信息的接受、放大和显示成像，获得测试试样表面形貌的观察。本书中样品的微观形貌是利用 JEOL JSM–6700F 型和 FEI QUANTA–200F 型 SEM 观察。SEM 测试将试样黏附于铝片上，在试样表面喷金，通过 SEM 表征材料的微观结构。

### 2.2.3 透射电子显微镜测试

透射电子显微镜（Transmission Electron Microscope, TEM）是使用最为广泛的一类电镜。TEM 是一种高分辨率、高放大倍数的显微镜，是材料科学研究的重要手段，能提供极微细材料的组织结构、晶体结构和化学成分等方面的信息。TEM 的分辨率为 0.1～0.2 nm，放大倍数为几万至几十万倍。TEM 的成像原理是由照明部分提供的有一定孔径角和强度的电子束平行地投影到处于物镜平面处的样品上，通过样品和物镜的电子束在物镜后焦面上形成衍射振幅极大值，即第一幅衍射谱。这些衍射束在物镜的像平面上相互干涉形成第一幅反映试样为微区特征的电子图像。通过聚焦（调节物镜激磁电流），使物镜的像平面与中间镜的物平面相一致，中间镜的像平面与投影镜的物平面相一致，投影镜的像平面与荧光屏相一致，这样在荧光屏上就观察到一幅经物镜、中间镜和投影镜放大后有一定衬度和放大倍数的电子图像。由于试样各微区的厚度、原子序数、晶体结构或晶体取向不同，通过试样和物镜的电子束强度产生差异，因而在荧光屏上显现出由暗亮差别所反映出的试样微区特征的显微电子图像。本书中样品的微观形貌是利用 JOEL2010F TEM 观察的。TEM 测试将样品超声分散于无水乙醇中制成很稀的均匀悬浊液，取少量均匀分散在铜网上，在 TEM 下观测其微观形貌。

### 2.2.4 红外光谱测试

红外光谱的研究始于 20 世纪初，自 1940 年红外光谱仪问世，红外光谱便在有机化学研究中广泛应用。新技术（如发射光谱、光声光谱、色红联用等）的出现，使红外光谱技术得到发展，可用来检测物质具有的化学键及官能团。当一束具有连续波长的红外光通过物质，物质分子中某个基团的振动频率或转动频率和红外光的频率一样时，分子就吸收能量，由原来的基态振（转）动能级跃迁到能量较高的振（转）动能级，分子吸收红外辐射后发生振动和转动能级的跃迁，该处波长的光就被物质吸收。所以，红外光谱法实质上是一种根据分子内部原子间的相对振动和分子转动等信息来确定物质分子结构和鉴别化合物的分析方法。将分子吸收红外光的情况用仪器记录下来，就得到红外光谱图。红外光谱图通常以波长（$\lambda$）或波数（$\sigma$）为横坐标，表示吸收峰的位置，以透光率（$T$/%）或者吸光度（$A$）为纵坐标，表示吸收强度。本书中样品的红外光谱由 IFS66V/S 傅里叶变换红外光谱仪测得，将样品与 KBr 以 1∶100 的质量比均匀混合后压成薄片测试红外光谱。

### 2.2.5　吸收光谱测试

吸收光谱（Absorption Spectrum, AS）是指物质吸收光子，从低能级跃迁到高能级而产生的光谱。吸收光谱可以是线状谱或吸收带。研究吸收光谱可了解原子、分子和其他许多物质的结构和运动状态，以及它们同电磁场或粒子相互作用的情况。处于基态和低激发态的原子或分子吸收具有连续分布的某些波长的光而跃迁到各激发态，形成了按波长排列的暗线或暗带组成的光谱。吸收光谱是温度很高的光源发出来的白光，通过温度较低的蒸气或气体后产生的，如果让高温光源发出的白光通过温度较低的钠的蒸气就能生成钠的吸收光谱。光谱背景是明亮的连续光谱，而在钠的标识谱线的位置上出现了暗线。通过大量实验的观察总结，每一种元素的吸收光谱里暗线的位置与其明线光谱的位置都互相重合，即每种元素所发射的光频率与其所吸收的光频率都相同。本书中样品的吸收光谱由 Lambda 950 UV/Vis/NIR 分光光度计测量。

### 2.2.6　荧光光谱和荧光寿命测试

物质吸收电磁辐射后受到激发，受激发原子或分子在去激发过程中再发射波长与激发辐射波长相同或不同的辐射。当激发光源停止辐照试样以后，再发射过程立刻停止，这种再发射的光称为荧光。荧光光谱包括激发谱和发射谱两种。激发谱是荧光物质在不同波长的激发光作用下测得的某一波长处的荧光强度的变化情况，也就是不同波长的激发光的相对效率；发射谱则是某一固定波长的激发光作用下荧光强度在不同波长处的分布情况，也就是荧光中不同波长的光成分的相对强度。本书中样品的紫外激发荧光测试由 Hitachi F–4500 荧光分光光度计测得，测量温度为室温，测量电压为 700 V，扫描速度为 240 nm/min，激发和发射缝宽均为 2.5 nm。样品的上转换发光测量以 980 nm 半导体二极管激光器为泵浦光源，经过透镜聚焦后照射到样品表面，样品与光谱仪狭缝平行放置，样品发射的荧光通过狭缝进入分光光度计，由分光光度计内部光栅将荧光反射到光电倍增管，再由连接到光电倍增管上的数据采集卡将所得数据传输到电脑上，得到荧光光谱。测量步长为 0.3 nm，最大测试功率为 200 mW。测试荧光强度与激发光功率的依赖关系时，激发光功率递增步长为 25 mW。样品的下转换荧光寿命由 Nd:YAG 激光器经倍频产生的 400 nm 的激光作为激发光源，经透镜聚焦照射到样品表面，样品发射光由光纤引入到分光光度计(Bruker Optics 250IS/SM)，后分布在增强型的电荷耦合装置（Intensified Charge-Coupled Device,

ICCD；IStar740, Andor）上。上转换荧光寿命曲线以 980 nm 半导体二极管激光器为泵浦光源，由 Tektronix TDS 5052 数字示波器输出衰减波形，步长为 0.002 ms，精度为 0.001 ms。

## 2.3　实验中使用的主要仪器

实验中使用的主要仪器和装置如下：

（1）赛多利斯 BAS124S 型天平（图 2.1）。

（2）PTX–FA210 型天平（图 2.2）。

（3）帕恩特 XYB2–60–H 型纯水机（图 2.3）。

（4）85–2A 测速数显恒温磁力搅拌器（图 2.4）。

（5）JB90–SH 型数显恒速强力电动搅拌器（图 2.5）。

（6）DK–S12 型电热恒温水浴锅（图 2.6）。

（7）TDL–40B 型离心机（图 2.7）。

（8）KQ3200B 型超声波清洗器（图 2.8）。

（9）SHZ(III)型循环水真空泵（图 2.9）。

（10）OTS–550 型无油空气压缩机（图 2.10）。

（11）GZX–9076MBE 型电热鼓风干燥箱（图 2.11）。

（12）YLCD–8000P 型电热鼓风干燥箱（图 2.12）。

（13）BSX2–12TP 型高温箱式烧结炉（图 2.13）。

（14）SX2– 4 – 10 型高温箱式烧结炉（图 2.14）。

（15）SRJX– 4 – 13 型高温箱式烧结炉（图 2.15）。

（16）KTF–3–12 型管式真空气氛电阻炉（图 2.16）。

（17）769YP–15A 粉末压片机（图 2.17）。

（18）电子万用电炉（图 2.18）。

（19）通风橱（图 2.19）。

（20）光学实验台（图 2.20）。

（21）DH–JG2 型激光功率指示计（图 2.21）。

（22）SC300–1A 型电控平移台（图 2.22）。

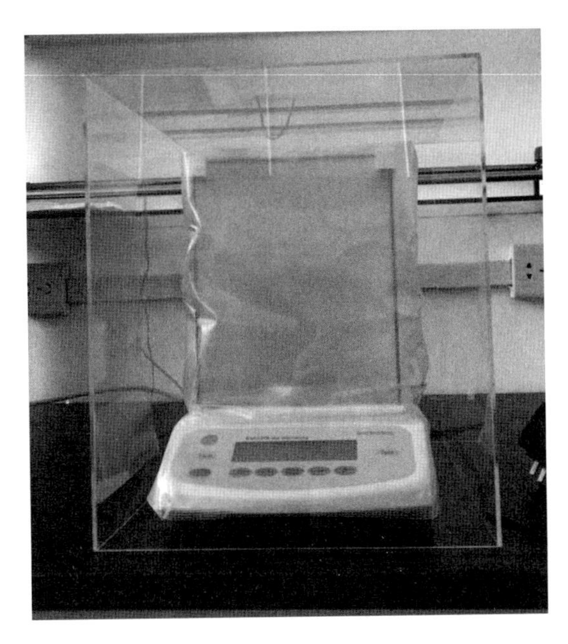

图 2.1　赛多利斯 BAS124S 型天平

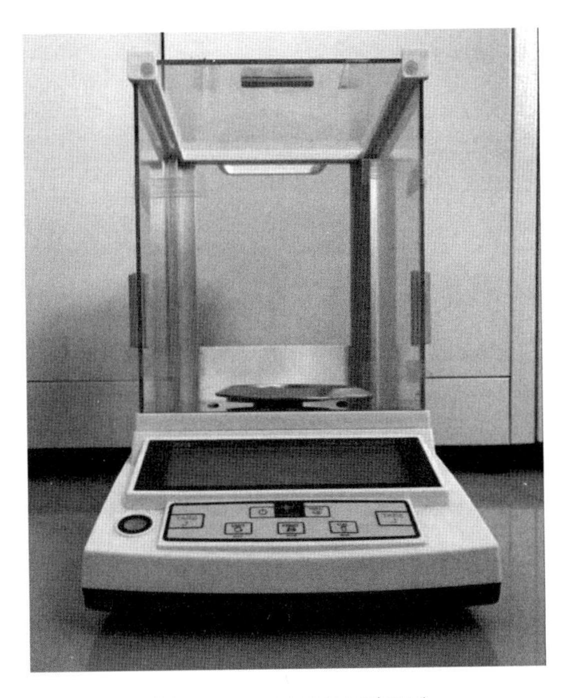

图 2.2　PTX–FA210 型天平

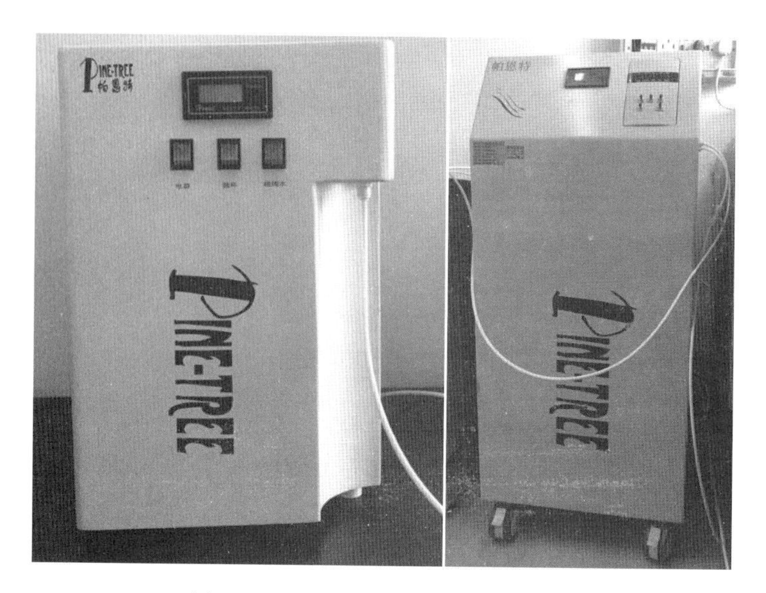


图 2.3　帕恩特 XYB2–60–H 型纯水机

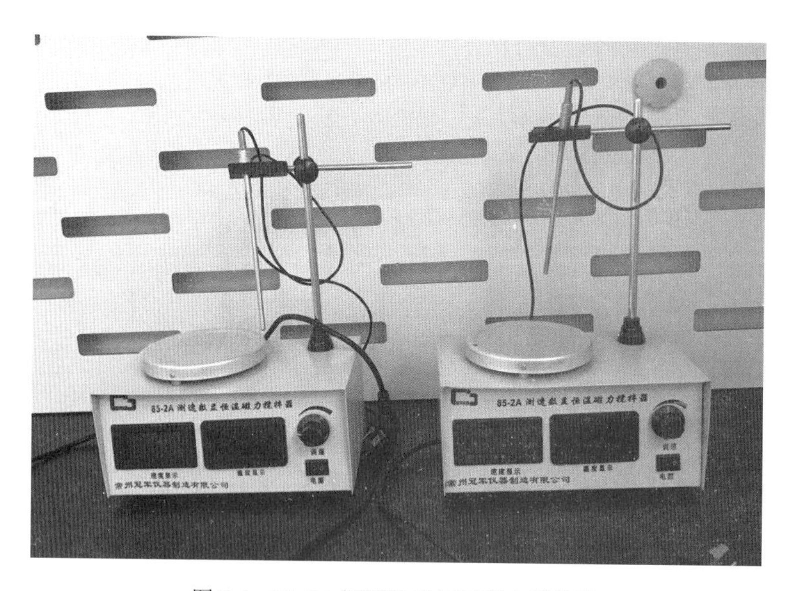


图 2.4　85–2A 测速数显恒温磁力搅拌器

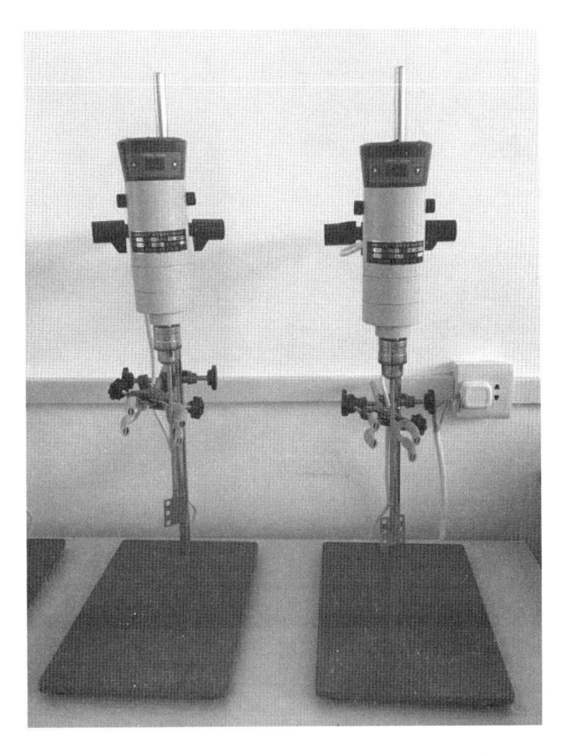

图 2.5　JB90–SH 型数显恒速强力电动搅拌器

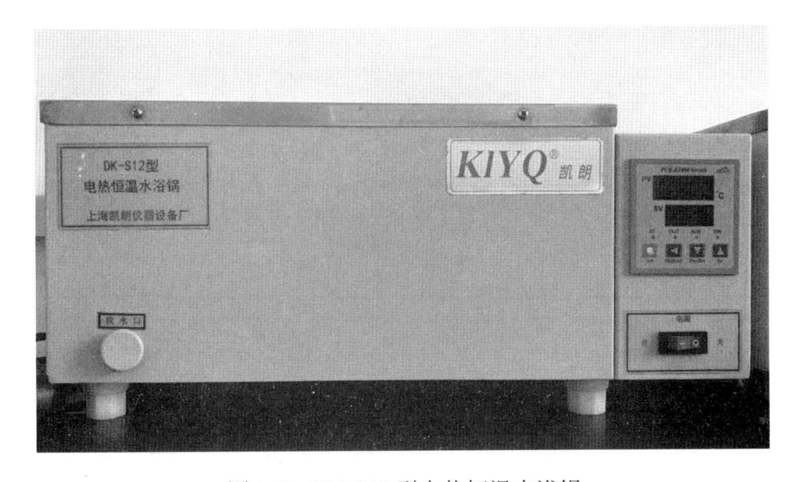


图 2.6　DK–S12 型电热恒温水浴锅

图 2.7　TDL–40B 型离心机

图 2.8　KQ3200B 型超声波清洗器

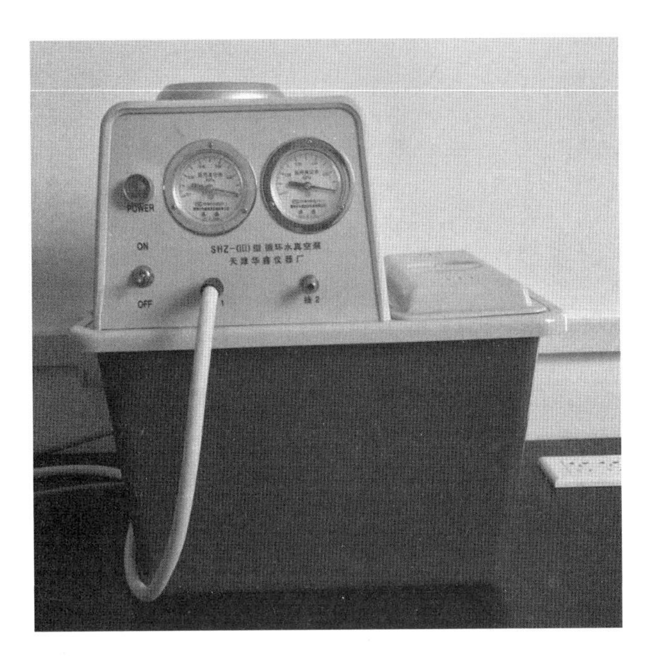


图 2.9　SHZ（III）型循环水真空泵

图 2.10　OTS–550 型无油空气压缩机

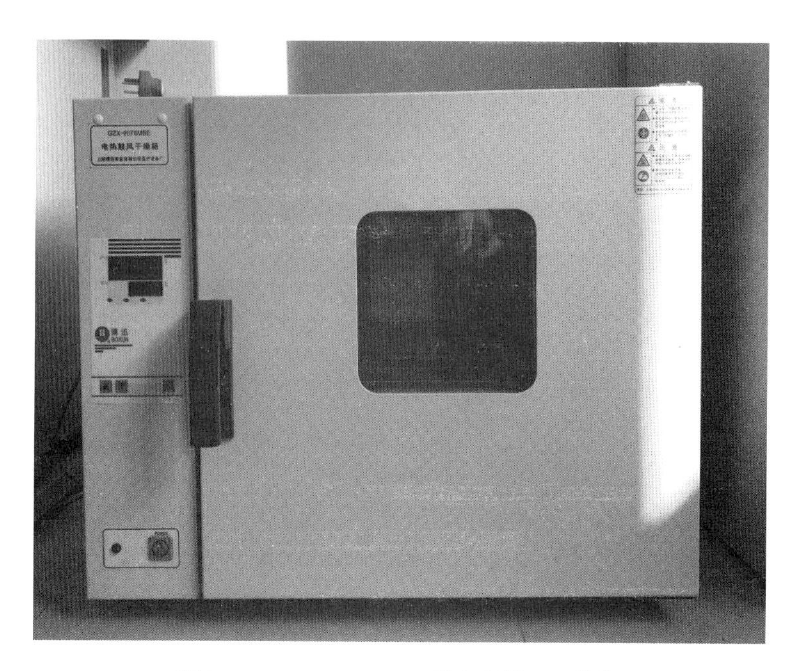

图 2.11　GZX–9076MBE 型电热鼓风干燥箱

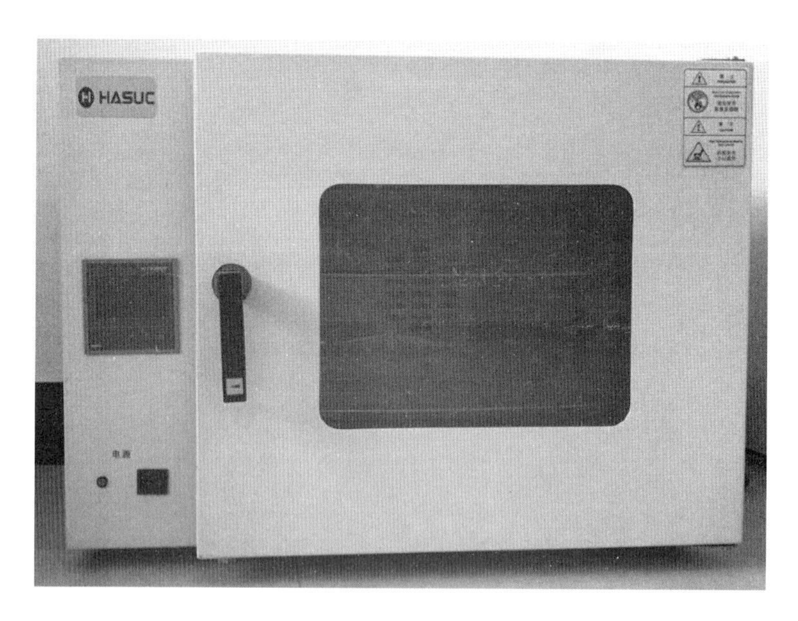


图 2.12　YLCD–8000P 型电热鼓风干燥箱

图 2.13　BSX2–12TP 型高温箱式烧结炉

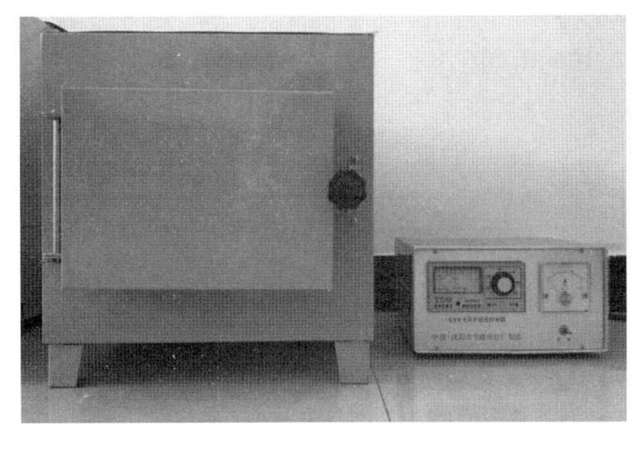

图 2.14　SX2–4–10 型高温箱式烧结炉

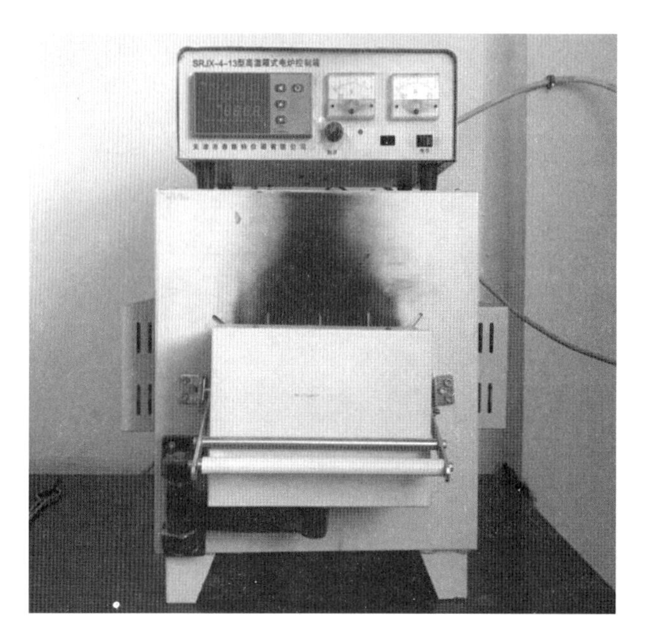


图 2.15　SRJX−4−13 型高温箱式烧结炉

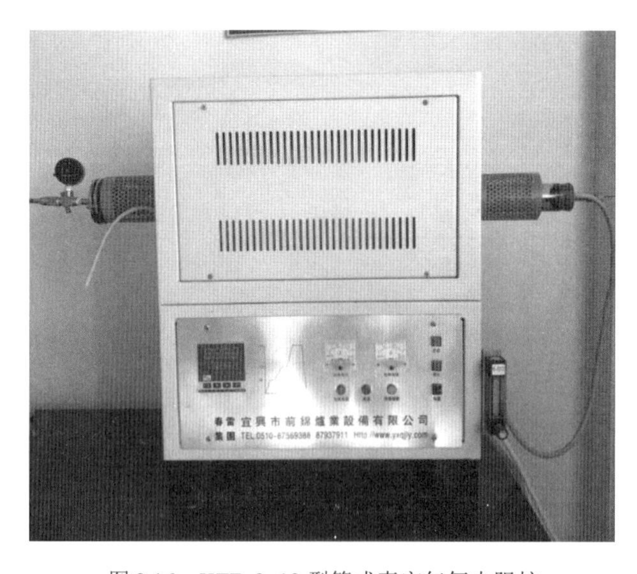


图 2.16　KTF−3−12 型管式真空气氛电阻炉

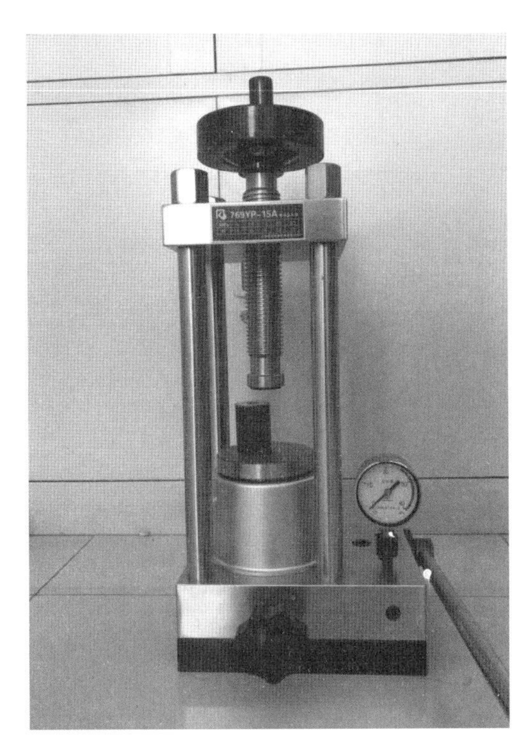


图 2.17　769YP–15A 粉末压片机

图 2.18　电子万用电炉

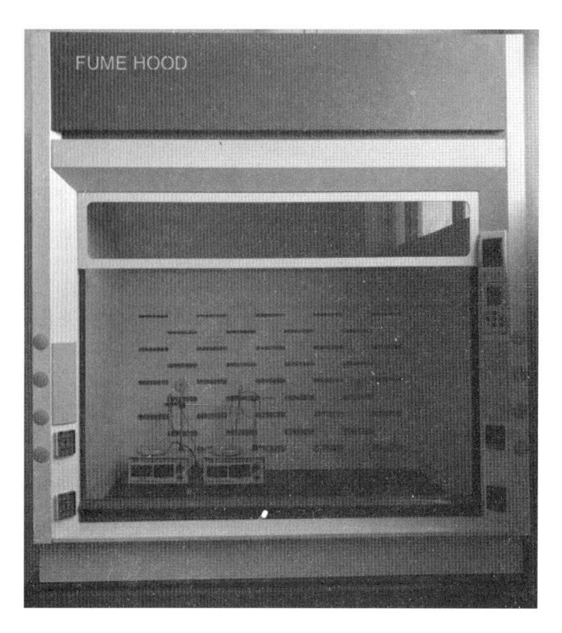


图 2.19　通风橱

图 2.20　光学实验台

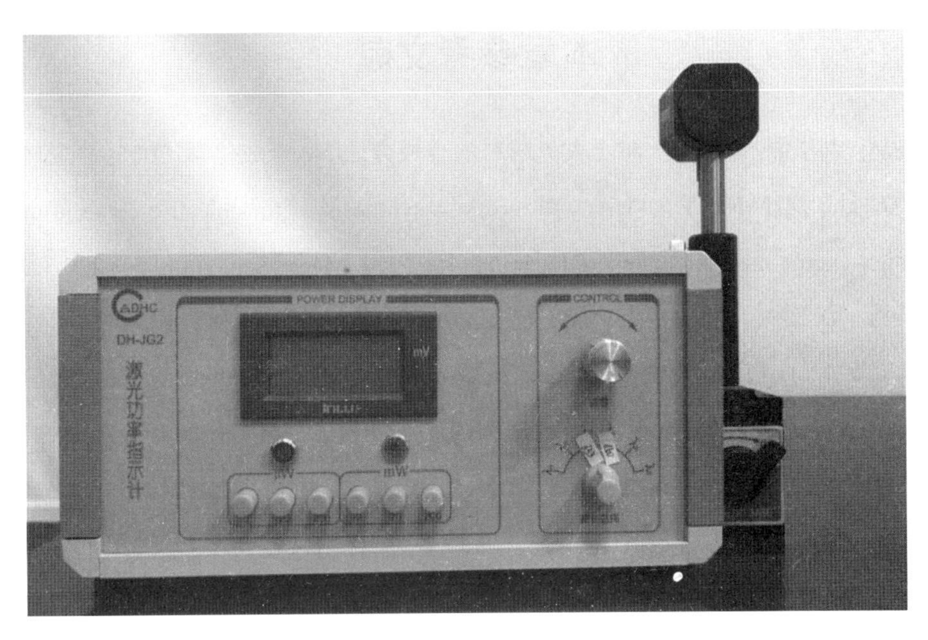


图 2.21　DH–JG2 型激光功率指示计

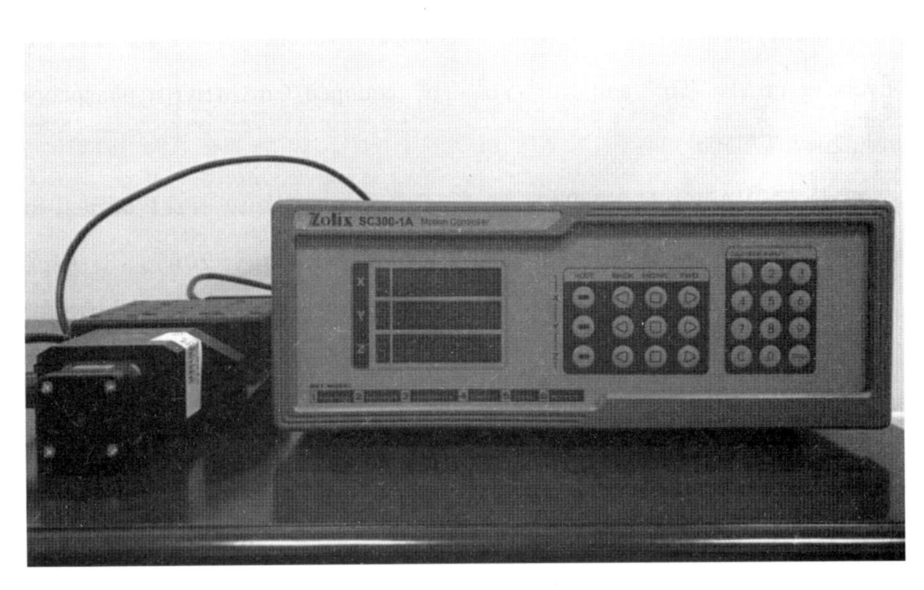


图 2.22　SC300–1A 型电控平移台

# 本章参考文献


[1] 刘晓瑭, 刘华鼐, 石春山. 稀土发光材料的合成方法[J]. 合成化学, 2005, 23: 216-218.

[2] KONG L B, ZHANG T S, MA J. Progress in synthesis of ferroelectric ceramic materials via high-energy mechanochemical technique [J]. Prog. Mater. Sci., 2008, 53: 207-322.

[3] 黄小勇. 稀土掺杂发光材料下转换发光特性研究[D]. 广州:华南理工大学, 2011.

[4] LIN J, YU M, LIN C. Multiform oxide optical materials via the versatile Pechini-type sol-gel process: synthesis and characteristics [J]. J. Phys. Chem. C, 2007, 111: 5835-5845.

[5] 朱洪法. 催化剂载体制备及应用技术[M].北京:石油工业出版社, 2014.

[6] 邢继琼. 金属氯化物共沉淀法制备稀土铝酸盐荧光粉[D]. 兰州:兰州理工大学，2014.

[7] CHEN L M, LIU Y N, HUANG K L. Hydrothermal synthesis and characterization of $YVO_4$-based phosphors doped with $Eu^{3+}$ ion [J]. Mater. Res. Bull., 2006, 41: 158-166.

[8] YANG L, WAN Y P, LI Y Z, et al. Hydrothermal synthesis, characterization, and luminescence of $Ca_2B_2O_5$:RE (RE=$Eu^{3+}$, $Tb^{3+}$, $Dy^{3+}$) nanofibers [J]. J. Nano. Res., 2016, 18 (4): 1-9.

[9] YANG C H, PAN Y X, ZHANG Q Y. Cooperative energy transfer and frequency upconversion in $Yb^{3+}$-$Tb^{3+}$ and $Nd^{3+}$-$Yb^{3+}$-$Tb^{3+}$ codoped $GdAl_3(BO_3)_4$ phosphors [J]. J. Fluores., 2007, 17: 500-504.

[10] ZHANG Q Y, YANG C H, PAN Y X. Enhanced white light emission from $GdAl_3(BO_3)_4$:$Dy^{3+}$, $Ce^{3+}$ nanorods [J]. Nanotechnology, 2007, 18: 145602.

[11] 胡国荣, 刘智敏, 方正升, 等. 喷雾热分解技术制备功能材料的研究进展[J]. 功能材料, 2005, 36(3): 335-336.

[12] 徐志军, 初瑞清, 李国荣, 等. 喷雾热分解合成技术及其在材料研究中的应用[J]. 无机材料学报, 2004, 19(6): 1240-1248.

# 第3章　$Eu^{3+}:Y_2O_3$纳米粉体的制备及发光性能

## 3.1　引　　言

纳米棒、纳米线、纳米纤维、纳米管等一维纳米结构在很多领域都有潜在的应用价值，近年来备受关注。在纳米结构中，稀土化合物的纳米材料被广泛用于发光器件、磁学器件、催化材料和其他功能材料。稀土纳米材料的这些性能与材料的组成和微观结构有关。近年来，稀土掺杂一维器件的制备和发光性能已成为研究的热点课题。

作为荧光灯和显示器主要采用的红光发光材料，三价铕离子掺杂的 $Y_2O_3$（$Eu^{3+}:Y_2O_3$）引起了人们的关注。众所周知，$Eu^{3+}:Y_2O_3$通过电荷迁移带（Charge Transfer Band, CTB）吸收紫外光（Ultra-violet Light, UV）继而产生发射峰位于 610 nm 左右的红光。在立方结构的 $Y_2O_3$ 中 $Y^{3+}$有两种占位，$S_6$格位和 $C_2$格位。$S_6$格位是中心对称的占位，f–f 电偶极跃迁是禁戒的，只有磁偶极跃迁是允许的。因此，$S_6$位对红光发射贡献很小，而 $C_2$位则在 610 nm 附近的红光发射中占有主要贡献。$C_2$格位是非中心对称位，在此格位电偶极跃迁是允许的。$C_2$格位的红光发射来源于 $Eu^{3+}$的 $^5D_0 \rightarrow {}^7F_2$ 能级跃迁。在实验中，监测 $^5D_0 \rightarrow {}^7F_2$ 跃迁而测得的激发谱主要是来源于 $C_2$格位的 CTB。虽然 $S_6$格位对红光发射贡献很小，但是 $S_6$格位与 $C_2$格位对 UV 激发光的吸收仍然存在竞争。$S_6$格位和 $C_2$格位有着密切的关系。Zych 等报道，$Eu^{3+}$的 $S_6$格位向 $C_2$格位的能量传递效率随 $Eu^{3+}$掺杂浓度的增大而提高，因此，在 $Eu^{3+}$掺杂浓度增大时，$S_6$格位的发光比例减小。Jia 等报道，与块体材料相比，纳米材料中 $S_6$格位与 $C_2$格位的比例明显减小。然而，迄今为止，有关两种格位发光特性与表面态之间的关系还不清楚。随着表面态的增多，纳米晶具有许多特殊的发光特性。

因此，研究 $Y_2O_3$ 纳米晶中 $S_6$ 格位和 $C_2$ 格位的发光性能与表面态之间的关系是非常有意义的一项工作。

本章将从 $Eu^{3+}$:$Y_2O_3$ 纳米晶入手，通过不同的化学合成条件制备不同形貌的 $Eu^{3+}$:$Y_2O_3$ 纳米晶，解释其生长机制。同时研究纳米晶表面态对其发光性能的影响，讨论其中的物理机制，分析基质材料表面态对稀土离子发光效率的影响，以寻求提高稀土离子发光效率的方法。

## 3.2 $Y_2O_3$ 的晶体结构和物化性能

在不同的压力和温度条件下，$Y_2O_3$有几种不同形式的结构：在室温下，$Y_2O_3$有稳定的立方相结构；在2 280 ℃左右，$Y_2O_3$会发生由立方相到六方相的相变；在1 000 ℃左右、25 kbar（1 bar=0.1 MPa）下，$Y_2O_3$会发生由立方相到B型单斜相的相变。我们通常用作发光材料基质的是立方相的$Y_2O_3$，立方$Y_2O_3$中$Y^{3+}$有两种不同的晶格环境：具有高对称性的$S_6$格位和低对称性的$C_2$格位。图3.1所示为立方$Y_2O_3$晶格中的$S_6$和$C_2$格点，从图中可以看出，占据两种格位的$Y^{3+}$都是6配位的。在$S_6$格位的$Y^{3+}$周围有6个等同的$Y_1$—O键，键长为2.261 Å（1 Å=0.1 nm）；而$C_2$格位存在3个不等同的$Y_2$—O键长，分别为2.249 Å、2.278 Å和2.336 Å。其中，在一个$Y_2O_3$原胞中有8个$S_6$格位和24个$C_2$格位，$Y^{3+}$占据$C_2$格位与$S_6$格位的概率比为3:1。当有离子掺杂的时候，掺杂离子替代$Y^{3+}$而占据两种格位的概率是相同的，没有任何优先性。根据Judd–Ofelt理论，稀土离子在4f能级之间的电偶极跃迁是被禁止的，而磁偶极跃迁则是被允许的。而对于稀土发光来说，电偶极跃迁的贡献比磁偶极跃迁要大几个数量级。只有当稀土离子占据非中心对称的$C_2$格位时，电偶极跃迁才是被允许的。而在稀土离子发射光谱中观测到的线状光谱主要来源于4f能级之间的电偶极跃迁。因此，稀土离子的光谱主要取决于占据在$C_2$格位上的离子。

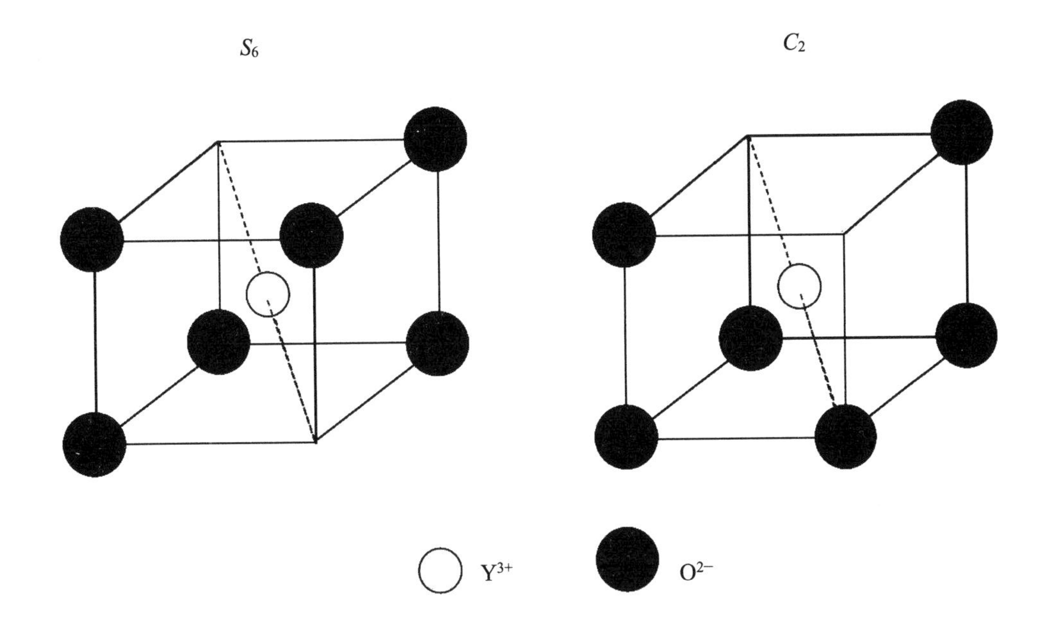


图3.1　立方$Y_2O_3$晶格中的$S_6$和$C_2$格点

$Y_2O_3$是一种理想的发光基质材料，它具有以下优点：①熔点高，约为2 430 ℃；②化学稳定性好，不溶于水和碱，只溶于酸；③机械性能高，莫氏硬度为6.8，可以适应恶劣的工作环境；④$Y_2O_3$具有较大的带隙，可以容纳大多数三价稀土离子的发射能级；⑤$Y^{3+}$为三价且离子半径与其他稀土离子相近，容易实现稀土离子掺杂且进行三价稀土离子掺杂时不存在电荷补偿；⑥声子能量低，其最大声子能量大约为550 $cm^{-1}$，低的声子能量可以减小无辐射跃迁概率，增大辐射跃迁概率，从而提高稀土离子发光效率。如上所述，$Y_2O_3$具有稳定的物化性能和较低的声子能量，且适合多种稀土离子的掺杂，是一种理想的发光基质材料，其物化性质见表3.1。

**表 3.1　$Y_2O_3$的物化性质**

| 物化性质 | $Y_2O_3$ | 物化性质 | $Y_2O_3$ |
|---|---|---|---|
| 熔点/℃ | 2 430 | 带隙/eV | 6.0 |
| 化学性质 | 不溶于水和碱，溶于酸 | 有效离子半径/Å | 0.90 |
| 莫氏硬度 | 6.8 | 声子能量/$cm^{-1}$ | 550 |
| 热导率/（$W\cdot m^{-1}\cdot K^{-1}$） | 27 | 光透过范围/nm | 230～8 000 |

## 3.3 $Eu^{3+}$:$Y_2O_3$纳米粉体的表征方法

样品的 XRD 测试是利用德国 Bruker 公司的 D8 Advanced 型 X 射线衍射仪，采用的是 Cu 靶 Kα 射线($\lambda$ = 0.154 18 nm)，扫描步长为 0.02 °。荧光测试采用 Hitachi F–4500 荧光分光光度计，测量温度为室温，电压为 700 V，扫描速度为 240 nm/min，激发和发射缝宽均为 2.5 nm。样品的微观形貌利用 Philips CM12 TEM、JEOL JSM–6700F 型和 FEI QUANTA–200F 型 SEM 观察。TEM 测试将样品超声分散于无水乙醇中制成很稀的均匀悬浊液，取少量均匀分散在铜网上，在 TEM 下观测微观形貌；SEM 测试将试样黏附于铝片上通过 SEM 表征材料微观结构。红外光谱由 IFS66V/S 傅里叶变换光谱仪测得，将样品与 KBr 以 1∶100 的质量比均匀混合压成薄片测试红外光谱。荧光寿命由 Nd:YAG 激光器经倍频产生的 400 nm 的激光作为激发光源，经透镜聚焦照射到样品表面，样品发射光由光纤引入到分光光度计（Bruker Optics 250IS/SM），后分布在增强型的电荷耦合装置（IStar740, Andor）上。

## 3.4 $Eu^{3+}$:$Y_2O_3$纳米粉体的水热法制备及其发光性能

水热法是制备纳米材料的一种常用方法。由于水热法反应是在高压釜里的高温、高压环境中进行的，可以通过控制反应温度、压力、时间、溶液浓度等因素来控制晶体的生长过程，从而得到期望形貌和尺寸的纳米材料。1999年，Meyssamy等首次采用水热法合成了一维磷酸盐纳米磷光体。此后，水热法在样品合成中快速发展。由于水热法不仅可以很好地控制晶粒的形貌，而且能够生长出结晶度高的晶粒，近年来，水热法在稀土纳米发光材料的制备中备受关注。2008年，Mao等通过控制反应条件制备了不同形貌的$Er^{3+}$:$Y_2O_3$纳米管，分析了其生长机理和光学性能。2009年，Devaraju等在高温下（320 ℃）采用快速水热法合成了稀土离子掺杂的$Y_2O_3$并分析了其生长机理。2010年，Zhu等用水热法制备了具有超稳定结构的$Eu^{3+}$:$Y_2O_3$纳米管，研究发现纳米管能承受的压力比块体增加了10 GPa。下面研究水热法制备$Eu^{3+}$:$Y_2O_3$纳米晶的生长机理和发光性能。

### 3.4.1　水热法的基本原理

1950 年 Lamer 等用溶液浓度随时间的变化曲线来解释单分散水溶胶的形成过程。这一曲线后来称为 Lamer 图（图 3.2），被广泛地用于解释单分散体系的成核及生长过程。

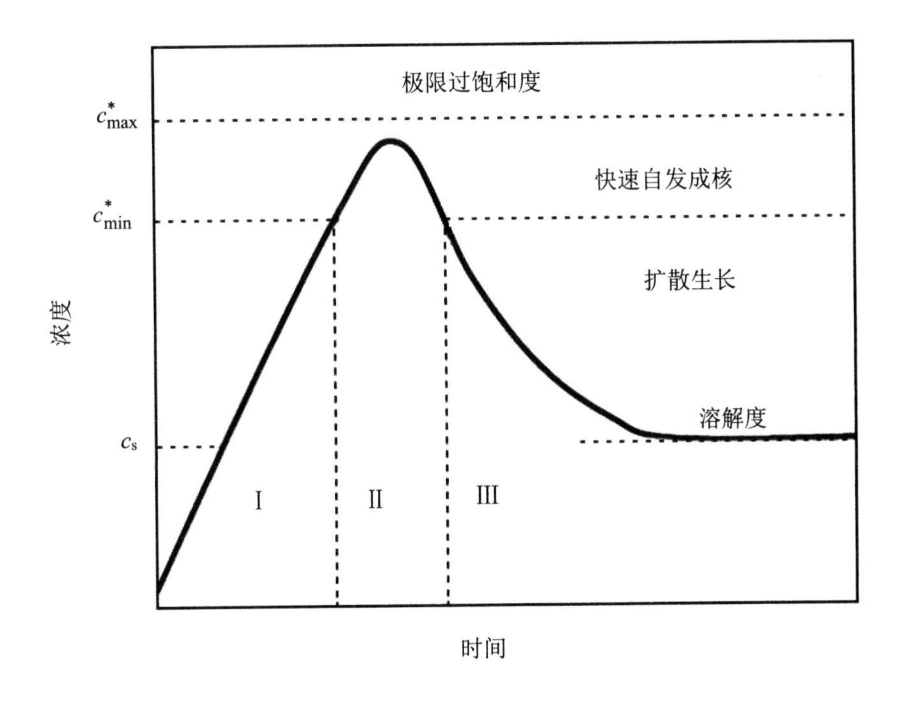


图3.2　Lamer图

如图 3.2 所示，晶粒生长可划分为 3 个阶段：成核准备阶段 I，此时溶液浓度没有达到晶粒成核所需的过饱和度 $c^*_{min}$，体系中没有晶核形成；成核阶段 II，此时溶液浓度高于晶粒成核所需的最低过饱和度 $c^*_{min}$，体系中形成大量晶核，在此阶段随着晶核的形成，溶液浓度下降；当溶液浓度回到最低过饱和度 $c^*_{min}$ 时，开始进入生长阶段III，在成核阶段形成的晶核此时长大，形成晶粒。在水热条件下，当体系中溶液浓度超过晶粒成核所需的过饱和度时，就会发生晶粒的成核与生长，生成粒度仅为几个纳米的晶粒，这些小晶粒的尺寸小、比表面积大，显露出来的多是高指数晶面，具有较高的表面自由能。水热反应通常在碱性环境中进行，晶粒表面易吸附极性溶剂离子，使得这些小粒子发生聚集。随着水热反应温度的升高和反应时间的延长，这些聚集在一起的小晶粒之间发生相互作用，一些晶粒尺度减小甚至消失，一些晶粒尺度则增大。宏观上表现为反应时间或温度一定时，随着水热反应温度或时间的增加，晶粒尺度增大。根据生长方式，晶粒之间的聚集生长可以分为两类：人们把晶粒间无取向性的聚集生长称为第Ⅰ类聚集生长；把满足结晶学要求的定向排列生长称为第Ⅱ类聚集生长。水热条件下，前驱物微粒之间的团聚遭到破坏，微粒发生溶解，再通过水解和缩聚反应形成不同的离子聚集体。当离子聚集体的浓度过饱和时，开始有晶核析出。晶核的析出又使得水热介质中离子聚集体浓度低于前驱物的溶解度，使前驱物继续溶解。这一过程反复进行，在足够长的反应时间下，前驱物能够全部溶解，同时形成相应的晶粒。

### 3.4.2 $Eu^{3+}$:$Y_2O_3$ 纳米晶的水热法制备

此部分主要采用水热法制备 $Eu^{3+}$:$Y_2O_3$ 纳米晶，并将其微观形貌及发光行为与沉淀法制备样品进行比较，具体制备过程如下。采用沉淀法和水热法制备 $Eu^{3+}$:$Y_2O_3$ 纳米晶，其中 $Eu^{3+}$的掺杂浓度为 5 %。初始反应物是纯度为 99.99%的 $Y_2O_3$ 和 $Eu_2O_3$ 粉体，以及分析纯的 NaOH。将 $Y_2O_3$ 和 $Eu_2O_3$ 溶于硝酸配制成一定浓度的硝酸盐溶液。将 NaOH 溶于去离子水配制成浓度为 10%的溶液。在沉淀法中按照样品所需的物质的量比例量取一定体积的 $Y(NO_3)_3$ 和 $Eu(NO_3)_3$ 溶液，并将其混合搅拌。待搅拌均匀后将 NaOH 溶液缓慢滴入硝酸盐溶液中，调节至适当 pH 并继续搅拌 1 h。将所得的白色悬浊液洗滤数次后在 60 ℃下烘干。在水热法中按照样品所需的物质的量比例量取一定体积的 $Y(NO_3)_3$ 和 $Eu(NO_3)_3$ 溶液，并将其混合搅拌。待搅拌均匀后将 NaOH 溶液缓慢滴入硝酸盐溶液中，调节至适当 pH 并继续搅拌 1 h。将所得白色悬浊液移入水热反应釜中，填充体积为 80%，并将水热反应釜置于烘箱中进行加热反应。为了得到不同形貌的纳米晶样品，将水热反应釜分别在 120～180 ℃反应 2～12 h。反应后将水热反应釜自然冷却至室温，并将所得沉淀物用去离子水洗滤数次后在 60 ℃下烘干。最后，将沉淀法和水热法 60 ℃下烘干后的粉体在 500 ℃的空气中烧结 3 h 得到 $Eu^{3+}$:$Y_2O_3$ 白色粉末。制备 $Eu^{3+}$:$Y_2O_3$ 纳米晶流程图如图 3.3 所示。

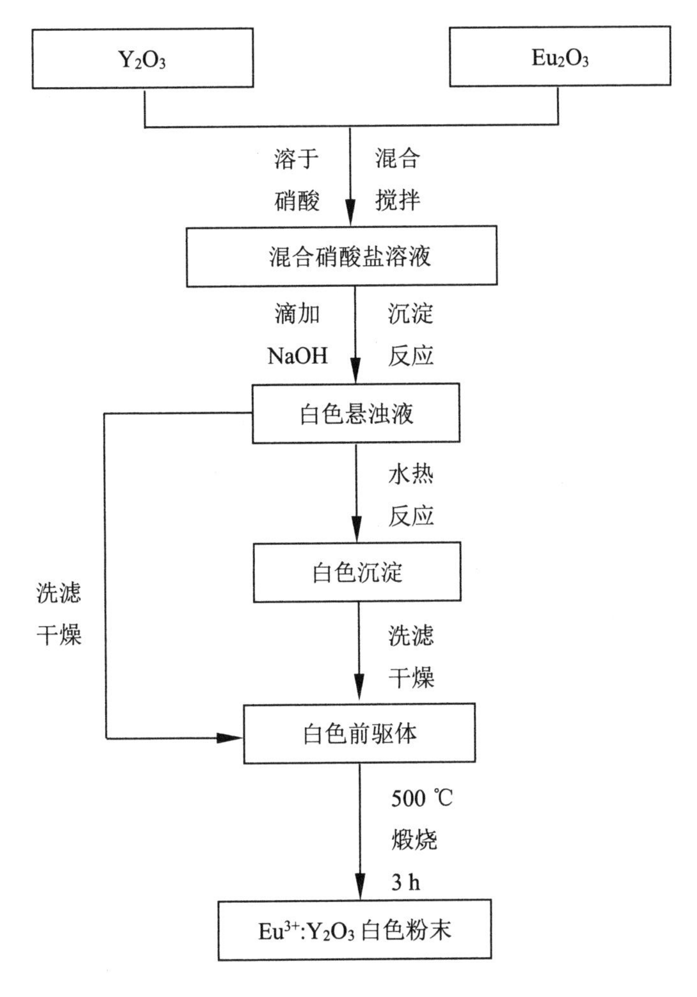


图3.3　制备$Eu^{3+}$:$Y_2O_3$纳米晶流程图

### 3.4.3　水热法制备 $Eu^{3+}$:$Y_2O_3$ 纳米晶的结构和形貌

图 3.4 为采用沉淀法和水热法（固定水热反应时间为 12 h，改变水热反应温度 120 ℃、160 ℃、180 ℃）制得 $Eu^{3+}$:$Y_2O_3$ 纳米晶的 XRD 谱图。图 3.5 为采用沉淀法和水热法（固定水热反应温度为 180 ℃，改变水热反应时间 2 h、8 h、12 h）制得 $Eu^{3+}$:$Y_2O_3$ 纳米晶的 XRD 谱图。从图 3.4 和图 3.5 可以看出，所有反应条件下的 $Y_2O_3$ 纳米晶样品都是单相立方结构的 $Y_2O_3$ 相（JPDS No. 86–1107），而没有发现其他杂相，因此，$Eu^{3+}$成功地掺入了 $Y_2O_3$ 的晶格。从 XRD 谱图中可以看到，与沉淀法相比，水热法制得样品的衍射峰宽变窄，且随着水热反应温度的升高和反应时间的延长，衍射峰宽逐渐变窄，峰强增强。这说明随着水热反应时间和温度的增加，$Eu^{3+}$:$Y_2O_3$ 的晶粒尺寸逐渐增大，且 $Eu^{3+}$:$Y_2O_3$ 纳米晶的晶化程度逐渐提高。

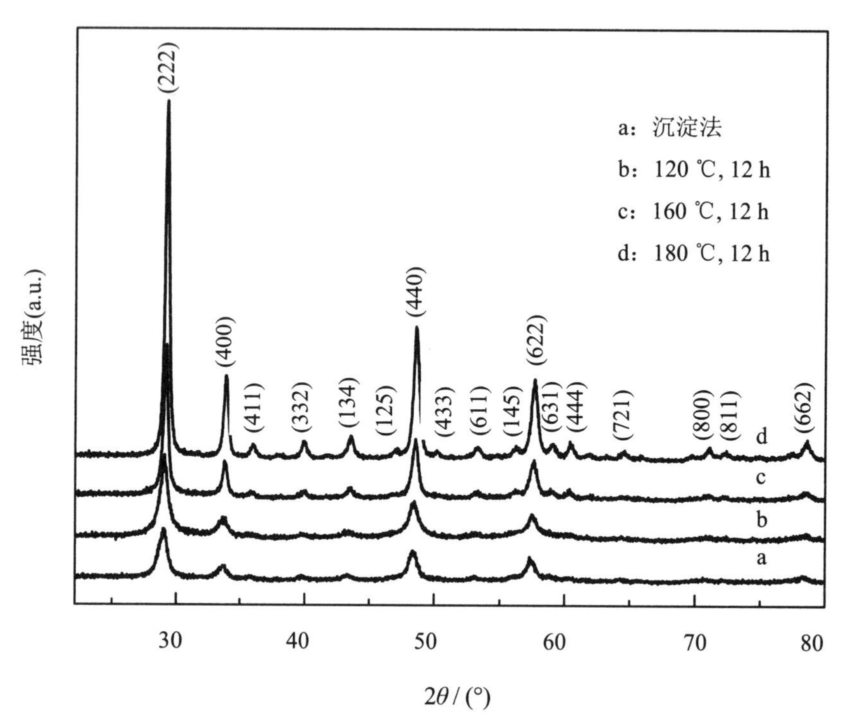


图 3.4　不同反应条件合成 $Eu^{3+}$:$Y_2O_3$ 纳米晶的 XRD 谱图

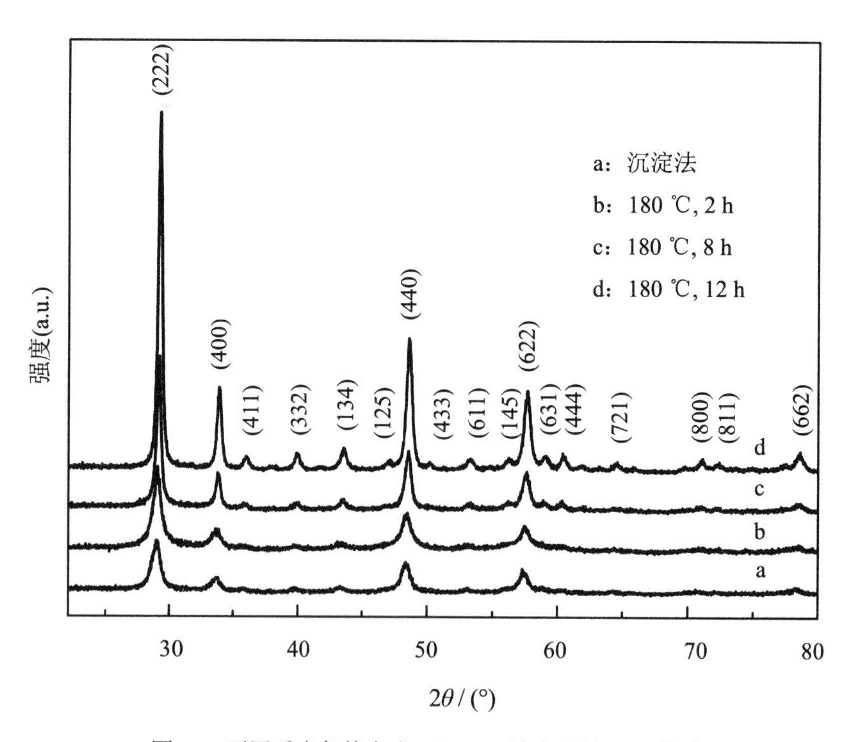


图3.5　不同反应条件合成$Eu^{3+}$:$Y_2O_3$纳米晶的XRD谱图

图 3.6～3.11 是在不同反应条件下合成 $Eu^{3+}:Y_2O_3$ 纳米晶的 TEM 图。$Eu^{3+}:Y_2O_3$ 纳米晶是由沉淀反应和水热反应所得产物 $Eu^{3+}:Y(OH)_3$ 经烧结后得到的。烧结过程只是给氢氧化物的分解提供了一定的能量，使其转变成为氧化物，并不改变其基本形貌，但是会使晶粒长大。因此，样品 $Eu^{3+}:Y_2O_3$ 的最终形貌取决于前期化学反应产物 $Eu^{3+}:Y(OH)_3$ 的形貌。如图 3.6 所示，沉淀法制得的 $Eu^{3+}:Y_2O_3$ 纳米晶样品是纳米片，边长约为 170 nm。当水热反应时间为 12 h，反应温度为 120 ℃时，纳米片长大，同时在纳米片中开始生成一维纳米棒（图 3.7）。当水热反应温度升高到 160 ℃时，产物中只有一小部分样品是纳米片，而大部分样品都生长为纳米棒（图 3.8）。当水热反应温度升高到 180 ℃时，在样品中只有纳米棒，其直径约为 137 nm，长约为 1.7 μm（图 3.9）。图 3.6（视为水热反应时间为 0）、图 3.9～3.11 所示为样品形貌随着水热反应时间而变化的情况。与温度系列类似，当水热反应温度为 180 ℃时，随着水热反应时间的加长，样品形貌逐渐由纳米片转变为纳米棒，最终在水热反应条件为 180 ℃、12 h 时全部生成纳米棒。从样品的微观形貌随时间、温度的变化情况可以看出，样品的形貌对这两种反应条件的敏感程度基本相当。下面分析 $Eu^{3+}:Y_2O_3$ 纳米晶的生长机制。

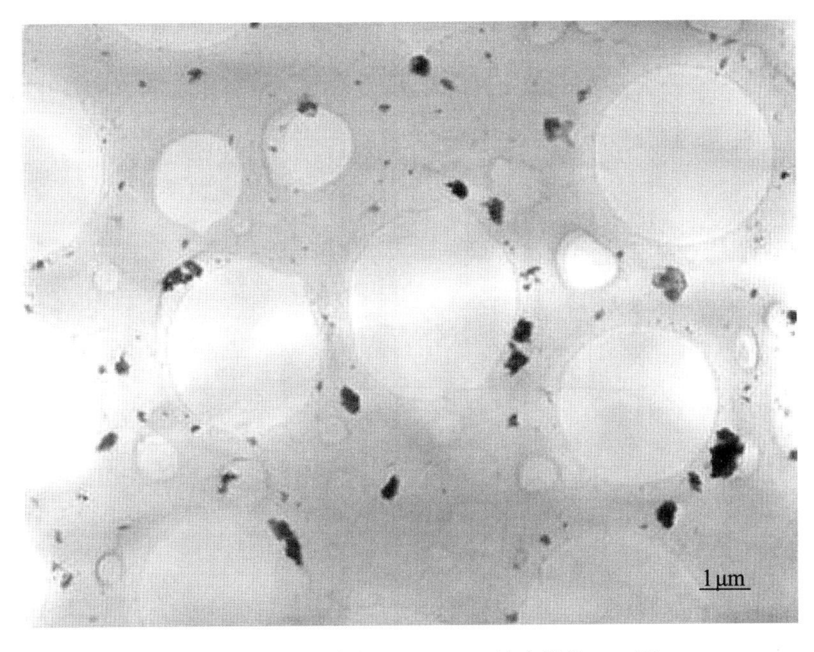


图3.6 采用沉淀法合成$Eu^{3+}:Y_2O_3$纳米晶的TEM图

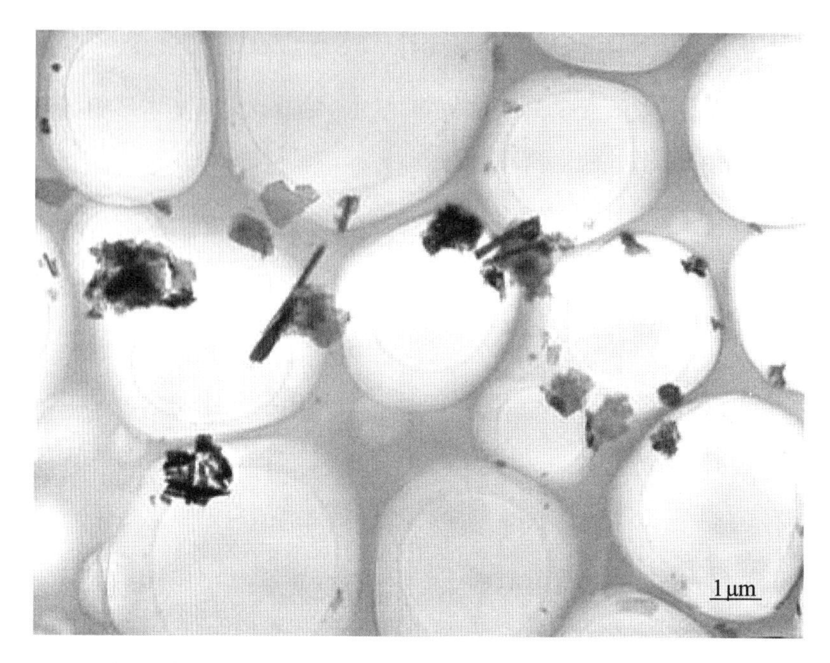


图3.7 采用水热法（120 ℃, 12 h）合成$Eu^{3+}$:$Y_2O_3$纳米晶的TEM图

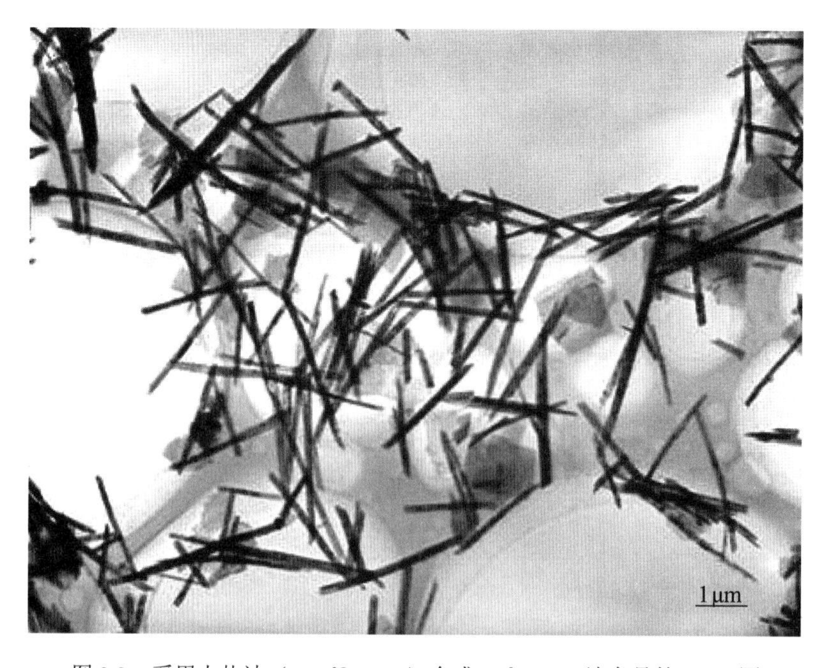


图 3.8 采用水热法（160 ℃, 12 h）合成 $Eu^{3+}$:$Y_2O_3$ 纳米晶的 TEM 图

图3.9　采用水热法（180 ℃, 12 h）合成$Eu^{3+}:Y_2O_3$纳米晶的TEM图

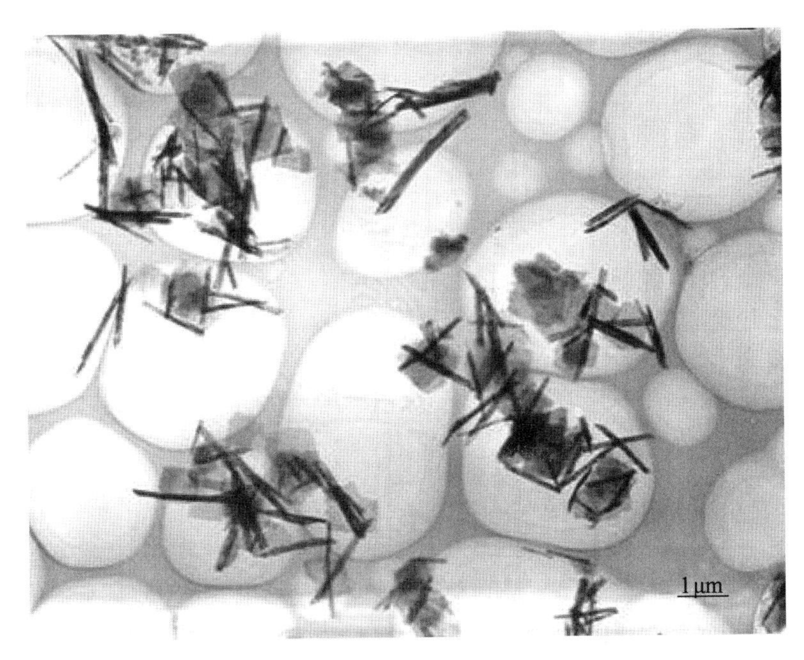


图3.10　采用水热法（180 ℃, 2 h）合成$Eu^{3+}:Y_2O_3$纳米晶的TEM图

图3.11　采用水热法（180 ℃, 8 h）合成$Eu^{3+}$:$Y_2O_3$纳米晶的TEM图

### 3.4.4　$Eu^{3+}$:$Y_2O_3$纳米晶的生长机制

首先，研究$Eu^{3+}$:$Y(OH)_3$的生长机制。在沉淀反应和水热反应实验中使用相同浓度的$Y(NO_3)_3$和$Eu(NO_3)_3$溶液，以及相同浓度的沉淀剂（10% NaOH溶液），以便观测不同反应温度和反应时间对样品生长的影响。化学反应方程式由下式表述：

$$Eu^{3+}:Y(NO_3)_x(OH)_{3-x}+x\mathrm{NaOH}\rightarrow Eu^{3+}:Y(OH)_3\downarrow+x\mathrm{NaNO_3} \tag{3.1}$$

在沉淀反应中，这一反应发生效率较低，而在水热反应的高温高压环境下反应的效率升高。当水热反应温度较低时，反应的发生效率也不是很高。水热反应温度的升高，促进反应向方程式右侧进行，有利于$Y(OH)_3$纳米棒的生长。在一维纳米结构的生长过程中，较高的化学势有利于一维结构的生长，化学势则由反应温度来决定。当反应温度较高时，反应体系的化学势较高；反之，当反应温度较低时，反应体系的化学势也随之降低。前面提到，在沉淀反应和水热反应温度较低的条件下，样品中有纳米片生成。这种纳米片的生成来源于当体系化学势较低时发生的侧向缠绕生长，与$Lu_2O_3$的生长过程类似，图3.12描述了侧向缠绕的生长过程。边缘残缺的纳米片围绕边缘生长，逐渐长大，最终成为边缘规则的纳米片状结构。图中小箭头表示了纳米片边缘的生长方向。

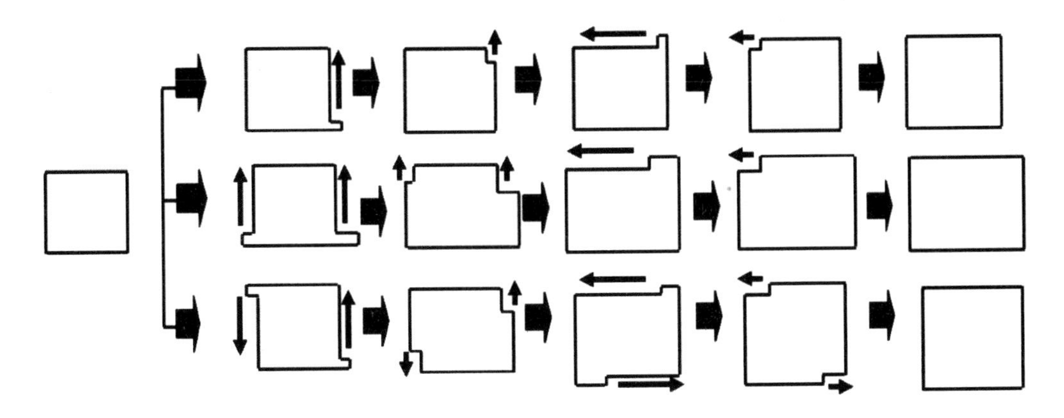

图3.12　纳米片不同侧向缠绕生长过程的模拟图

六角形 $Y(OH)_3$ 的本征晶体结构与 ZnO 类似。这一本征结构决定了 $Y(OH)_3$ 在适当的水热生长环境下会发生满足结晶学要求的各向异性生长，即第Ⅱ类聚集生长。由于六角形 $Y(OH)_3$ 沿着 $c$ 轴具有较高的各向异性，当反应体系的化学势随着反应温度的增加而升高时，$Y(OH)_3$ 纳米棒开始形成。在本实验纳米棒的生长过程中没有利用模板和催化剂等外界辅助手段，因此 $Y(OH)_3$ 纳米棒的形成过程是一个溶液固化的过程。在本实验中 NaOH 用来调节溶液的 pH，当加入 NaOH 以后就在溶液中迅速形成了胶体颗粒，这种胶体颗粒很快溶解在溶液中。在适当的水热条件下，这种胶体颗粒部分溶解在水中形成一种亚稳态的过饱和溶液，在过饱和溶液中发生成核现象，从而形成生长纳米棒的晶种。此后，随着水热反应温度的升高，这些晶种重新结晶并发生了沿着六角形 $Y(OH)_3$ 的易生长轴 $c$ 轴方向的定向排列生长，即第Ⅱ类聚集生长，最终生长成为一维纳米棒。$Y(OH)_3$ 纳米棒生长过程示意图如图 3.13 所示。水热反应温度的升高有利于式（3.1）向右侧进行，可以生成更多的 $Y(OH)_3$ 沉淀，高浓度的沉淀物有利于形成更多的晶种用于 $Y(OH)_3$ 的定向生长，以形成纳米棒状结构。水热反应时间系列样品 $Y(OH)_3$ 的生长机制与水热反应温度系列十分类似。随着反应时间的延长，纳米片逐渐减少，纳米棒状比例逐渐增加。最终当水热反应时间延长到 12 h 时，$Y(OH)_3$ 全部生长成纳米棒。这说明，升高水热反应温度和延长水热反应时间在促进 $Y(OH)_3$ 纳米棒生长的过程中起到了同等的作用。

$Y_2O_3$ 的形貌取决于 $Y(OH)_3$ 的生长机制，在 500 ℃烧结 3 h 以后，$Y(OH)_3$ 转变为 $Y_2O_3$，并保持了样品烧结前的形貌，因为要想使得形貌发生变化需要很高的能量。样品形貌随反应条件的变化过程如图 3.6～3.11 所示，随着水热反应温度和反应时间的增加，$Eu^{3+}:Y_2O_3$

纳米晶的微观形貌由纳米片转变为纳米棒，样品的比表面积减小，因此，样品的表面态也随之减少。此外，从 XRD 谱图（图 3.4 和图 3.5）中可以看出，随着水热反应温度和反应时间的增加，衍射峰的强度增强，说明样品的晶化程度提高。样品表面态和晶化程度的变化将会使 $Eu^{3+}$:$Y_2O_3$ 纳米晶的发光行为受到影响。

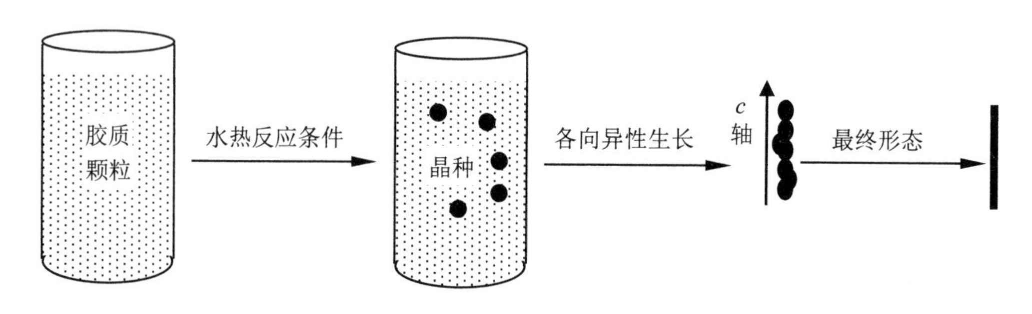


图3.13　$Y(OH)_3$纳米棒生长过程示意图

### 3.4.5　表面态对 $Eu^{3+}$:$Y_2O_3$ 纳米晶激发光谱的影响机理

图 3.14～3.17 所示为在不同初始反应条件下制得的 $Eu^{3+}$:$Y_2O_3$ 纳米晶的激发光谱。激发光谱测量的监测波长为 610 nm，测量范围为 210～300 nm，扫描速度为 240 nm/min，激发和发射缝宽均为 2.5 nm。其中，图 3.14 所示为采用沉淀法制备的样品的激发光谱；图 3.15～3.17 所示分别是在相同的水热反应时间 12 h，不同的水热反应温度 120 ℃、160 ℃、180 ℃下制备的 $Eu^{3+}$:$Y_2O_3$ 纳米晶的激发光谱。

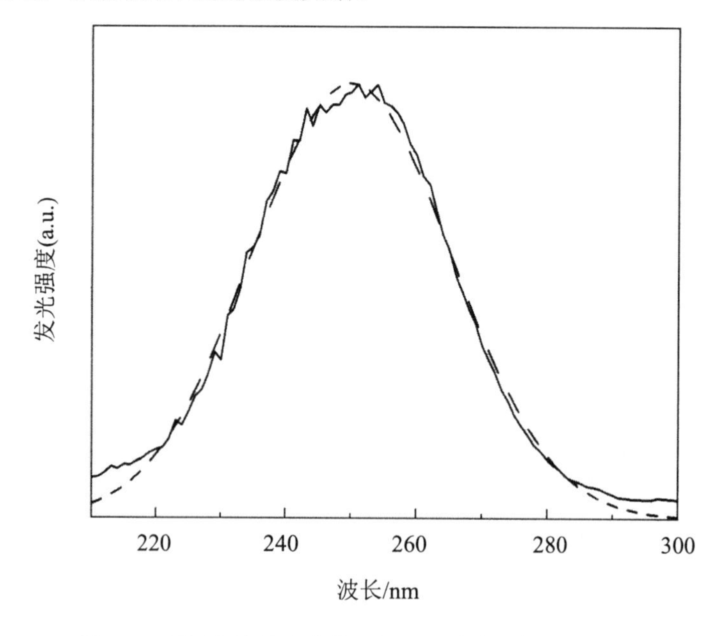


图3.14　采用沉淀法合成的$Eu^{3+}$:$Y_2O_3$纳米晶的激发光谱

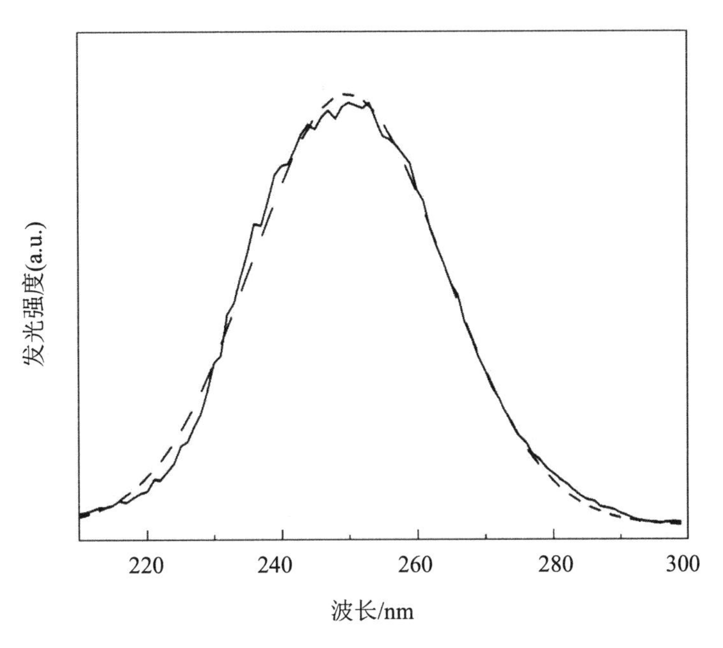


图3.15　采用水热法（120 ℃，12 h）合成的$Eu^{3+}$:$Y_2O_3$纳米晶的激发光谱

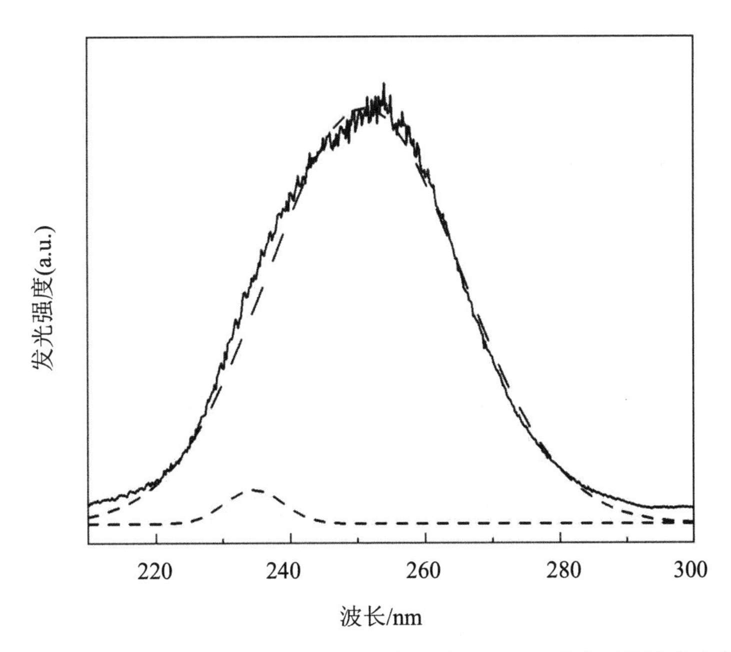


图3.16　采用水热法（160 ℃，12 h）合成的$Eu^{3+}$:$Y_2O_3$纳米晶的激发光谱

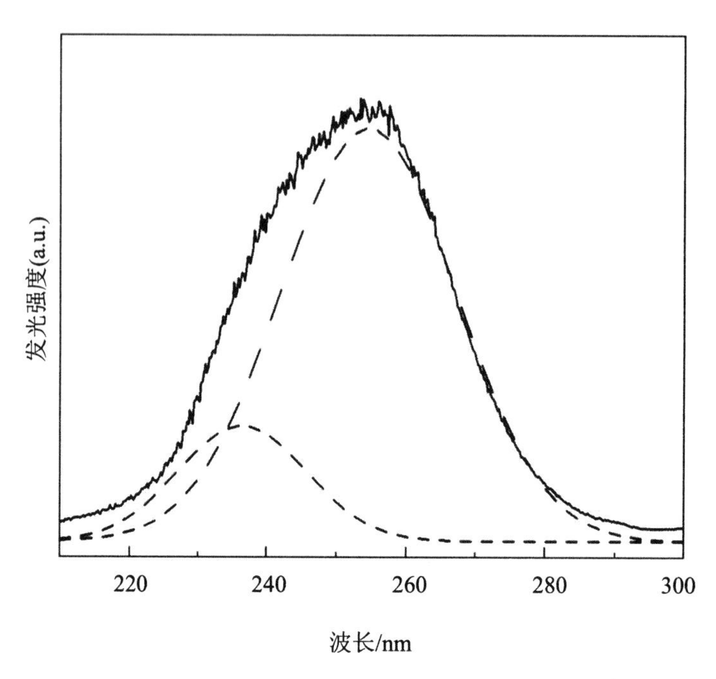


图 3.17　采用水热法（180 ℃，12 h）合成的 $Eu^{3+}$:$Y_2O_3$ 纳米晶的激发光谱

从图 3.14～3.17 可以看出，通过水热反应制备的样品激发光谱强度明显强于采用沉淀法制备的 $Eu^{3+}$:$Y_2O_3$ 纳米晶样品。同时，随着水热反应温度的升高，$Eu^{3+}$:$Y_2O_3$ 纳米晶的激发光谱强度逐渐增强。前面提到，在立方相 $Y_2O_3$ 中 $Y^{3+}$有两种不同的晶格环境：具有高对称性的 $S_6$ 格位和低对称性的 $C_2$ 格位。在采用沉淀法和水热反应温度较低（120 ℃）时，在样品的激发谱图中没有观测到 $S_6$ 格位的特征峰。然而，当水热反应温度升高到 160 ℃时，$Eu^{3+}$:$Y_2O_3$ 纳米晶的激发光谱可以分解成两个高斯成分。在 $S_6$ 格位的 $Y_1$—O 键长为 2.261 Å；而 $C_2$ 格位的 $Y_2$—O 键长分别为 2.249 Å、2.278 Å、2.336 Å。由于 $S_6$ 格位的 $Y_1$—O 键长小于 $C_2$ 格位的 $Y_2$—O 键的平均键长，因此，$Eu^{3+}$ $S_6$ 格位的 CTB 的能量高于 $Eu^{3+}$ $C_2$ 格位的 CTB 的能量。所以，激发光谱中位于 235 nm 附近的峰属于 $Eu^{3+}$ $S_6$ 格位的 CTB，而位于 255 nm 附近的峰则属于 $Eu^{3+}$的 $C_2$ 格位的 CTB。随着水热反应温度从 160 ℃升高到 180 ℃，在激发光谱中 $S_6$ 格位的 CTB 与 $C_2$ 格位的 CTB 的比值逐渐增大，比值由 0.82 增加到 0.90，见表 3.2。这说明，随着水热反应温度的升高，样品中 $S_6$ 格位所占比例增加，其发光特性也变得明显。如图 3.18～3.21 所示，当固定水热反应温度为 180 ℃，改变水热反应时间为 2 h（图 3.19）、8 h（图 3.20）、12 h（图 3.21）时，$Eu^{3+}$:$Y_2O_3$ 纳米晶的激发光谱变化情况与水热反应温度系列实验相似。随着水热反应时间的延长，在激发光谱中 $S_6$ 格位的

CTB 与 $C_2$ 格位的 CTB 的比值逐渐增大。也就是说，随着水热反应温度的升高和反应时间的延长，从激发光谱中可以看出 $Eu^{3+}$:$Y_2O_3$ 纳米晶中高对称性 $S_6$ 格位与低对称性 $C_2$ 格位的 CTB 的比值逐渐增大。

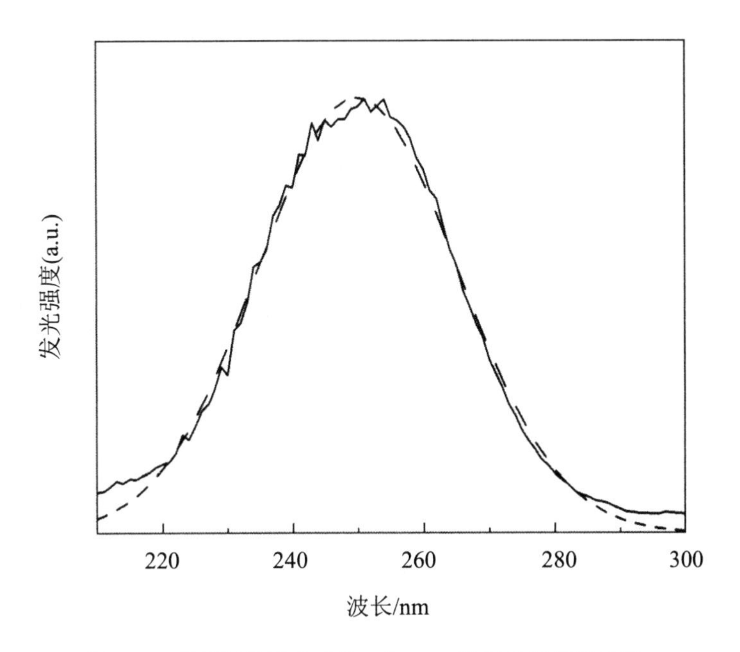


图3.18　采用沉淀法合成的$Eu^{3+}$:$Y_2O_3$纳米晶的激发光谱

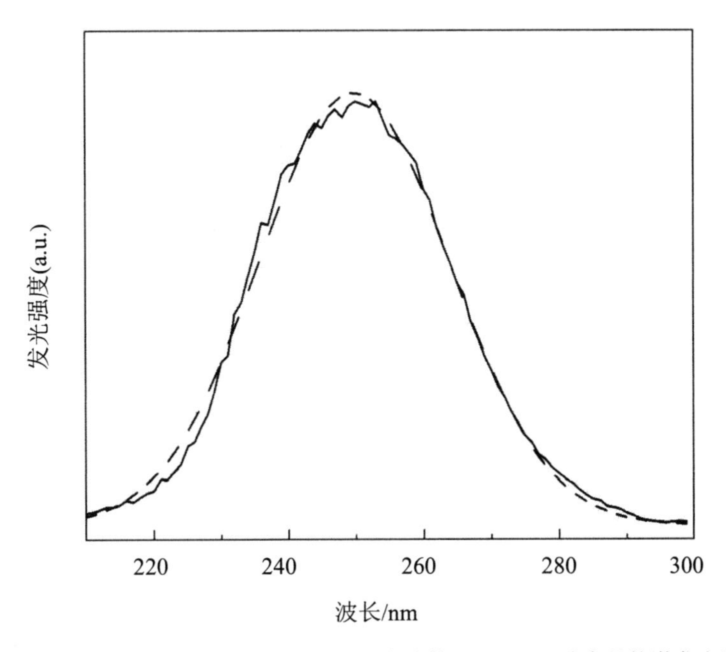


图 3.19　采用水热法（180 ℃，2 h）合成的 $Eu^{3+}$:$Y_2O_3$ 纳米晶的激发光谱

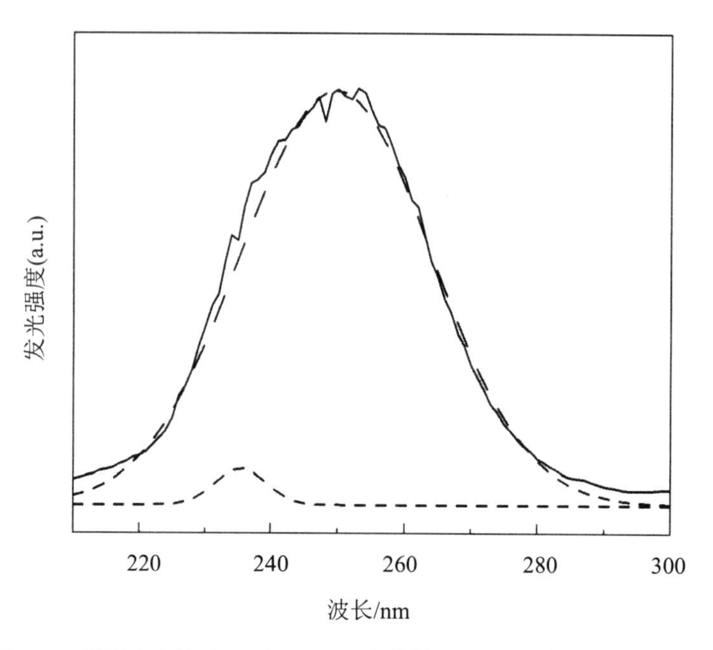


图 3.20　采用水热法（180 ℃，8 h）合成的 $Eu^{3+}$:$Y_2O_3$ 纳米晶的激发光谱

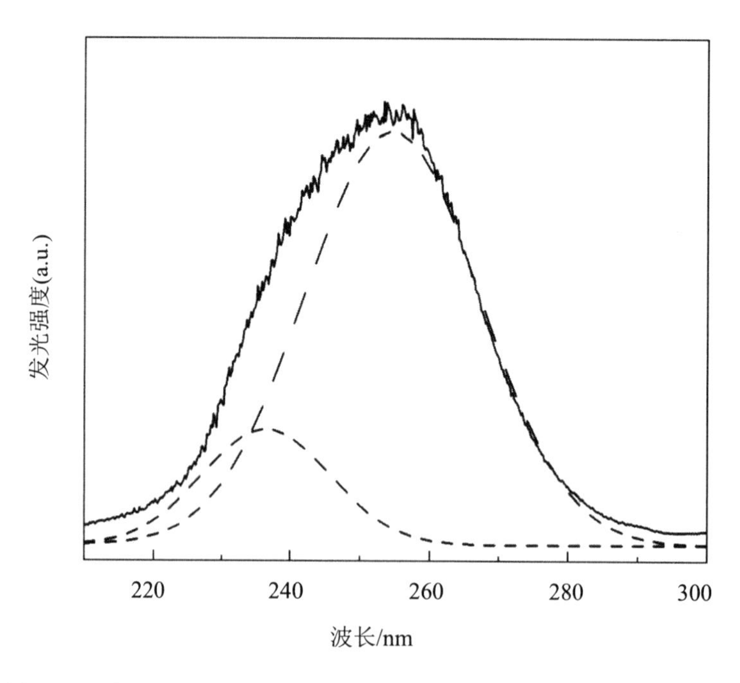


图 3.21　采用水热法（180 ℃，12 h）合成的 $Eu^{3+}$:$Y_2O_3$ 纳米晶的激发光谱

$Eu^{3+}$:$Y_2O_3$ 纳米晶激发光谱中 $S_6$ 格位的 CTB 与 $C_2$ 格位的 CTB 的比值随着水热反应温度和时间的增加而增大的现象与不同初始反应条件下制得 $Eu^{3+}$:$Y_2O_3$ 纳米晶的表面态有关。如前所述，从 XRD 和 SEM 测试结果可以看出，在用沉淀法制备以及水热反应温度较低或反应时间较短时，$Eu^{3+}$:$Y_2O_3$ 纳米晶的晶化程度较低，且样品形貌中含有相当部分的纳米片。相对于纳米棒来说，纳米片的比表面积较大，这时，在样品表面几层内存在较多的缺陷。因此，此时样品表面几层的对称性较低，也就是说，这时有很多的 $Eu^{3+}$位于或接近存在大量缺陷的颗粒表面，$Eu^{3+}$位于低对称性格位。随着水热反应温度和反应时间的增加，$Eu^{3+}$:$Y_2O_3$ 纳米晶的晶化程度逐渐提高，并且微观形貌逐渐由纳米片生长为纳米棒，晶体的比表面积逐渐减小。随着晶化程度的提高和比表面积的减小，$Eu^{3+}$:$Y_2O_3$ 纳米晶的表面几层内的缺陷减少，表面层的对称性提高，$Eu^{3+}$:$Y_2O_3$ 纳米晶中具有高对称性的 $S_6$ 格位光学特性开始显现。在激发光谱中表现为 $S_6$ 格位的 CTB 与 $C_2$ 格位的 CTB 的比值增大。在 $Eu^{3+}$:$Y_2O_3$ 纳米晶激发谱中可以明显看到 $S_6$ 格位的 CTB。

从图 3.14～3.21 还可以看出，随着水热反应温度和反应时间的增加，$S_6$ 格位的 CTB 和 $C_2$ 格位的 CTB 都发生了红移，具体峰位见表 3.2。这是由于 $Eu^{3+}$:$Y_2O_3$ 纳米晶中的 Eu—O 键长随着水热反应温度和时间的增加而变短。由 XRD 谱图可知，当水热反应温度较低、反应时间较短时，$Eu^{3+}$:$Y_2O_3$ 纳米晶的晶粒尺寸较小，且晶化程度较差。处于表面几层的原子数占总原子数的比例随晶粒尺寸的减小和晶化程度的下降而增大。表面层原子数的增加导致表面断裂的 Y—O 键数目增多，这样，在表面形成了许多不成对的电子轨道。这些不成对的电子轨道之间相互排斥造成了晶体表面几层的局部晶格的变形。随着晶粒尺寸的减小和晶化程度的降低，表面原子数所占的比例增加，晶格的局部形变增大，从而导致整个晶格常数增大。这种由于表面层原子数增加而导致晶格常数增大的现象与 Ayyub 和 Roy 在研究 $La_{0.8}Sr_{0.2}MnO_{3-\delta}$和 $La_{1.85}Sr_{0.15}CuO_4$ 时所得结果类似。反之，随着水热反应温度和时间的增加，表面原子数减少，晶格常数减小，而接近于标准晶格常数。从图 3.4 和图 3.5 中可以看到，所有的样品都是单相立方结构的 $Y_2O_3$ 相（JPDS No. 86–1107），晶格常数为 10.602 Å。随着水热反应温度和反应时间的减小，晶格常数逐渐增大，偏离标准晶格常数的程度也增大，见表 3.2。$Eu^{3+}$:$Y_2O_3$ 是立方结构，因此，其晶格常数与 Eu—O 键的平均键长成正比关系。当键长较长时，化学键的离子性更强；反之，当键长较短时，化学键的共价性更强。随着水热反应温度和反应时间的增加，$Eu^{3+}$:$Y_2O_3$纳米晶的晶格常数减小，意味着Eu—O键的平均键长就会随之减小，从而导致Eu—O键的共价性增强，见表3.2。

**表3.2　不同合成条件下制得的$Eu^{3+}$:$Y_2O_3$纳米晶的晶格常数、$S_6$与$C_2$格位CTB峰位及$S_6$与$C_2$格位强度比**

| 合成条件 | 晶格常数格/Å | $S_6$与$C_2$的格位强度比 | $S_6$格位CTB峰位/nm | $C_2$格位CTB峰位/nm |
|---|---|---|---|---|
| 沉淀法 | 10.621 | — | — | 249.6 |
| 120 ℃, 12 h | 10.619 | — | — | 249.7 |
| 160 ℃, 12 h | 10.608 | 0.82 | 234.4 | 251.2 |
| 180 ℃, 12 h | 10.601 | 0.90 | 235.9 | 254.2 |
| 180 ℃, 8 h | 10.607 | 0.82 | 235.9 | 251.1 |
| 180 ℃, 2 h | 10.612 | — | — | 250.2 |

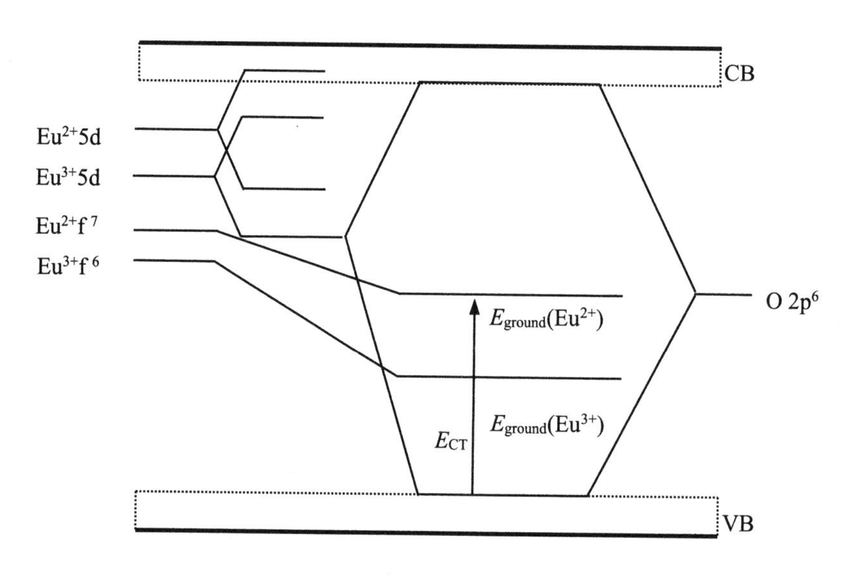


图3.22　$Eu^{3+}$ CTB示意图

图3.22为$Eu^{3+}$ CTB示意图，图中VB和CB分别代表基质的价带和导带，$E_{CT}$是基质中$Eu^{3+}$的电荷迁移能。CTB的初始状态为基质的价带，末态是$Eu^{2+}$的基态能级。如图3.22所示，$Eu^{3+}$的CTB是电子从$O^{2-}$的2p轨道跃迁到$Eu^{3+}$的4f轨道所需的能量。那么，这个跃迁所需要的能量就与Eu—O键的共价性有着密切的关系。Eu—O键的共价性越强，电子从$O^{2-}$跃迁到$Eu^{3+}$所需要的能量就越低。如前所述，随着水热反应温度和反应时间的增

加，$Eu^{3+}$:$Y_2O_3$ 纳米晶的表面态减少，表面的晶格畸变降低，晶格常数减小。而立方相 $Eu^{3+}$:$Y_2O_3$ 纳米晶的晶格常数与 Eu—O 键的键长直接相关，因此，随着晶格常数的减小，Eu—O 键的键长随之减小，Eu—O 键的共价性增强。共价性的增强使得电子从 $O^{2-}$跃迁到 $Eu^{3+}$所需要的能量降低，因此，CTB 随着水热反应温度和反应时间的增加而发生红移。

### 3.4.6　表面态对 $Eu^{3+}$:$Y_2O_3$ 纳米晶发射光谱的影响机理

通过对激发光谱的分析得出，激发光谱的性质与样品的表面态有着密切的关系，下面讨论发射光谱与表面态的关联。图3.23和图3.24为$Eu^{3+}$:$Y_2O_3$纳米晶在不同合成条件下的发射光谱。激发波长为255 nm，测量范围为550～680 nm，扫描速度为240 nm/min，激发和发射缝宽均为2.5 nm。根据第1章提到的Judd–Ofelt理论，稀土离子在4f能级之间的电偶极跃迁是被禁止的。只有当稀土离子占据没有反演中心的$C_2$格位时，电偶极跃迁才是被允许的。而在稀土离子发射光谱中观测到的线状光谱主要来源于4f能级之间的电偶极跃迁。因此，$Eu^{3+}$:$Y_2O_3$纳米晶在610 nm的红光发射主要来源于占据$C_2$格位的$Eu^{3+}$。

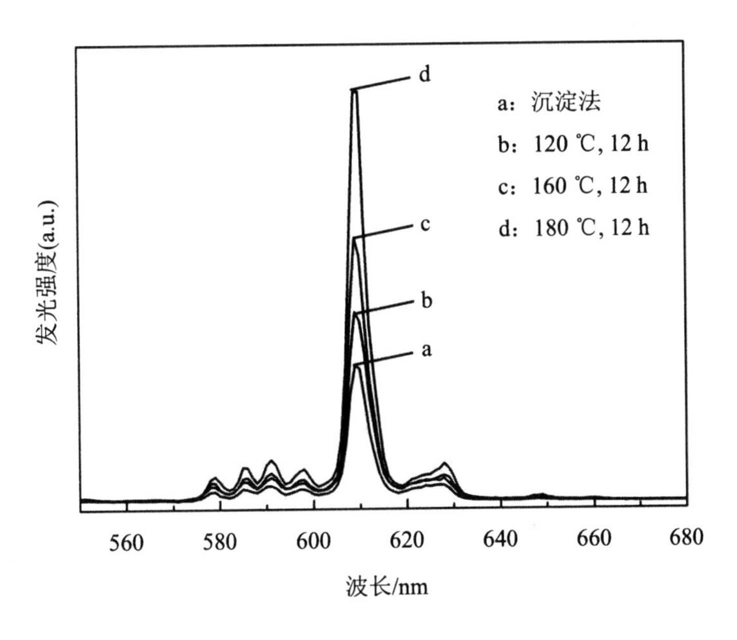


图3.23　不同合成条件下$Eu^{3+}$:$Y_2O_3$纳米晶的发射光谱

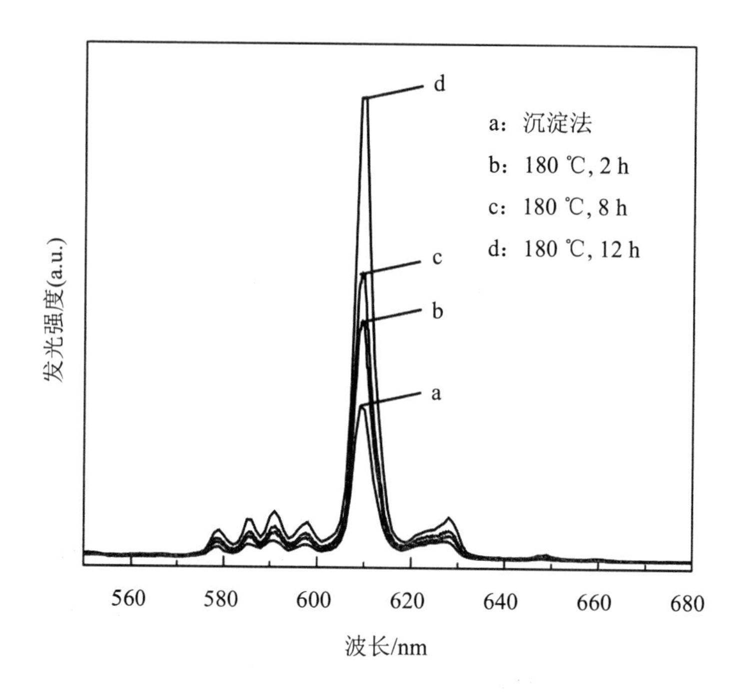


图3.24　不同合成条件下$Eu^{3+}$:$Y_2O_3$纳米晶的发射光谱

从前面的激发光谱分析得出，相对于 $C_2$ 格位来说，随着水热反应温度和时间的增加，$S_6$ 格位所占比例有所增加，即 $C_2$ 格位比例相对减少。但是，从发射光谱中却发现，随着水热反应条件的提高，$C_2$ 格位 $Eu^{3+}$的发射强度与 $S_6$ 格位的特征发射一同提高。这是由于实际上 $C_2$ 格位并没有减少，而 $S_6$ 格位相对性地增加了。此外，$C_2$ 格位上 $Eu^{3+}$的发光效率随着水热反应温度和时间的增加提高了。

稀土离子的发光效率在很大程度上受到体系中无辐射跃迁的影响。在第 1 章中提到无辐射跃迁概率可以由下式表示：

$$W_n = W_0[1 - \exp(-\hbar\nu/kT)]^{-n} \tag{3.2}$$

由式（3.2）可以看出，具有高振动频率的原子基团将会增大无辐射跃迁概率，从而降低稀土离子的发光效率。$Y_2O_3$的最大声子能量约为550 $cm^{-1}$。但是，本实验采用沉淀反应和水热反应制备$Eu^{3+}$:$Y_2O_3$纳米晶样品，在制备过程中容易残留$OH^-$和 $CO_3^{2-}$ 基团。此外，由于纳米晶样品的尺寸小、比表面积很大，在空气中很容易吸附$H_2O$和$CO_2$，从而在样品表面形成具有高声子振动能量的$OH^-$和 $CO_3^{2-}$ 基团，增大了无辐射跃迁概率。因此，为了提高$Eu^{3+}$的发光效率，必须将这些高能振动原子基团从$Eu^{3+}$:$Y_2O_3$纳米晶中去除，减小无辐射跃迁概率。

图 3.25 和图 3.26 为不同合成条件下制备的 $Eu^{3+}$:$Y_2O_3$ 纳米晶的红外光谱图。图中位于 3 400 $cm^{-1}$ 附近的吸收峰来源于 $OH^-$基团，而位于 1 500 $cm^{-1}$ 附近的吸收峰则来源于 $CO_3^{2-}$ 基团。

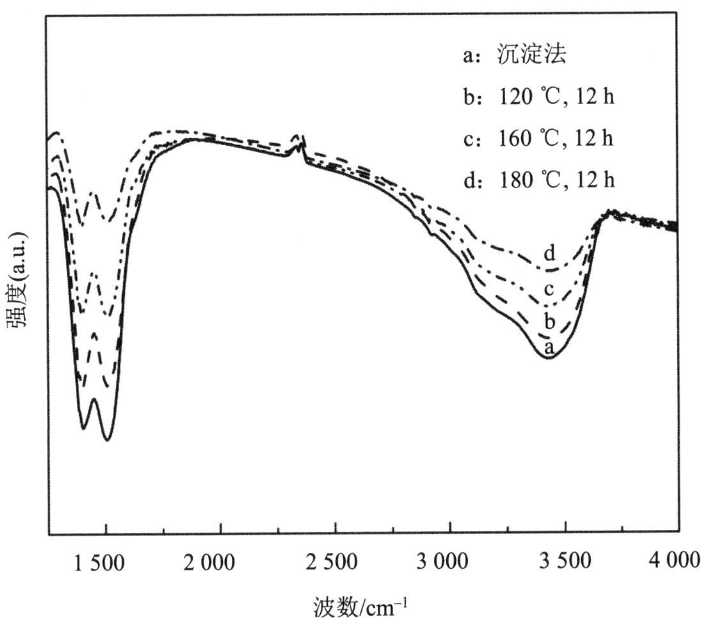


图 3.25　不同合成条件下 $Eu^{3+}$:$Y_2O_3$ 纳米晶的红外光谱

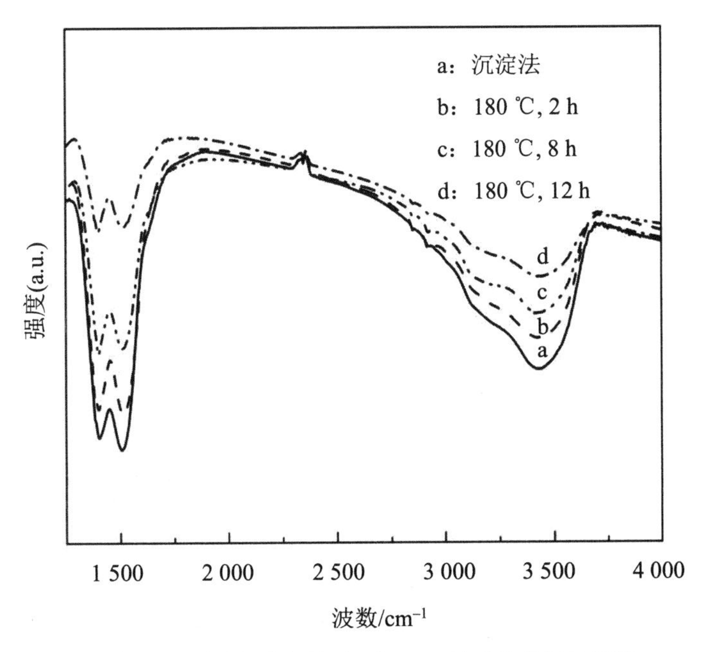


图3.26　不同合成条件下$Eu^{3+}$:$Y_2O_3$纳米晶的红外光谱

从图 3.25 和图 3.26 中可以看出，随着水热反应温度和反应时间的增加，$OH^-$基团和 $CO_3^{2-}$ 基团的吸收峰都明显减弱。这说明，随着水热反应温度和时间的增加，晶粒尺寸的增加和晶化程度的提高使得吸附在 $Eu^{3+}$:$Y_2O_3$ 纳米晶表面的 $OH^-$和 $CO_3^{2-}$ 高能基团减少了。在水热反应条件为 180 ℃、12 h 时吸收峰达到最弱，表明在此水热反应条件下制备的 $Eu^{3+}$:$Y_2O_3$ 纳米晶样品具有最少的 $OH^-$基团和 $CO_3^{2-}$ 基团。从式（3.2）可以得出，高振动频率原子基团的减少使得 180 ℃、12 h 的条件下制备的 $Eu^{3+}$:$Y_2O_3$ 纳米晶无辐射跃迁概率最小，$Eu^{3+}$的发光效率最高。因此，图 3.23 和图 3.24 都显示此反应条件下 $Eu^{3+}$:$Y_2O_3$ 纳米晶的发光强度最强。反之，当水热反应温度较低、反应时间较短时，$Eu^{3+}$的发光强度相对较弱。这是由于随着反应温度和时间的降低，晶粒尺寸减小，$Eu^{3+}$:$Y_2O_3$ 纳米晶表面悬挂的高频率振动 $OH^-$和 $CO_3^{2-}$ 基团增多，使得无辐射跃迁概率增大，从而造成发光猝灭。

如前所述，随着水热反应温度和反应时间的增加，$Eu^{3+}$:$Y_2O_3$ 纳米晶的晶化程度提高，且形貌由纳米片转化成纳米棒，这一形貌的转变使得样品的比表面积减小。晶化程度的提高和比表面积的减小使得样品表面悬挂的 $OH^-$和 $CO_3^{2-}$ 高能振动悬挂键减少，从而使无辐射跃迁概率减小，$Eu^{3+}$的发光强度提高。为了进一步证明该结论，又测试了不同水热反应条件下 $Eu^{3+}$:$Y_2O_3$ 纳米晶 $^5D_0$→$^7F_2$ 跃迁的衰减曲线，测试结果如图 3.27～3.33 所示。

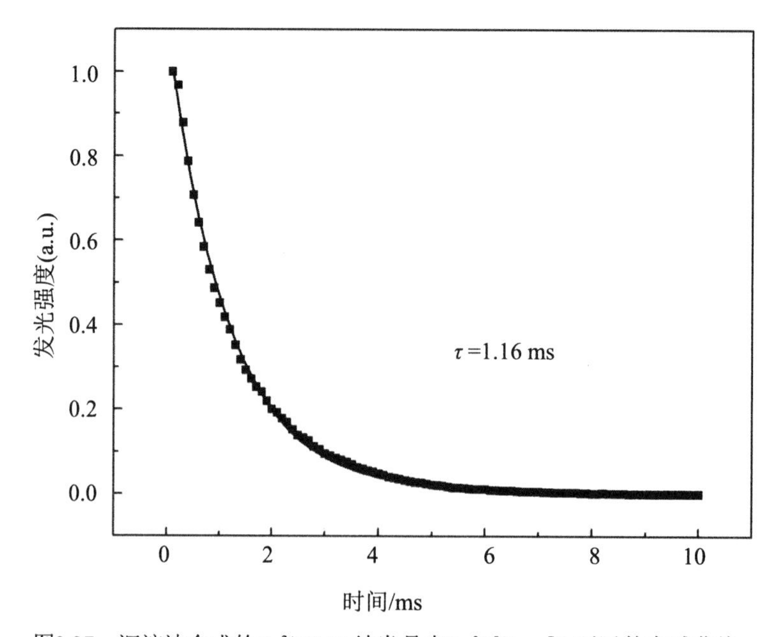


图3.27　沉淀法合成的$Eu^{3+}$:$Y_2O_3$纳米晶中$Eu^{3+}$ $^5D_0$→$^7F_2$跃迁的衰减曲线

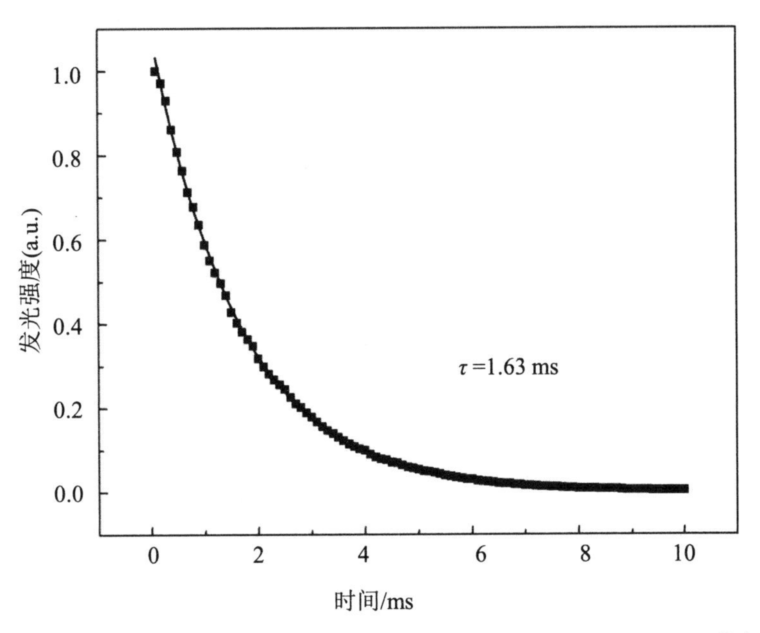


图3.28　水热法（120 ℃，12 h）合成的$Eu^{3+}$:$Y_2O_3$纳米晶中$Eu^{3+}$ $^5D_0 \rightarrow {}^7F_2$跃迁的衰减曲线

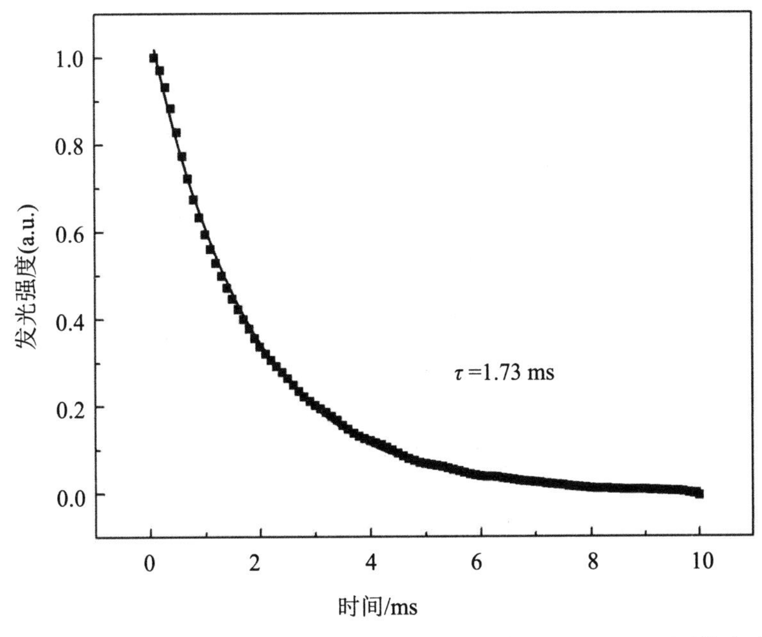


图3.29　水热法（160 ℃，12 h）合成的$Eu^{3+}$:$Y_2O_3$纳米晶中$Eu^{3+}$ $^5D_0 \rightarrow {}^7F_2$跃迁的衰减曲线

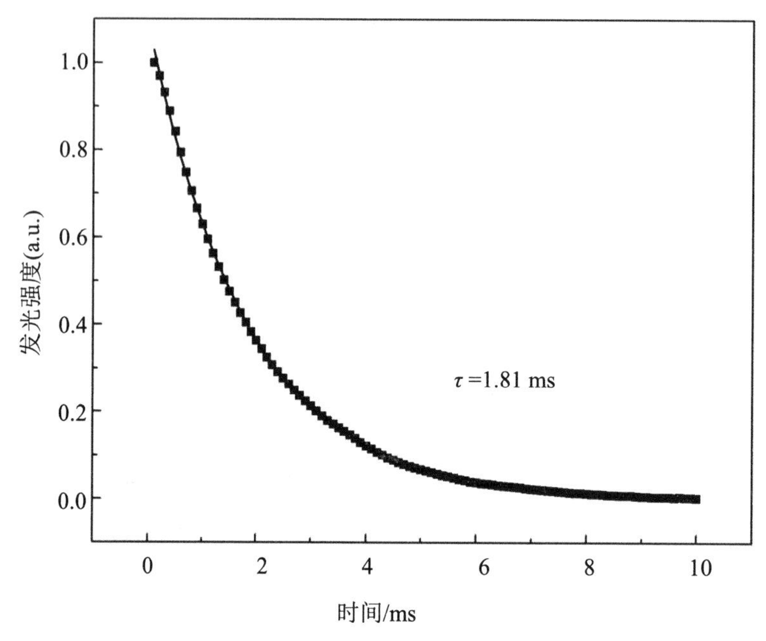


图3.30　水热法（180 ℃，12 h）合成的$Eu^{3+}$:$Y_2O_3$纳米晶中$Eu^{3+}$ $^5D_0 \rightarrow {}^7F_2$跃迁的衰减曲线

荧光寿命曲线可以由式（3.3）进行拟合，即

$$I = A\exp(-t/\tau_R) + B \tag{3.3}$$

式中，$\tau_R$ 为荧光寿命；$t$ 为衰减时间；$I$ 为发光强度；$A$ 和 $B$ 为常数。

通过式（3.3）拟合得到沉淀法制得样品的寿命为 1.16 ms，水热反应时间为 12 h 反应温度为 120 ℃、160 ℃、180 ℃条件下制得样品的荧光寿命分别为 1.63 ms、1.73 ms、1.81 ms；水热反应温度为 180 ℃，反应时间为 2 h、8 h 条件下制得样品的荧光寿命分别为 1.60 ms、1.74 ms。也就是说，随着水热反应温度和反应时间的增加，$Eu^{3+}$:$Y_2O_3$ 纳米晶中 $Eu^{3+}$的荧光寿命是增长的。荧光寿命等于该能级的辐射跃迁概率与无辐射跃迁概率之和的倒数。因此，能级的寿命可以写为

$$\tau = \frac{1}{A + W} \tag{3.4}$$

式中，$\tau$ 为荧光寿命；$A$ 为辐射跃迁概率；$W$ 为无辐射跃迁概率。

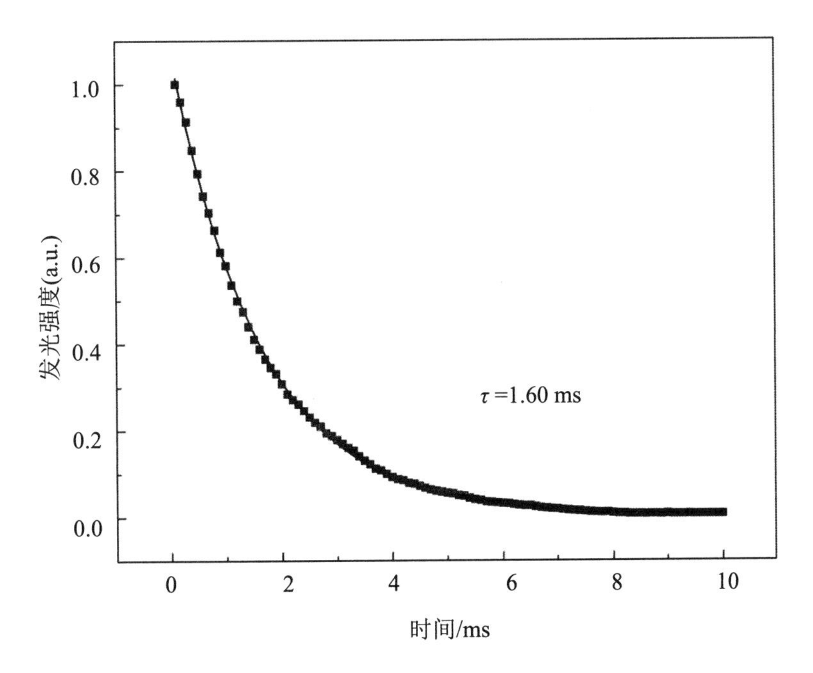


图3.31　水热法（180 ℃，2 h）合成的$Eu^{3+}:Y_2O_3$纳米晶中$Eu^{3+}$ $^5D_0 \rightarrow {}^7F_2$跃迁的衰减曲线

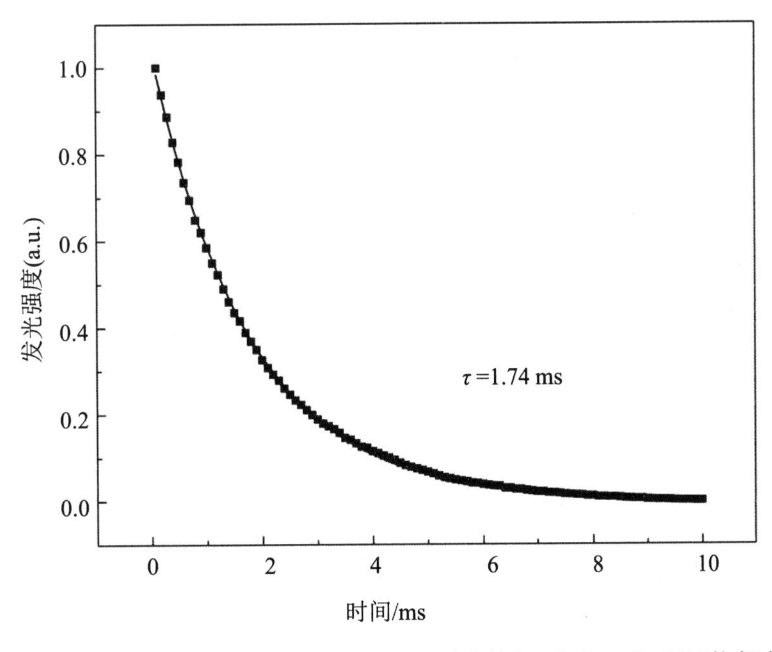


图3.32　水热法（180 ℃，8 h）合成的$Eu^{3+}:Y_2O_3$纳米晶中$Eu^{3+}$ $^5D_0 \rightarrow {}^7F_2$跃迁的衰减曲线

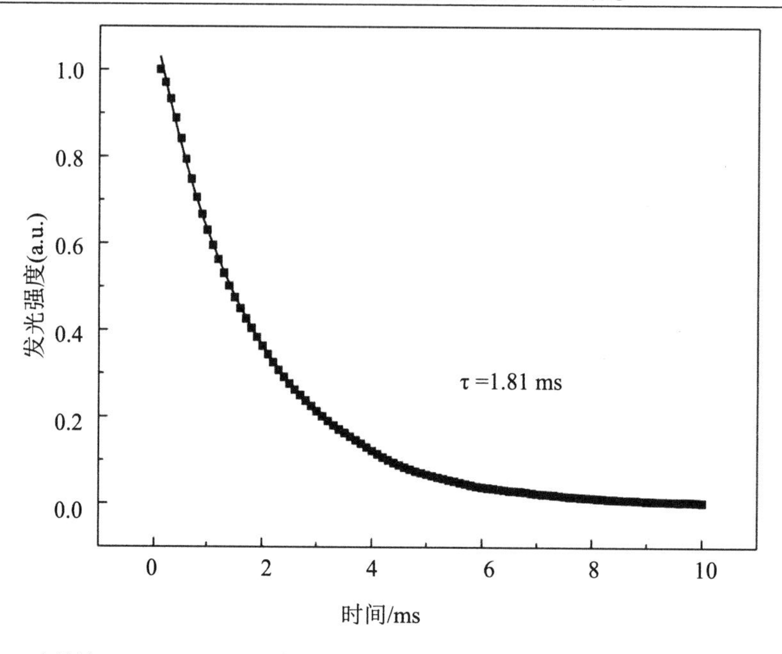


图 3.33　水热法（180 ℃，12 h）合成的 $Eu^{3+}$:$Y_2O_3$ 纳米晶中 $Eu^{3+}$ $^5D_0 \rightarrow {}^7F_2$ 跃迁的衰减曲线

随着水热反应温度和反应时间的增加，$Eu^{3+}$的荧光寿命延长，说明随着晶粒尺寸的增加和晶化程度的提高表面态减少，无辐射跃迁概率减小，从而使得荧光寿命增加。因此，可以认为不同形貌的 $Eu^{3+}$:$Y_2O_3$ 纳米晶 610 nm 发光强度的不同与其表面态有着密切的关系。这个结论与前面对荧光光谱和红外光谱的分析相吻合。另外，荧光寿命的延长有利于 $Eu^{3+}$储存更多的能量用于发光，对提高 $Eu^{3+}$的发光强度有重要意义。

## 3.5　$Eu^{3+}$:$Y_2O_3$ 纳米粉体的微波法制备及其发光性能

前面采用水热法制备了 $Eu^{3+}$:$Y_2O_3$ 纳米晶，并通过控制水热反应条件得到了发光性能良好的 $Eu^{3+}$:$Y_2O_3$ 纳米棒。但是，由于水热反应时间较长、产量较低，水热法在大规模的工业生产中受到了一定的限制。为了既能得到发光性能良好的纳米晶样品又能提高生产效率、降低成本，需要寻求新的制备方法。

目前微波已经在化学合成领域广泛应用，近年来，有关微波法合成纳米材料的报道比比皆是。2003 年，Pang 等用微乳微波法制备了颗粒均匀的 $Eu^{3+}$:$Y_2O_3$ 纳米颗粒，其粒径为 20～30 nm。2006 年，Murugan 等将微波法与水热法相结合，在反应时间仅为 6 min 的条件下得到性能优良的 $Eu^{3+}$:$Y_2O_3$ 纳米晶。2009 年，Fu 等通过微波法成功合成了 $Y_2O_3$ 掺杂的 $CeO_2$，反应时间仅为 15 min，所得粉体的尺寸为 19～25 nm。传统加热过程都是由加热体首先发热，再通过热辐射和热传导过程将热量传递到样品表面，由表面逐渐传递到样品中心。也就是说，样品整体温度达到一致需要一定的时间。这样，在加热的初期阶段样品的表面与内部就会存在一个温度差，即样品表面与内部的温度不同，导致样品内外颗粒生长不同步，很难得到颗粒均匀的产物。而在微波反应过程中，能量直接由电磁场的能量转换成样品的热力学能。热量是通过样品本身的极性分子在高频转换的交变电磁场下做高频转动相互摩擦而产生的，也就是说热量是来源于样品本身。这样，在反应过程中样品内部的温度是处处相等的。与传统的化学反应方法相比，微波技术的反应时间短、设备简单、加热均匀、生产效率高，快速的反应和均匀的加热有利于得到颗粒分散均匀的粉体。

本节将通过无机盐微波法制备 $Eu^{3+}$:$Y_2O_3$纳米晶，实验中没有利用模板和任何催化剂。尝试通过改变微波反应的时间和温度得到不同形貌的 $Eu^{3+}$:$Y_2O_3$纳米晶材料，并对其发光性能进行评价。同时将把微波反应温度 200 ℃、反应 10 min 制得样品的发光性能与前面水热反应条件为 180 ℃、12 h 时制得的样品加以比较，分析两种制备方法的优缺点，为设计更好的制备纳米发光材料的方法奠定基础。

### 3.5.1　微波和微波加热

微波具有波长短、频率高、穿透力强等特点。微波技术是一个很年轻的研究和应用领域，至今只有几十年的历史。微波最早大量应用于军事，如雷达和通信系统。后来，其应用领域逐渐向民用扩展，目前微波在工农业、生物医学、科学研究及日常生活中都发挥着重要作用。用微波对物质加热是近年来开发的应用领域。

常规加热是采用外部加热的方法，利用热传导、对流和热辐射等过程首先将能量传递到被加热物体的表面，再通过热传导逐步传递到物体中心，使之温度升高。要使物体中心与表面达到同一温度需要经过一定的时间，因此，在加热初期物体内部与表面的受热情况总是存在一定的差异，即存在一个温度梯度，很难实现均匀加热。

微波是一种电磁波，微波加热的原理如图 3.34 所示。如图 3.34（a）所示的介电体，其中的“+”离子和“−”离子是成对存在的，在没有外加电场时，电子对是成无序排列的。当外加一个很强的电场时，如图 3.34（b）所示，正负电子对就会随着外加电场的方向有序排列。如果改变外加电场的方向，如图 3.34（c）所示，则电子对将反向排列。若电场方向是高频交变的，则分子内的电子对就会随着外加电场方向发生高频转动引起摩擦，从而产生热量。

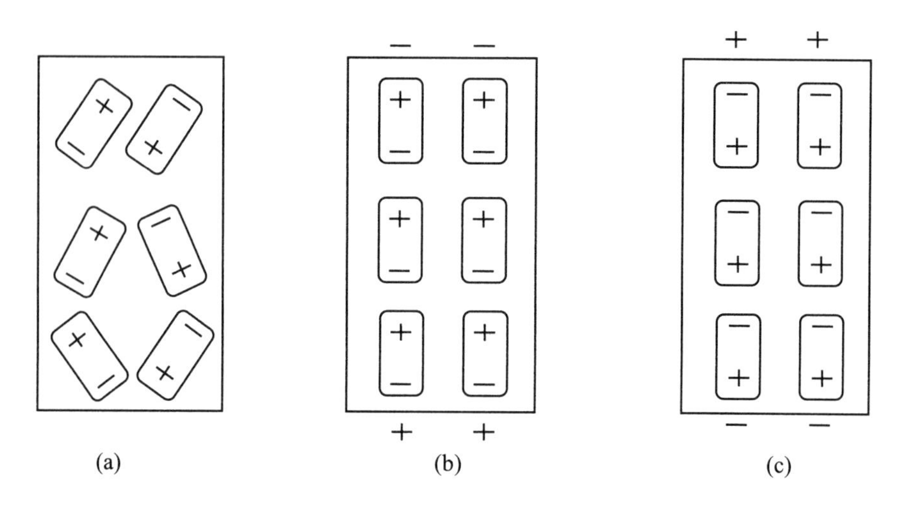


图3.34 微波加热的原理

一些物质由极性分子和非极性分子组成，当微波电磁场作用在物质上时，极性分子就会在微波电磁场作用下做高频转动。这时，微波电磁场的能量直接转变成物质的内能，在宏观上表现为物质的温度升高。微波的频率直接关系到极性分子转动的频率，因此，微波能是一种由离子迁移和偶极子转动引起分子运动的非离子化辐射能。

与常规加热法相比较，微波加热具有热效率高、节省能源、加热速度快、加热均匀等特点。在资源日益紧张、生活节奏加快的当今社会，微波加热已成为一种十分重要的加热方式。

### 3.5.2 $Eu^{3+}:Y_2O_3$ 纳米晶的微波法制备

$Eu^{3+}:Y_2O_3$ 纳米晶采用微波制备，其中 $Eu^{3+}$ 的掺杂浓度为 5 %。初始反应物是纯度为 99.99% 的 $Y_2O_3$ 和 $Eu_2O_3$ 粉体，以及分析纯的 NaOH。将 $Y_2O_3$ 和 $Eu_2O_3$ 溶于硝酸配制成一定浓度的硝酸盐溶液。将 NaOH 溶于去离子水配制成质量分数为 10%的溶液。按照样品所需的物质的量比例量取一定体积的 $Y(NO_3)_3$ 和 $Eu(NO_3)_3$ 溶液，并将其混合搅拌。待搅拌均匀后将 NaOH 溶液缓慢滴入硝酸盐溶液中，调节至适当 pH 并继续搅拌 1 h。将所得白色悬浊液移入微波反应釜中，填充体积为 50%，并将反应釜置于微波反应器中。为了得到不同形貌的纳米晶样品，将反应釜分别在 160～200 ℃ 反应 5～10 min，反应后将反应釜自然冷却至室温，将反应所得沉淀物用去离子水洗滤数次后在 60 ℃下烘干。最后，将干燥的粉体在 500 ℃下空气中烧结 3 h 时得到 $Eu^{3+}:Y_2O_3$ 白色粉末，流程图如图 3.35 所示。

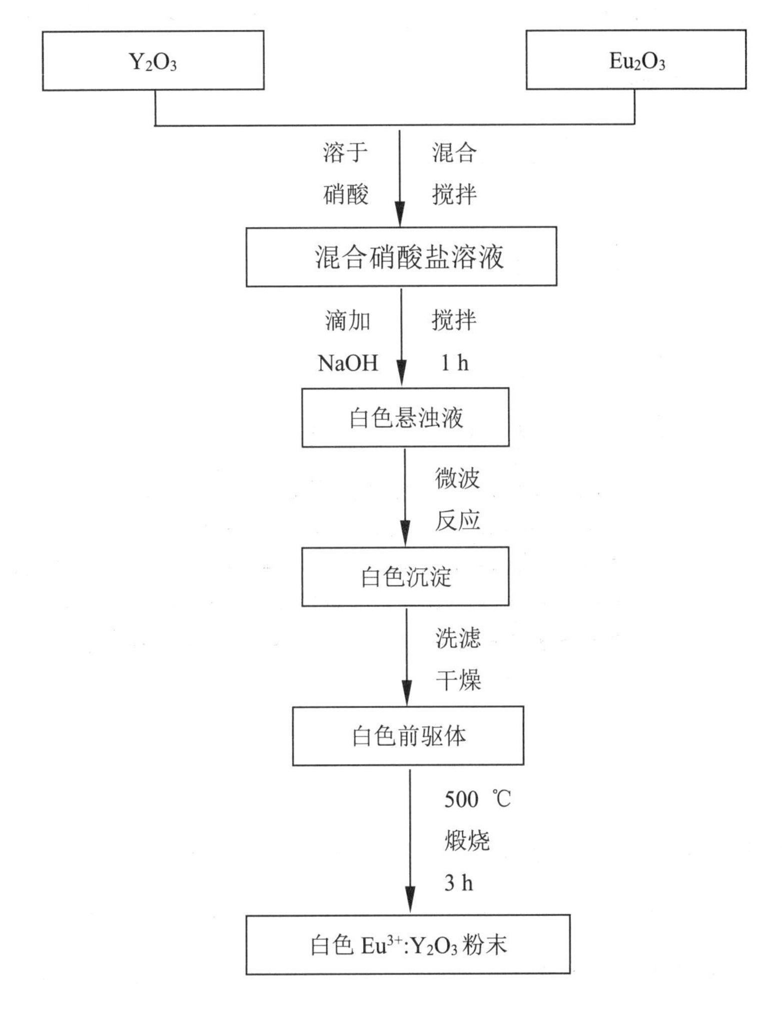


图3.35 采用微波法制备$Eu^{3+}$:$Y_2O_3$纳米晶的流程图

### 3.5.3 微波法制备 $Eu^{3+}$:$Y_2O_3$ 纳米晶的结构和形貌

图 3.36 是不同微波反应条件下制得的 $Eu^{3+}$:$Y_2O_3$ 纳米晶的 XRD 谱图。从图中可以看到，所有反应条件下制得的 $Y_2O_3$ 纳米晶样品都是单相立方结构的 $Y_2O_3$ 相（JPDS No. 86–1107），而没有发现其他杂相，因此，$Eu^{3+}$成功地掺入了 $Y_2O_3$ 晶格中。从 XRD 谱图中还可以看到，当微波反应时间为 5 min，微波反应温度从 160 ℃升高到 200 ℃时，$Eu^{3+}$:$Y_2O_3$ 纳米晶的 XRD 谱图没有明显的变化。而当微波反应的温度为 200 ℃，反应时间从 5 min 增加到 8 min 时，$Eu^{3+}$:$Y_2O_3$ XRD 衍射峰半峰宽明显变窄，衍射峰强度增强。这说明 $Eu^{3+}$:$Y_2O_3$ 纳米晶的晶粒尺寸和晶化程度对微波反应温度不敏感，而对微波反应时间

则非常敏感，随着微波水热反应时间的增加，$Eu^{3+}$:$Y_2O_3$的晶粒尺寸逐渐增大，且$Eu^{3+}$:$Y_2O_3$纳米晶的晶化程度逐渐提高。

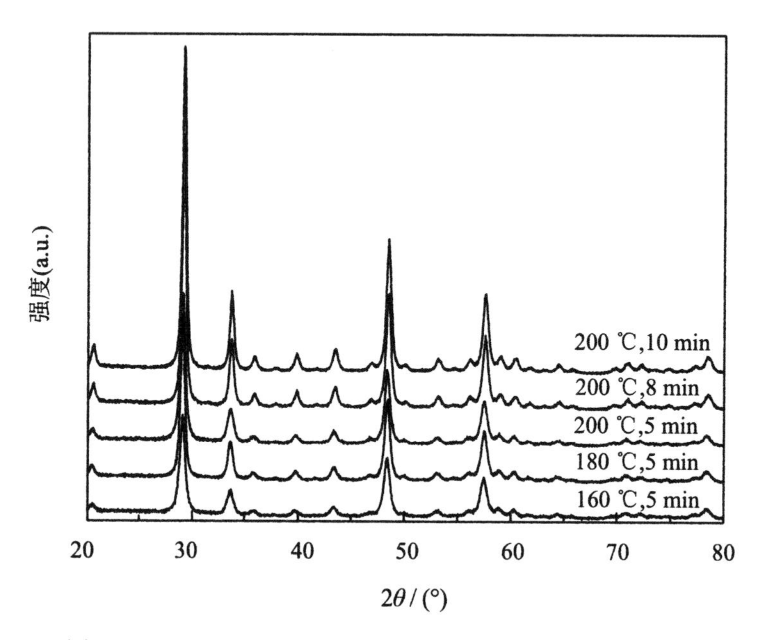


图3.36　不同微波反应条件下制得$Eu^{3+}$:$Y_2O_3$的XRD谱图

图3.37～3.41是不同微波反应条件下制得的$Eu^{3+}$:$Y_2O_3$纳米晶的SEM图片。如图所示，在微波反应时间为5 min，反应温度为160 ℃的条件下制得的$Eu^{3+}$:$Y_2O_3$纳米晶为平均直径约80 nm的纳米球（图3.37）。在固定微波反应时间为5 min，将反应温度从160 ℃升高到200 ℃的过程中，$Eu^{3+}$:$Y_2O_3$的微观形貌并没有随着反应温度的改变而发生明显变化，产物均为纳米球，且平均粒径都在80 nm左右（图3.37～3.39）。但是，当微波反应温度升高到200 ℃，反应时间从5 min增加到8 min时，发现在产物中除了纳米球以外还出现了纳米棒状形貌（图3.40）。当反应时间增加到10 min时，纳米棒成为主要产物，其直径约为140 nm，长约为1 μm（图3.41）。从$Eu^{3+}$:$Y_2O_3$纳米晶的微观形貌随微波反应温度和反应时间的变化情况来看，相比于反应温度，纳米晶的形貌变化对反应时间更加敏感。

图3.37　160 ℃、5 min微波反应条件下合成的$Eu^{3+}$:$Y_2O_3$纳米晶SEM图

图3.38　180 ℃、5 min微波反应条件下合成的$Eu^{3+}$:$Y_2O_3$纳米晶SEM图

图 3.39　200 ℃、5 min 微波反应条件下合成的 $Eu^{3+}$:$Y_2O_3$ 纳米晶 SEM 图

图3.40　200 ℃、8 min微波反应条件下合成的$Eu^{3+}$:$Y_2O_3$纳米晶SEM图

图3.41　200 ℃、10 min微波条件下合成的$Eu^{3+}$:$Y_2O_3$纳米晶SEM图

从 3.4 节的分析可以知道，$Eu^{3+}$:$Y_2O_3$ 的微观形貌取决于微波过程中产物 $Eu^{3+}$:$Y(OH)_3$ 的生长形貌。由于本实验中没有采用模板和催化剂，因此，$Eu^{3+}$:$Y(OH)_3$ 的生长过程是一个溶液固化过程。在微波反应中，反应所需能量来源于体系中极性分子在高频转换的交变电磁场下的高频转动。在本书的微波反应中，极性分子主要是溶剂中的水分子。水分子在微波作用下以 $2.45\times10^{12}$ 次/s 的频率高速转动，大量水分子之间相互摩擦产生的大量能量为反应提供了动力。在一定的微波反应条件下，当溶液的浓度高于晶粒形成所需的过饱和度时，晶粒的成核与生长随之发生。随着反应温度和反应时间的增加，溶解–析出过程在溶液中反复地发生，一些小晶粒尺寸减小甚至消失，而一些晶粒尺寸增大。随着晶粒的析出，溶液的过饱和度逐渐降低，当下降到一定程度时，晶粒的极性生长开始占优势。$Y(OH)_3$ 在 $c$ 轴方向存在易生长轴，但是，极性生长只有在合适的反应溶液浓度下才会发生。从 Lamer 图（图 3.2）可以看出，溶液过饱和度的降低需要一定的时间。当反应时间较短（5 min）时，溶液中的过饱和度保持在一个较高的水平，这时极性生长受到了抑制，在此情况下制得的产物微观形貌为纳米球。而随着反应时间的增加（8～10 min），溶液的过饱和度下降，此时极性生长处于优势，$Y(OH)_3$ 开始沿着 $c$ 轴发生极性生长并生成纳米棒状结构。在高温退火以后就形成了 $Eu^{3+}$:$Y_2O_3$ 纳米棒。从 XRD 和 SEM 测试结果可以看出，$Eu^{3+}$:$Y_2O_3$ 的晶化程度随着反应时间的增加而提高，且其微观形貌从纳米球变成了纳米棒。

### 3.5.4 微波法制备 $Eu^{3+}$:$Y_2O_3$ 纳米晶的发光性能

图 3.42 为在不同微波反应条件下制备 $Eu^{3+}$:$Y_2O_3$ 纳米晶样品的发射光谱。激发波长为 255 nm，测量范围 560～660 nm，扫描速度 240 nm/min，激发和发射缝宽均为 2.5 nm。

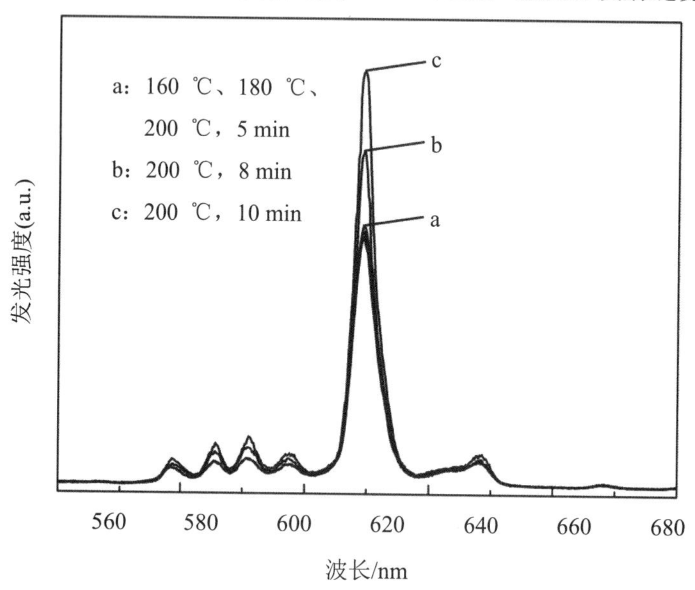


图 3.42 不同微波反应条件下合成的 $Eu^{3+}$:$Y_2O_3$ 纳米晶的发射光谱

如图 3.42 所示，当反应时间为 5 min 时，反应温度从 160 ℃升高到 200 ℃，$Eu^{3+}$:$Y_2O_3$ 纳米晶的发射光谱几乎重合，也就是 $Eu^{3+}$:$Y_2O_3$ 样品的荧光光谱强度并没有随着反应温度的升高而发生明显变化。而当反应温度为 200 ℃，反应时间从 5 min 增加到 8 min 时，$Eu^{3+}$:$Y_2O_3$ 的发光强度有了明显的提高。当反应时间增加到 10 min 时，发光强度继续增强。这正好与前面提到的 XRD 和 SEM 的测试结果相呼应，即随着 $Eu^{3+}$:$Y_2O_3$ 样品晶粒尺寸增大，晶化程度提高，且 $Eu^{3+}$:$Y_2O_3$ 样品的微观结构由纳米球变化成纳米棒，其发光强度发生了明显的变化。为了进一步分析 $Eu^{3+}$:$Y_2O_3$ 样品发光强度变化的原因，随后测试了样品的荧光寿命（图 3.43～3.45）。

前面提到稀土离子的发光强度在很大程度受到无辐射跃迁概率的影响，即无辐射跃迁概率越大发光越弱。由于当微波反应时间在 5 min 时，样品的晶化程度较低，且微观形貌为纳米球，比表面积较大，容易吸附 $OH^-$和 $CO_3^{2-}$ 高能振动基团，造成很大的无辐射跃迁概率，因此发光强度较弱。随着微波反应时间的增加，$Eu^{3+}$:$Y_2O_3$ 样品的晶化程度提高，且形貌由纳米球生长成为纳米棒，表面态减少，无辐射跃迁概率减小，因此发光强度增强。如图 3.44～3.46 所示，当反应温度为 200 ℃时，随着反应时间的增加，$Eu^{3+}$:$Y_2O_3$ 样品 610 nm 发射光的荧光寿命从 1.32 ms 增加到 1.76 ms。前面提到能级的荧光寿命等于该能级的辐射跃迁概率与无辐射跃迁概率之和的倒数，无辐射跃迁概率的减小使荧光寿命提高。因此，反应温度升高引起的发光强度提高是来源于无辐射跃迁概率的减小。

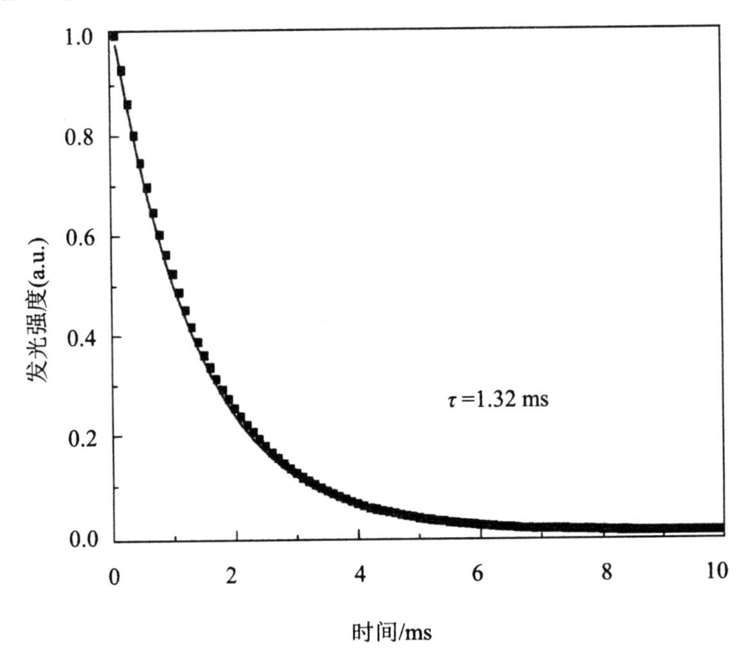


图3.43　微波法（200 ℃，5 min）反应条件下$Eu^{3+}$:$Y_2O_3$ 610 nm发射光的荧光寿命

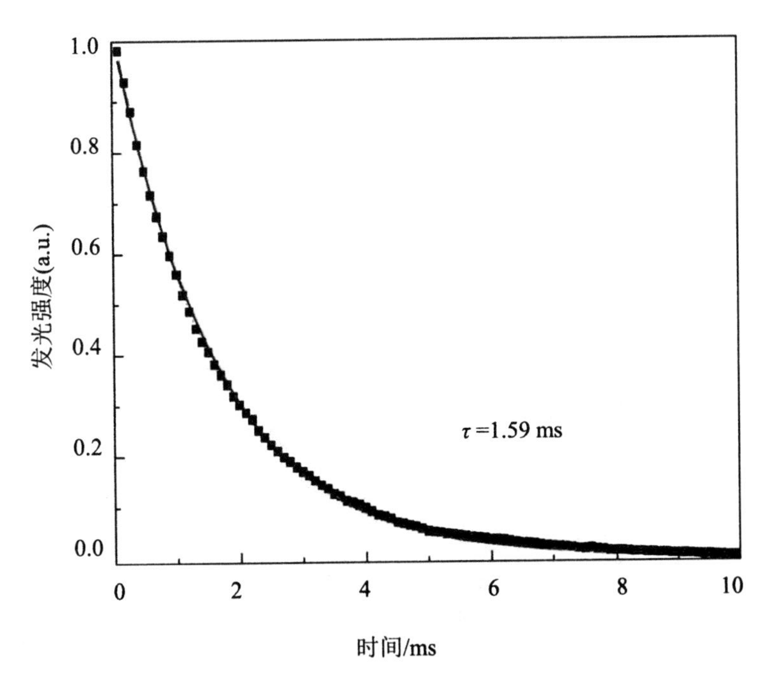


图3.44　微波法（200 ℃，8 min）反应条件下$Eu^{3+}$:$Y_2O_3$ 610 nm发射光的荧光寿命

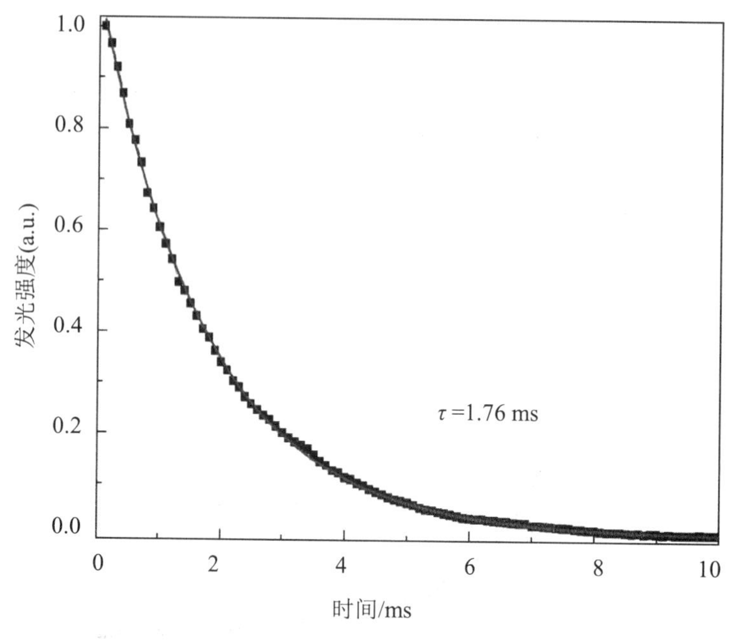


图3.45　微波法（200 ℃，10 min）反应条件下$Eu^{3+}$:$Y_2O_3$ 610 nm发射光的荧光寿命

## 3.6　制备方法对 $Eu^{3+}$:$Y_2O_3$ 纳米粉体发光性能的影响

将微波法 200 ℃下反应 10 min 制备的 $Eu^{3+}$:$Y_2O_3$ 纳米晶与水热法 180 ℃下反应 12 h 制备的 $Eu^{3+}$:$Y_2O_3$ 纳米晶在形貌和发光性能方面进行对比，图 3.46 和图 3.47 所示为微波法和水热法所得样品的 SEM 图。从图中可以看出，微波法所得样品为结晶度较好的纳米棒，但微波法产物中除了占主体的纳米棒以外还有少量形状不规则的小颗粒存在。而水热法产物为表面结晶度较高的纳米棒。

图3.46　微波法（200 ℃，10 min）反应条件下合成的$Eu^{3+}$:$Y_2O_3$纳米晶SEM图

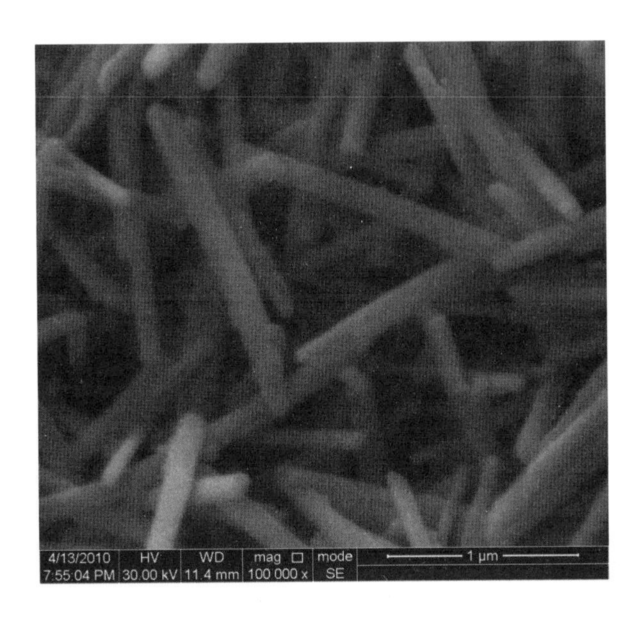


图3.47　水热法（180 ℃，12 h）反应条件下合成的$Eu^{3+}$:$Y_2O_3$纳米晶SEM图

图 3.48 为微波法与水热法制备 $Eu^{3+}$:$Y_2O_3$ 纳米晶样品的发光强度对比图，从图中可以看出，水热法制备的 $Eu^{3+}$:$Y_2O_3$ 纳米晶样品的发光强度略高于微波法制得的样品的发光强度。本实验中发生的是晶体的各向异性生长，且没有任何模板和催化剂的帮助。因此，晶体的生长是一个溶液固化过程，需要通过一个反复的溶解–析出过程，小颗粒变小或消失，而在极性生长方向上析出新的颗粒。这个过程需要在一定的反应环境下，经过一定的时间来完成。由于微波反应的时间仅为几分钟，有些小颗粒还没有充分完成定向生长过程，因此产物中还存在一些不规则形状的颗粒。而水热法反应时间长达 12 h，给晶体生长提供了足够的时间，因此，所得样品的形貌比较规则。微波产物中大小不一的颗粒会对光造成散射，从而降低了发光效率。另外，小颗粒的存在也增加了样品的比表面积，从而增加了吸附高能振动基团的数量。由图 3.45 和图 3.33 可以看到，微波法在 200 ℃、10 min 条件下制备的 $Eu^{3+}$:$Y_2O_3$ 纳米晶与水热法 180 ℃、12 h 制备的 $Eu^{3+}$:$Y_2O_3$ 纳米晶的荧光寿命分别为 1.76 ms 和 1.81 ms。而荧光寿命等于无辐射跃迁概率与辐射跃迁概率的和的倒数。微波法制备样品荧光寿命的缩短进一步证明无辐射跃迁的增加降低了微波反应产物的发光强度。

虽然微波法制备产物的微观形貌和发光强度都稍逊色于水热反应制得的 $Eu^{3+}$:$Y_2O_3$ 纳米晶样品，但是，微波法却大大缩短了反应时间，其反应时间仅约为水热法反应时间的 1/72。这对在工业生产中提高生产效率、降低产品成本是非常有益的。

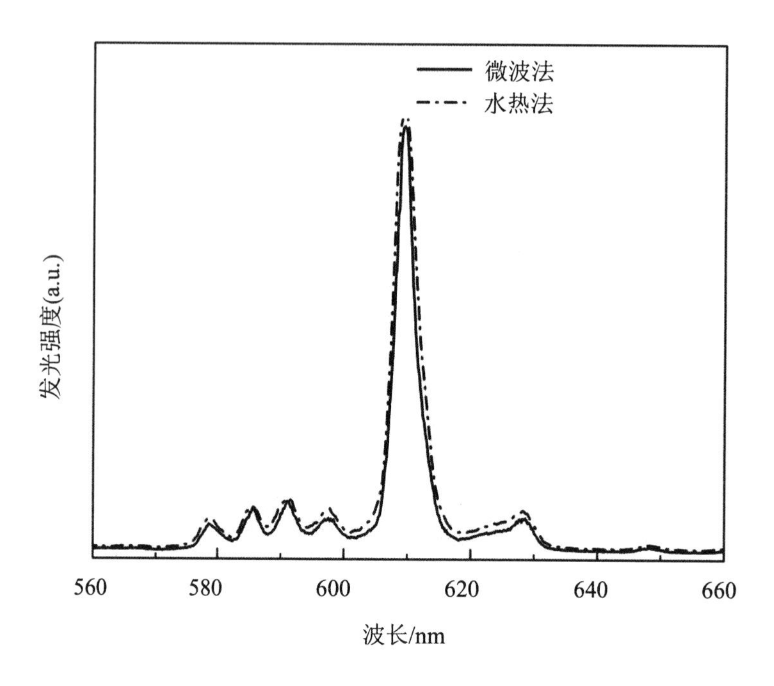


图3.48 不同条件下合成的$Eu^{3+}$:$Y_2O_3$纳米晶的发射光谱

## 3.7 本章小结

本章通过水热法和微波法制得了结晶度高、表面缺陷少的 $Eu^{3+}$:$Y_2O_3$ 纳米晶，分析了不同形貌 $Eu^{3+}$:$Y_2O_3$ 纳米晶的生长机制，并分析了样品不同微观形貌对其表面态及光学性能的影响。

**1. 水热法**

结构和形貌：随着反应温度和反应时间的增加，$Eu^{3+}$:$Y_2O_3$ 纳米晶的结晶度逐渐提高，表面缺陷减少。同时，$Eu^{3+}$:$Y_2O_3$ 纳米晶的微观形貌由纳米片生长成纳米棒，比表面积减小。表面缺陷和比表面积的减少使得 $Eu^{3+}$:$Y_2O_3$ 纳米晶的表面态减少。

激发光谱：随着样品表面态的减少，激发光谱中具有高对称性的 $S_6$ 格位的特性开始出现，并且 $S_6$ 格位与 $C_2$ 格位所占比例的比值逐渐增大。此外，表面缺陷的减少使表面层局部晶格形变减少，从而使 $Y_2O_3$ 纳米晶的晶格常数减小，Eu—O 键长变短，Eu—O 键共价性增强，CTB 发生红移。

发射光谱：随着反应温度和反应时间的增加，$Eu^{3+}$:$Y_2O_3$ 纳米晶的荧光强度逐渐增强。

通过红外光谱和荧光寿命测试结果，并结合 XRD、SEM 和激发光谱的分析得出，荧光强度的增强来源于晶体表面缺陷减少而造成的无辐射跃迁概率的减小，即基质材料的表面态对稀土离子的发光效率有直接的影响。

**2. 微波法**

通过微波法制备了 $Eu^{3+}:Y_2O_3$ 纳米晶样品，发现其形貌对反应时间很敏感。当反应温度为 200 ℃，反应时间从 5 min 增加到 8 min 时，开始出现纳米棒；而当反应时间增加到 10 min 时，产物以纳米棒为主。微波法 200 ℃、10 min 条件下制得样品的发光强度与水热法 180 ℃、12 h 条件下制备的样品相当，但微波法却大大缩短了反应时间，其反应时间仅为水热法的 1/72。

综上可知，通过水热法和微波法制得了具有高结晶度的 $Eu^{3+}:Y_2O_3$ 纳米晶，减少了纳米晶的表面缺陷，减小了无辐射跃迁概率，有效提高了发光效率。同时，微波法有效提高了生产效率，对纳米发光材料的实际应用提供了有益的帮助。

# 本章参考文献

[1] XIA Y N, YANG P D, SUN Y G, et al. One-dimensional nanostructures: synthesis, characterization, and applications [J]. Adv. Mater., 2003, 15: 353-389.

[2] BOCKRATH M, LIANG W J, BOZOVIC D, et al. Resonant electron scattering by defects in single-walled carbon nanotubes [J]. Science, 2001, 291: 283-285.

[3] LI D, XIA Y N. Fabrication of titania nanofibers by electrospinning [J]. Nano Lett., 2003, 3: 555-560.

[4] MAO Y B, HUANG J Y, OSTROUMOV R, et al. Synthesis and luminescence properties of erbium-doped $Y_2O_3$ Nanotubes [J]. J. Phys. Chem. C, 2008, 112: 2278-2285.

[5] LI Y, ZHANG J, ZHANG X, et al. Spectral probing of surface luminescence of cubic $Lu_2O_3:Eu^{3+}$ nanocrystals synthesized by hydrothermal approach [J]. J. Phys. Chem. C, 2009, 113: 17705-17710.

[6] XU Z, YANG J, HOU Z, et al. Hydrothermal synthesis and luminescent properties of $Y_2O_3:Tb^{3+}$ and $Gd_2O_3:Tb^{3+}$ microrods [J]. J. Mater. Res. Bull., 2009, 44: 1850-1857.

[7] DONG D G, CHI Y, XIAO X, et al. Fabrication and optical properties of $Y_2O_3:Eu^{3+}$ nanofibers prepared by electrospinning [J]. Opt. Express., 2009, 17: 22514-22519.

[8] ZHONG S, WANG S, LIU Q, et al. $Y_2O_3$:$Eu^{3+}$ microstructures: hydrothermal synthesis and photoluminescence properties [J]. Mater. Res. Bull., 2009, 44: 2201-2205.

[9] JIA M, ZHANG J, LU S, et al. UV excitation properties of $Eu^{3+}$ at the $S_6$ site in bulk and nanocrystalline cubic $Y_2O_3$ [J]. Chem. Phys. Lett., 2004, 384: 193-196.

[10] ZYCH E. Concentration dependence of energy transfer between $Eu^{3+}$ ions occupying two symmetry sites in $Lu_2O_3$ [J]. J. Phys. Condens. Mater., 2002, 14: 5637-5650.

[11] ROPP R C. Luminescence of Eu in ternary system $La_2O_3$-$Gd_2O_3$-$Y_2O_3$ [J]. J. Electrochem. Soc., 1965, 112: 181-184.

[12] FORNASIERO L, MIX E, PETERS V, et al. Czochralski growth and laser parameters of $RE^{3+}$ doped $Y_2O_3$ and $Sc_2O_3$ [J]. Ceram. Int., 2000, 26: 589-592.

[13] MITRIC M, QNNERUD P, RODIC D, et al. The preferential site occupation and magnetic properties of $Gd_xY_{2-x}O_3$ [J]. J. Phys. Chem. Solids., 1993, 54: 967-972.

[14] ZHU Q, LI J G, LI X D, et al. Morphology-dependent crystallization and luminescence behavior of $(Y,Eu)_2O_3$ red phosphors [J]. Acta. Mater., 2009, 57: 5975-5985.

[15] PAPPALARDO R G, HUNT R B. Dye-laser spectroscopy of commercial $Y_2O_3$-$Eu^{3+}$ phosphors [J]. J. Electrochem. Soc., 1985, 132: 721-730.

[16] JUDD B R. Optical absorption intensities of rare-earth ions [J]. Phys. Rev., 1962, 127: 750-761.

[17] OFELT G S. Intensities of crystal spectra of rare-earth ions [J]. J. Chem. Phys., 1962, 37: 511-520.

[18] MEYSSMAY H, RIWOTZKI K, KOMOWSKI A, et al. Wet-chemical synthesis of doped colloidal nanomaterials:particles and fibers of $LaPO_4$:Eu, $LaPO_4$:Ce and $LaPO_4$:Ce, Tb [J]. Adv. Mater., 1999, 11: 840-844.

[19] ZHONG S L, WANG S J, XU H P, et al. Spindle-like $Y_2O_3$:$Eu^{3+}$ nanorod bundles: hydrothermal synthesis and photoluminescence properties [J]. J. Mater. Sci., 2009, 44: 3687-3693.

[20] YADA M, TANIGUCHI C, TORIKAI T, et al. Hierarchical two- and three-dimensional microstructures composed of rare-earth compound nanotubes [J]. Adv. Mater., 2004, 16: 1448-1453.

[21] MAO Y B, HUANG J Y, OSTROUMOV R, et al. Synthesis and luminescence properties of erbium-doped $Y_2O_3$ nanotubes [J]. J. Phys. Chem. C, 2008, 112: 2278-2285.

[22] DEVARAJU M K, YIN S, Sato T. A rapid hydrothermal synthesis of rare earth oxide

activated $Y(OH)_3$ and $Y_2O_3$ nanotubes [J]. Nanotechnology, 2009, 20: 305302-305308.

[23] ZHU H Y, MA Y Z, YANG H B, et al. Ultrastable structure and luminescence properties of $Y_2O_3$ nanotubes [J]. Solid State Commun., 2010, 150: 1208-1212.

[24] LAMER V K, DINEGAR R H. Theory, production and formation of monodispersed hydrosols [J]. J. Am. Chem. Soc., 1950, 72: 4847-4854.

[25] 施尔畏，陈之战，元如林，等. 水热结晶学[M]. 北京:科学出版社, 2004: 223.

[26] WANG J C, LIU Q, LIU Q F. Controlled synthesis of europium-doped lutetium compounds: nanoflakes, nanoquadrels, and nanorods [J]. J. Mater. Chem., 2005, 15: 4141-4146.

[27] DEVARAJU M K, YIN S, SATO T. Solvothermal synthesis, controlled morphology and optical properties of $Y_2O_3$:$Eu^{3+}$ nanocrystals [J]. J. Crystal Growth, 2009, 311: 580-584.

[28] ZHANG Y J, GAO M R, HAN K D, et al. Synthesis, characterization and formation mechanism of dumbbell-like $YOHCO_3$ and rod-like $Y_2(CO_3)_3 \cdot 2.5H_2O$ [J]. J. Alloy. Compd., 2009, 474: 598-604.

[29] WANG C N, ZHANG W P, YIN M J. Preparation and spectroscopic properties of $Y_2O_3$:$Eu^{3+}$ nanopowders and ceramics [J]. J. Alloys Compd., 2009, 474: 180-184.

[30] WANG Z F, ZHANG W P, LIN L, et al. Preparation and spectroscopic characterization of $Lu_2O_3$:$Eu^{3+}$ nanopowders and ceramics [J]. Opt. Mater., 2008, 30: 1484-1488.

[31] IGARASHI T, IHARA M, KUSUNOKI T, et al. Relationship between optical properties and crystallinity of nanometer $Y_2O_3$:Eu phosphor [J]. Appl. Phys. Lett., 2000, 76: 1549-1551.

[32] AYYUB P, PALKAR V R, CHATTOPADHYAY S, et al. Effect of crystal size reduction on lattice symmetry and cooperative properties [J]. Phys. Rev. B, 1995, 51: 6135-6138.

[33] ROY S, DUBENKO I, EDORH D D, et al. Size induced variations in structural and magnetic properties of double exchange $La_{0.8}Sr_{0.2}MnO_{3-\delta}$ nano-ferromagnet [J]. J. Appl. Phys., 2004, 96: 1202-1208.

[34] 张思远. 稀土离子光谱学[M]. 北京: 科学出版社, 2008: 251.

[35] GUO H, DONG N, YIN M, et al. Visible upconversion in rare earth ion-doped $Gd_2O_3$ nanocrystals [J]. J. Phys. Chem. B, 2004, 108: 19205-19209.

[36] RISEBERG L A, MOOS H W. Multiphonon orbit-lattice relaxation of excited states of rare-earth ions in crystals [J]. Phys. Rev. B, 1968, 174: 429-438.

[37] ZHU Q, LI J G, LI X D, et al. Morphology-dependent crystallization and luminescence behavior of $(Y, Eu)_2O_3$ red phosphors [J]. Acta Mater., 2009, 57: 5975-5985.

[38] SONG H W, WANG J W, CHEN B J, et al. Size-dependent electronic transition rates in cubic nanocrystalline europium doped yttria [J]. Chem. Phys. Lett., 2003, 376: 1-5.

[39] PANG Q, SHI J X, LIU Y, et al. A novel approach for preparation of $Y_2O_3$:$Eu^{3+}$ nanoparticles by microemulsion/microwave heating [J]. Mat. Sci. Eng. B, 2003, 103: 57-61.

[40] MURUGANA A V, VISWANATH A K, RAVI V, et al. Photoluminescence studies of $Eu^{3+}$ doped $Y_2O_3$ nanophosphor prepared by microwave hydrothermal method [J]. Appl. Phys. Lett., 2006, 89:123120.

[41] FU Y P, LIN C H. Preparation of $Y_2O_3$-doped $CeO_2$ nanopowders by microwave-induced combustion process [J]. J. Alloy. Compd., 2005, 389: 165-168.

# 第4章　$Li^{+}$、$Ag^{+}$ 掺杂 $Eu^{3+}$:$Y_2O_3$ 纳米粉体的制备和发光性能

## 4.1　引　　言

近年来，稀土荧光粉广泛应用于屏幕显示、生物分子荧光标识探测、激光器、温度传感器、太阳能电池等领域。在稀土荧光粉中 $Eu^{3+}$:$Y_2O_3$ 由于具有亮度高、大气稳定性良好、在工作电压下退化速度较慢、比硫化物荧光粉安全性高等优势而备受关注。

稀土离子的发射光谱主要是 $4f^N$ 组态内能级间电偶极跃迁而产生的线状光谱，而根据跃迁选择定则 $4f^N$ 组态内的电偶极跃迁是被禁戒的，稀土离子的辐射跃迁概率很小。因此，如何提高稀土荧光粉发光强度成为研究的热点和难点。根据前面研究的结果可以知道，$Li^{+}$ 掺杂可以提高 $Er^{3+}$:YAG 中 $Er^{3+}$的发光强度。同时，也有文献报道，在稀土离子和 $Li^{+}$共掺的 ZnO 以及 $Yb^{3+}$、$Er^{3+}$共掺的 $NaGdF_4$ 中，掺杂 $Li^{+}$都提高了稀土离子的发光强度。研究表明 $Li^{+}$增强稀土离子发光强度主要有两种原因：①由于 $Li^{+}$价态和半径与稀土离子存在差异，$Li^{+}$掺杂会引入晶格畸变，能够打破稀土离子周围晶体场的对称性；②$Li^{+}$具有助熔剂作用，能够促进晶粒长大，从而减少基质表面吸附的 $CO_3^{2-}$ 和 $OH^{-}$高能振动基团。因此，掺杂 $Li^{+}$不仅可以增大稀土离子的辐射跃迁概率，同时可以减少能级间的无辐射跃迁概率。同样为一价离子的 $Ag^{+}$，其有效离子半径为 0.115 nm，大于 $Y^{3+}$的有效离子半径 0.090 nm。因此，在 $Y_2O_3$ 中掺杂 $Ag^{+}$有望产生晶格畸变，增大稀土离子的辐射跃迁概率。

本章将讨论 $Li^{+}$和 $Ag^{+}$两种一价离子掺杂对 $Eu^{3+}$:$Y_2O_3$ 晶体结构及发光行为的影响，并将两者对 $Eu^{3+}$:$Y_2O_3$ 发光特性影响的物理机制进行系统分析，为探索提高稀土离子发光强度的方法提供了新的思路。

## 4.2　$Li^{+}$、$Ag^{+}$掺杂 $Eu^{3+}$:$Y_2O_3$ 纳米粉体的制备及表征

### 4.2.1　溶胶–凝胶法的基本原理

在无机盐的溶胶–凝胶反应中，溶胶的合成是通过对无机盐沉淀过程进行控制，使生成的颗粒不团聚成大颗粒，并且不产生沉淀而获得的。溶胶的形成主要是通过无机盐的水解来实现的。反应式如下：

$$M^{n+} + nH_2O \rightarrow M(OH)_n + nH^{+} \tag{4.1}$$

溶胶–凝胶燃烧法是利用金属硝酸盐和燃烧剂之间的氧化还原反应来实现的。其中氧化剂为含有实验所需金属离子的硝酸盐，还原剂为有机燃烧剂。硝酸盐与燃烧剂的比例用元素化学计量系数 $\Phi_e$ 表示，其物理含义为混合物中氧化元素电价总和与还原元素电价总和之比。$\Phi_e$ 可由式（4.2）来计算：

$$\Phi_e = \frac{\sum \text{混合物中所有氧化元素的电价}}{-\sum \text{混合物中所有还原元素的电价} } \tag{4.2}$$

其中，氧是唯一的氧化元素，电价为−2。碳、氢和金属离子（钇、铒、铋）为还原元素，电价分别为+4，+1 和+3。氮为中性，电价为 0。如果 $\Phi_e=1$，则表明由硝酸盐与燃料组成的混合物恰好满足所有组分都充分燃烧；如果 $\Phi_e<1$，则表明燃料不足；如果 $\Phi_e>1$，则表明燃料过量。

本实验选取的燃烧剂为柠檬酸，其分子式为 $C_6H_8O_7$。假设燃烧剂与氧化剂的摩尔比为 $f$，氧化剂是摩尔分数为 $x$ 的 $Bi(NO_3)_3$、摩尔分数为 $y$ 的 $Er(NO_3)_3$ 和摩尔分数为（$1-x-y$）的 $Y(NO_3)_3$，其中 $x$、$y$ 分别为 $Bi^{3+}$和 $Er^{3+}$的掺杂浓度。则计算过程如下：

$$\begin{aligned}\Phi_e &= \frac{2\times3\times3\times x + 2\times3\times3\times y + 2\times3\times3\times(1-x-y) + 2\times7f}{(-1)[(-4)\times6f + (-1)\times8f + (-3)\times x + (-3)\times y + (-3)\times(1-x-y)]} \\ &= \frac{18+14f}{32f+3}\end{aligned} \tag{4.3}$$

当 $\Phi_e$=1 时，$f$=5/6，也就是说当体系中燃烧剂与氧化剂摩尔比为 5∶6 时，体系恰好完全反应。而在实际反应过程中，反应条件为酸性条件，因此，柠檬酸的水解过程受到了酸性环境的抑制。如果按照计算所得的摩尔比进行实验，添加的柠檬酸就不能提供足够的离子与金属离子完成聚合反应。所以，在实验中要采用过量的燃烧剂以消除这一影响，即采用

的燃烧剂与金属离子的摩尔比为 2∶1。

### 4.2.2　溶胶–凝胶法制备 $Li^{+}$、$Ag^{+}$掺杂 $Eu^{3+}$:$Y_2O_3$ 纳米粉体

$Li^{+}$、$Ag^{+}$掺杂 $Eu^{3+}$:$Y_2O_3$ 粉体采用溶胶–凝胶法制备。其中 $Eu^{3+}$掺杂浓度为 5 %，$Li^{+}$掺杂浓度为 0、1 %、3 %、5 %、7 %，$Ag^{+}$掺杂浓度为 0、0.2 %、0.4 %、0.6%。初始反应物为纯度 99.99%的 $Y_2O_3$ 和 $Eu_2O_3$ 粉体以及分析纯的 $Li_2CO_3$、$AgNO_3$ 和柠檬酸。将 $Y_2O_3$、$Eu_2O_3$ 和 $Li_2CO_3$ 溶于硝酸配制成一定浓度的硝酸盐溶液，$AgNO_3$ 溶于水配制成一定浓度的硝酸银溶液。按照样品所需的物质的量比例量取一定体积的上述硝酸盐溶液并将其混合搅拌。待搅拌均匀，加入物质的量为溶液中阳离子数总和 2 倍的柠檬酸，并在 80 ℃下恒温搅拌至其成为凝胶。将凝胶放入烘箱中，快速加热到 200 ℃，使凝胶发生自燃烧过程，得到黄色蓬松前驱体。将所得到的前驱体在 800 ℃空气中煅烧 2 h，得到白色粉末，其流程图如图 4.1 所示。

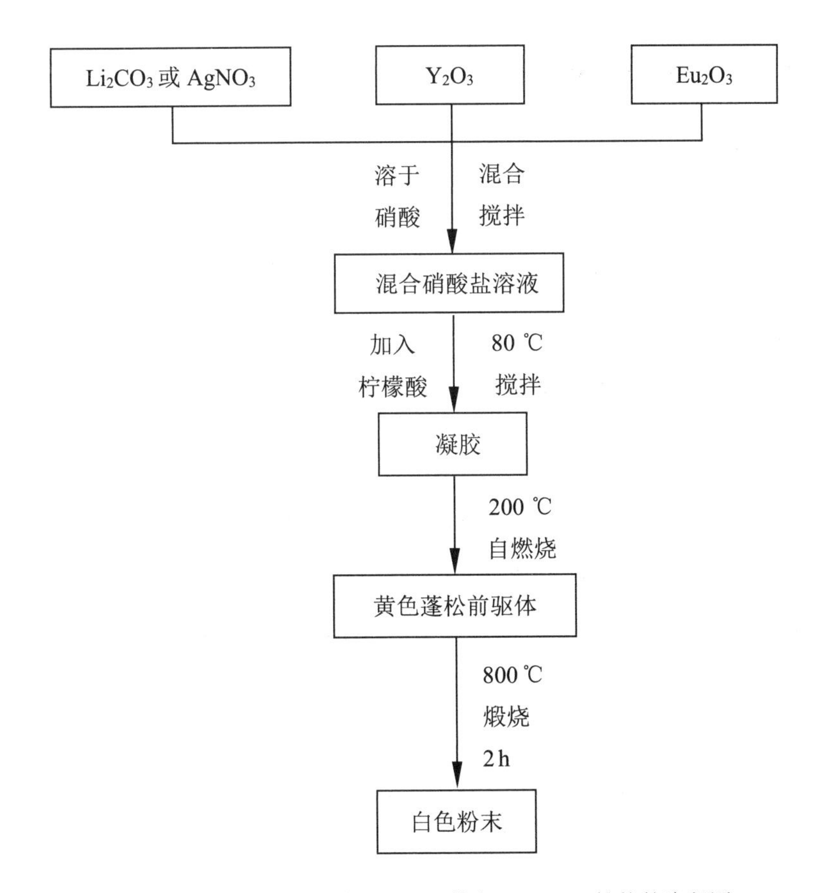


图4.1　溶胶–凝胶法制备$Li^{+}$、$Ag^{+}$掺杂$Eu^{3+}$:$Y_2O_3$粉体的流程图

### 4.2.3 $Li^+$、$Ag^+$掺杂 $Eu^{3+}$:$Y_2O_3$ 纳米粉体的表征方法

样品的 XRD 测试是利用德国 Bruker 公司的 D8 Advanced 型 X 射线衍射仪，采用的是 Cu 靶 $K_\alpha$射线($\lambda = 0.154\ 18$ nm)，扫描步长为 0.02 °。荧光测试采用 Hitachi F–4500 荧光分光光度计，测量温度为室温，电压 700 V，扫描速度 240 nm/min，激发和发射缝宽均为 2.5 nm。样品的微观形貌采用 Hitachi S–4800 型 SEM 观察。红外测试采用 IFS66V/S 傅里叶变换光谱仪，将样品与 KBr 以 1∶100 的质量比均匀混合压成薄片测试红外光谱。荧光寿命由 Nd:YAG 激光器经倍频产生的 400 nm 激光作为激发光源，经透镜聚焦照射到样品表面，样品发射光由光纤引入到分光光度计（Bruker Optics 250IS/SM），后分布在增强型的电荷耦合装置（IStar740, Andor）上。

## 4.3 $Li^+$、$Ag^+$掺杂 $Eu^{3+}$:$Y_2O_3$ 纳米粉体的发光性能

### 4.3.1 $Li^+$、$Ag^+$掺杂 $Eu^{3+}$:$Y_2O_3$ 纳米粉体的结构

$Li^+/Eu^{3+}$:$Y_2O_3$ 系列样品在室温下的 XRD 谱图如图 4.2 所示。XRD 谱图表明，所有样品均为单相的 $Y_2O_3$ 立方结构（JCPDS 86–1107），没有观察到其他杂相。这表明 $Li^+$和 $Eu^{3+}$成功地掺入了 $Y_2O_3$ 晶格中，两种离子的掺杂并没有改变 $Y_2O_3$ 的晶体结构。但是，随着 $Li^+$掺杂浓度的改变，衍射峰的峰位却发生了移动。为了更清晰地观察衍射峰的移动情况，将掺杂不同浓度 $Li^+$的 $Eu^{3+}$: $Y_2O_3$ 粉体的主衍射峰（222）局部放大，如图 4.3 所示。从图 4.3 中可以明显看出，在 $Li^+$掺杂浓度增加到 5 %之前，衍射峰的峰位随 $Li^+$掺杂浓度的增加向高角度方向移动。而当 $Li^+$掺杂浓度达到 7 %时，衍射峰的峰位向低角度方向回移。衍射峰峰位的这种移动表明当 $Li^+$掺杂浓度从 0 增加到 5 %的过程中，$Y_2O_3$ 的晶格随 $Li^+$掺杂浓度的增加而收缩；而当 $Li^+$掺杂浓度达超过 5 %时，$Y_2O_3$ 的晶格则随 $Li^+$掺杂浓度的增加而膨胀。

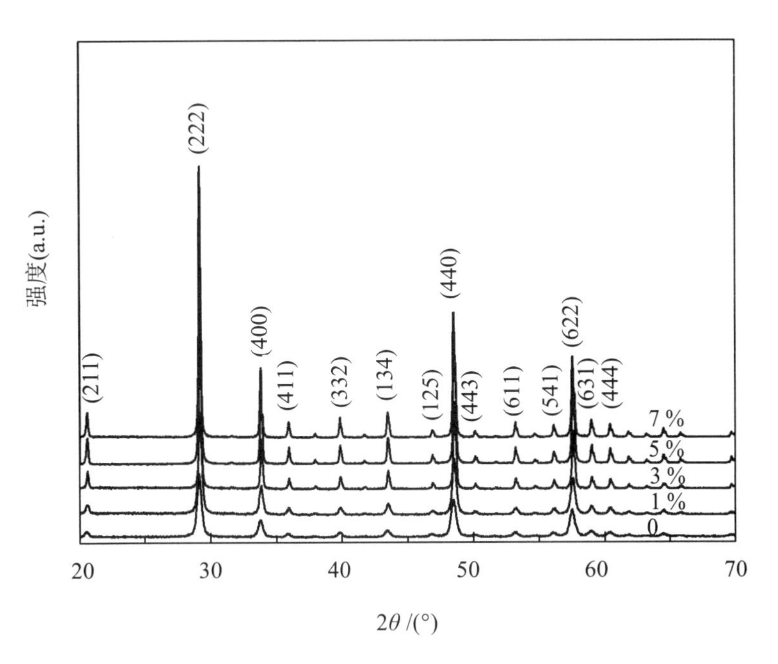


图4.2　掺杂不同浓度$Li^+$的$Eu^{3+}:Y_2O_3$粉体的XRD谱图

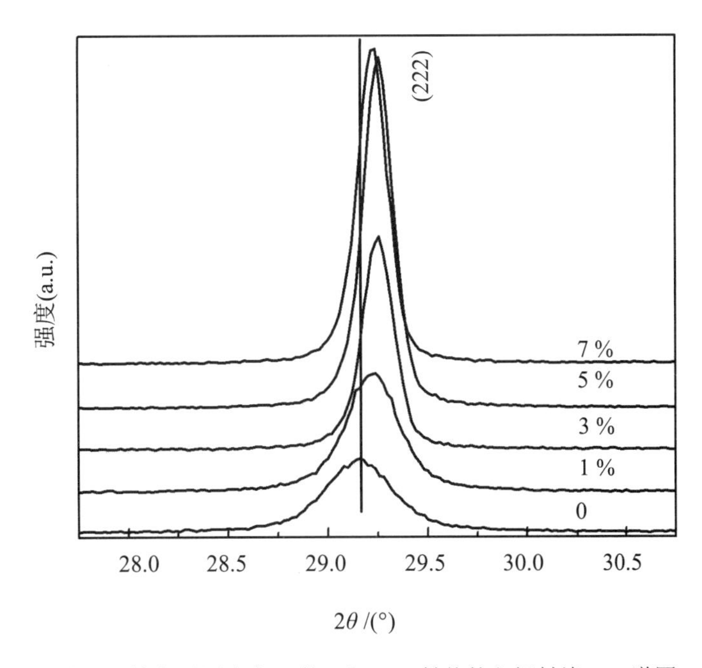


图4.3　掺杂不同浓度$Li^+$的$Eu^{3+}:Y_2O_3$粉体的主衍射峰XRD谱图

晶格的收缩和膨胀与掺杂离子的离子半径，即 $Eu^{3+}$、$Li^{+}$和 $Ag^{+}$的离子半径有着密切的关系。$Y^{3+}$、$Eu^{3+}$、$Li^{+}$和 $Ag^{+}$的有效离子半径分别为 0.090 nm、0. 011 nm、0.076 nm 和 0.115 nm。$Eu^{3+}$的离子半径与 $Y^{3+}$的离子半径非常相近，因此，$Eu^{3+}$的掺杂不会对 $Y_2O_3$ 的晶格产生很大影响。$Li^{+}$的离子半径相对 $Y^{3+}$小很多，当小半径的 $Li^{+}$替代基质中 $Y^{3+}$的位置时，就会导致晶格缩小。而当 $Li^{+}$处于晶格的填隙位置时，则会导致晶格膨胀。由此得出，当 $Li^{+}$掺杂浓度低于 5 %时，$Li^{+}$替代基质中的 $Y^{3+}$，处于替代位；而当 $Li^{+}$掺杂浓度为 7 %时，$Li^{+}$开始占据晶格中的填隙位置。替代位和填隙位的 $Li^{+}$都将破坏 $Eu^{3+}$周围的晶体场对称性，因此，$Li^{+}$的掺杂可以打破禁戒的电偶极跃迁，提高辐射跃迁概率，从而提高 $Eu^{3+}$发光的强度。

图 4.4 为掺杂不同浓度 $Ag^{+}$的 $Eu^{3+}$:$Y_2O_3$ 粉体的 XRD 谱图。与 $Li^{+}$相反，$Ag^{+}$半径比 $Y^{3+}$半径大很多，因此，$Ag^{+}$只能替代基质中的 $Y^{3+}$，处于替代位。大半径 $Ag^{+}$的掺杂会引起晶格膨胀，在 XRD 谱图中表现为衍射峰向低角度方向移动（图 4.5）。由此可见，掺杂大半径 $Ag^{+}$同样会引起晶格的局部畸变，增大辐射跃迁概率，从而提高 $Eu^{3+}$的发光强度。但是，由于 $Ag^{+}$离子半径较大，不如小半径 $Li^{+}$那样可以较大量地掺杂到晶格中，因此，$Ag^{+}$掺杂到 $Y_2O_3$ 晶格中的浓度比 $Li^{+}$要低得多。

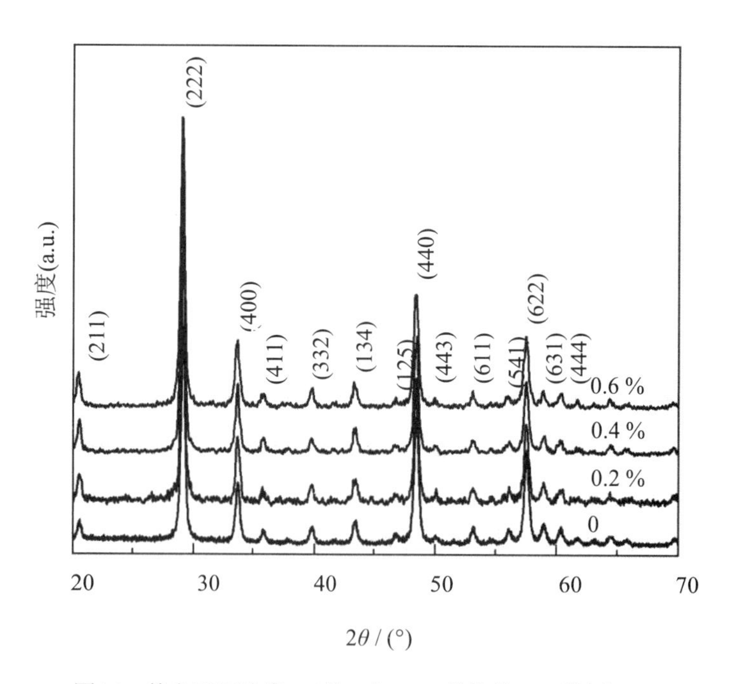


图4.4　掺杂不同浓度$Ag^{+}$的$Eu^{3+}$:$Y_2O_3$粉体的XRD谱图

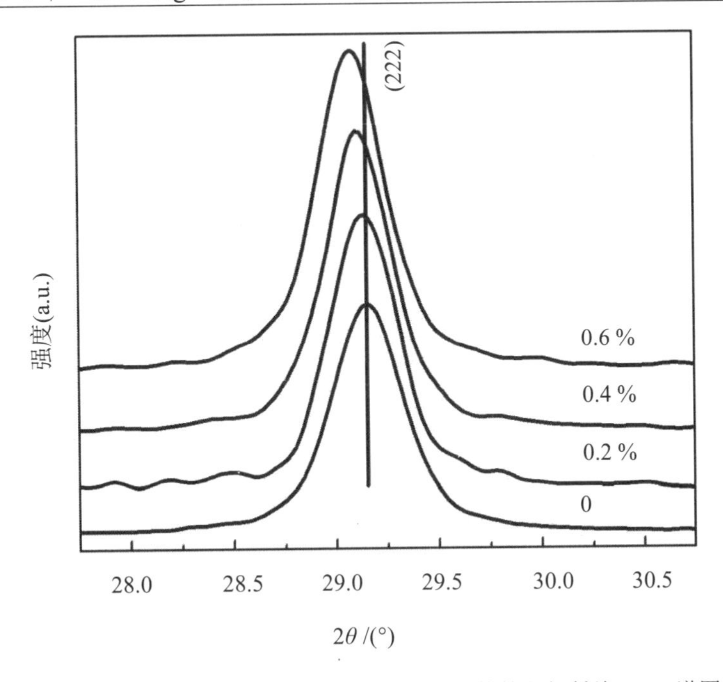


图 4.5 掺杂不同浓度 $Ag^+$的 $Eu^{3+}$:$Y_2O_3$ 粉体的主衍射峰 XRD 谱图

$Li^+$和 $Ag^+$对 $Eu^{3+}$:$Y_2O_3$ 粉体微观形貌也有不同影响。图 4.6～4.8 是不同掺杂条件下 $Eu^{3+}$:$Y_2O_3$ 粉体的 SEM 图。如图所示，未掺杂一价离子时 $Eu^{3+}$:$Y_2O_3$ 粉体的晶粒尺寸在 50 nm 左右，掺杂 5 %$Li^+$后 $Eu^{3+}$:$Y_2O_3$ 粉体的晶粒尺寸增长到了约 100 nm。这是由于 $Li^+$具有助熔剂作用，在烧结过程中促进了晶粒的长大。晶粒尺寸的增加可以减小晶粒的比表面积，减少晶粒表面的高能悬键。而掺杂 0.4 %$Ag^+$后 $Eu^{3+}$:$Y_2O_3$ 粉体的晶粒尺寸与未掺杂 $Ag^+$时相比没有明显变化。因此，$Ag^+$的掺杂对晶粒生长没有促进作用，对晶粒的表面态也没有实质性的影响。

图4.6 $Y_{1.95}O_3$:$Eu_{0.05}$粉体的SEM图

图4.7　$Y_{1.90}Li_{0.05}O_3:Eu_{0.05}$粉体的SEM图

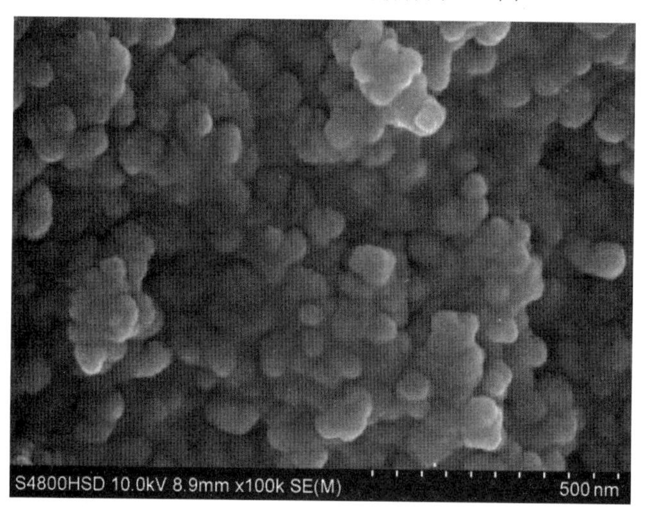


图 4.8　$Y_{1.116}Ag_{0.004}O_3:Eu_{0.05}$ 粉体的 SEM 图

### 4.3.2　$Li^+$、$Ag^+$掺杂 $Eu^{3+}$: $Y_2O_3$ 纳米粉体发光增强机理讨论

图 4.9 为 255 nm 激发下掺杂不同浓度 $Li^+$的 $Eu^{3+}$:$Y_2O_3$ 粉体荧光光谱图。如图 4.9 所示，$Li^+$的引入并没有改变发射谱的形状和位置。位于 579 nm、582～600 nm、610 nm 和 629 nm 的发射分别对应着 $Eu^{3+}$的 $^5D_0 \rightarrow {}^7F_0$ 跃迁、$^5D_0 \rightarrow {}^7F_1$ 跃迁、$^5D_0 \rightarrow {}^7F_2$ 和 $^5D_0 \rightarrow {}^7F_3$ 跃迁。当 $Li^+$ 掺杂浓度小于 5 %时，$Eu^{3+}$的发光强度随掺杂浓度的增大而增强；当掺杂浓度达到 7 %时，其发光强度减弱。图 4.10 为 255 nm 激发下 $Eu^{3+}$:$Y_2O_3$ 粉体发光强度随 $Li^+$掺杂浓度变化的曲线。如图 4.10 所示，5 %为 $Li^+$最佳掺杂浓度，此时，$Eu^{3+}$的发光强度约增强 2.86 倍。

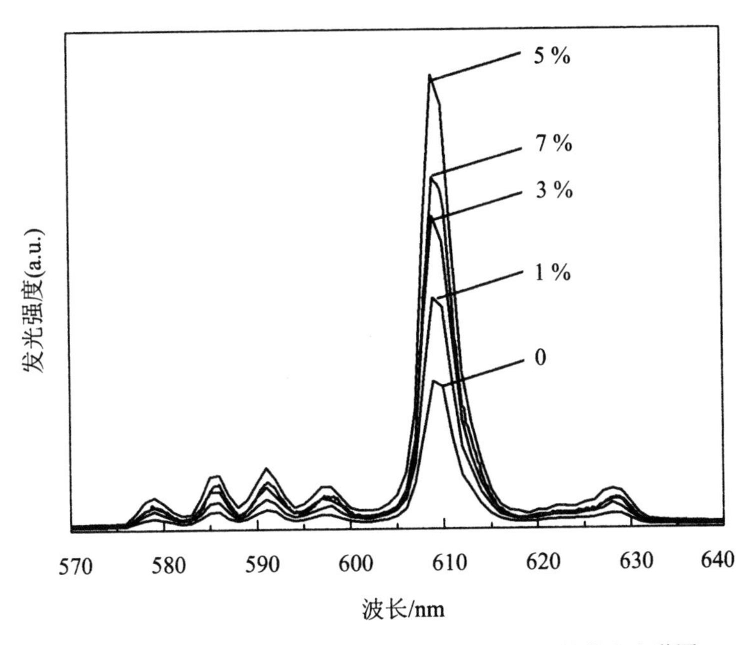


图4.9　255 nm激发下掺杂不同浓度$Li^+$的$Eu^{3+}$:$Y_2O_3$粉体荧光光谱图

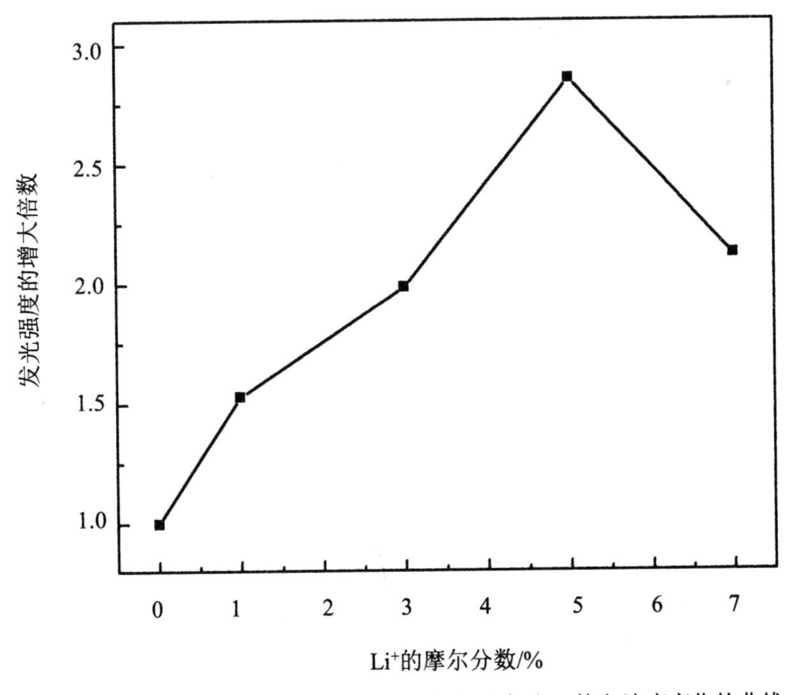


图4.10　255 nm激发下$Eu^{3+}$:$Y_2O_3$粉体发光强度随$Li^+$掺杂浓度变化的曲线

无辐射跃迁过程对稀土离子的发光效率有直接影响。在第 3 章中提到，$CO_3^{2-}$和 $OH^-$高能振动基团具有较高的振动能量，其振动频率分别为 1 500 cm$^{-1}$和 3 350 cm$^{-1}$，这些高能振动基团的存在会导致无辐射跃迁的增加，从而降低发光效率。由于本实验通过溶胶–凝胶法制备 $Y_2O_3$粉体，在制备过程中容易残留少量$CO_3^{2-}$和 $OH^-$。随着 $Li^+$掺杂浓度由 0 增加到 5 %，$Eu^{3+}$:$Y_2O_3$粉体的晶粒尺寸由约 50 nm 增大到约 100 nm。随着晶粒尺寸的增大，晶粒的比表面积迅速减小，表面所吸附的$CO_3^{2-}$和 $OH^-$基团的数量也随之减少。为观察 $Li^+$掺杂对$CO_3^{2-}$和 $OH^-$基团数量的影响，对样品进行了红外光谱测试。图 4.11 为 $Li^+$掺杂浓度为 0 和 5%的 $Eu^{3+}$:$Y_2O_3$粉体的傅里叶变换红外光谱图。图 4.11 中位于 1 500 cm$^{-1}$附近的吸收峰属于$CO_3^{2-}$基团，而位于 3 350 cm$^{-1}$附近的吸收峰则来源于 $OH^-$基团。如图 4.12 所示，掺杂 $Li^+$后，位于 1 500 cm$^{-1}$和 3 350 cm$^{-1}$的吸收峰明显减弱，这表明掺杂 $Li^+$后$CO_3^{2-}$和 $OH^-$基团的数量明显减少。因此，随着 $Li^+$的掺杂，无辐射跃迁概率明显减小，而无辐射跃迁概率的减小导致发光强度的增强。

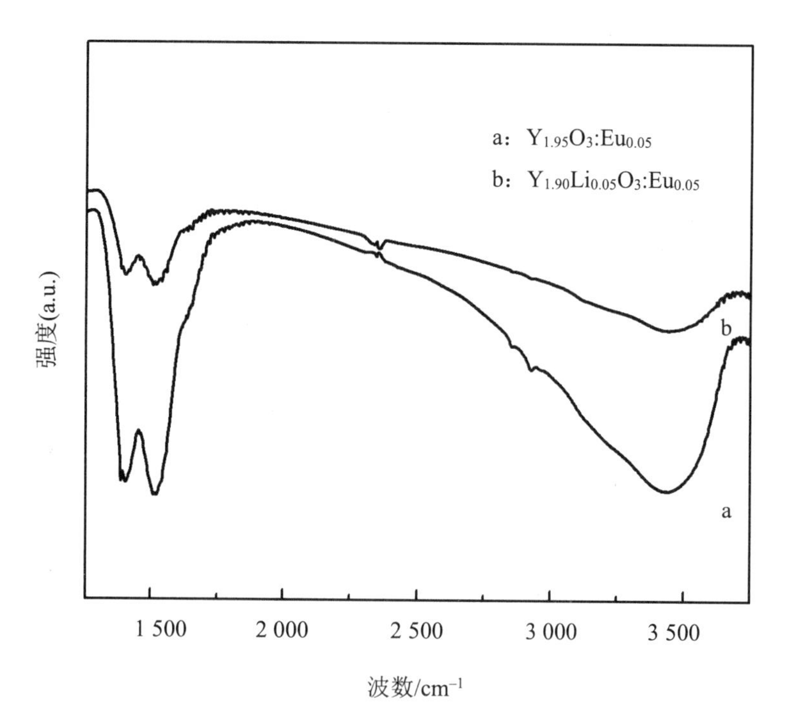


图 4.11 $Eu^{3+}$:$Y_2O_3$粉体的傅里叶变换红外光谱图

如前所述，掺杂 $Li^+$导致的发光增强来源于两个因素：辐射跃迁概率的增大和无辐射跃迁概率的减小。为明确哪种因素起主要作用，进行了 $Eu^{3+}$:$Y_2O_3$粉体荧光寿命的测试，测试结果如图 4.12 和图 4.13 所示。荧光寿命曲线可以由式（4.4）进行拟合：

$$I = A\exp(-t/\tau_R) + B \tag{4.4}$$

通过式（4.4）拟合得到未掺杂一价离子时，$Eu^{3+}$ 610 nm 发射的荧光寿命为 1.62 ms，掺杂 5 %$Li^+$后荧光寿命延长至 1.78 ms。

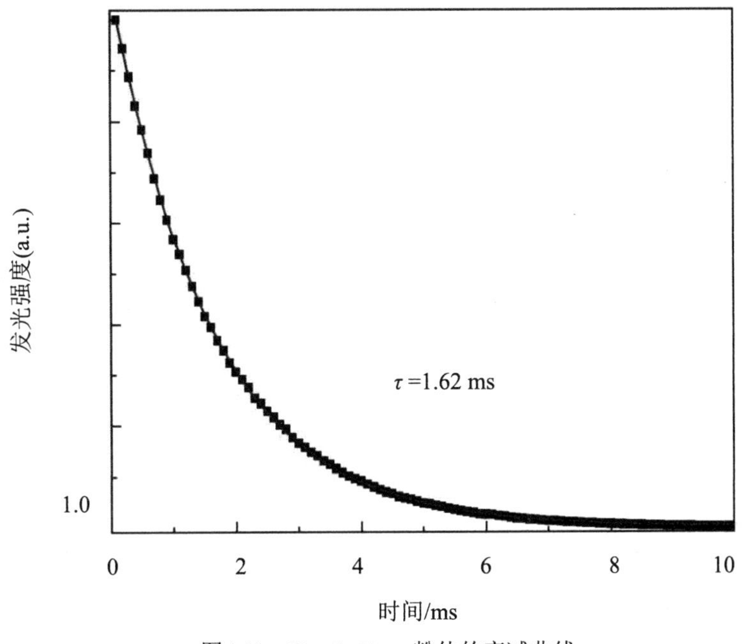


图4.12　$Y_{1.95}O_3$:$Eu_{0.05}$粉体的衰减曲线

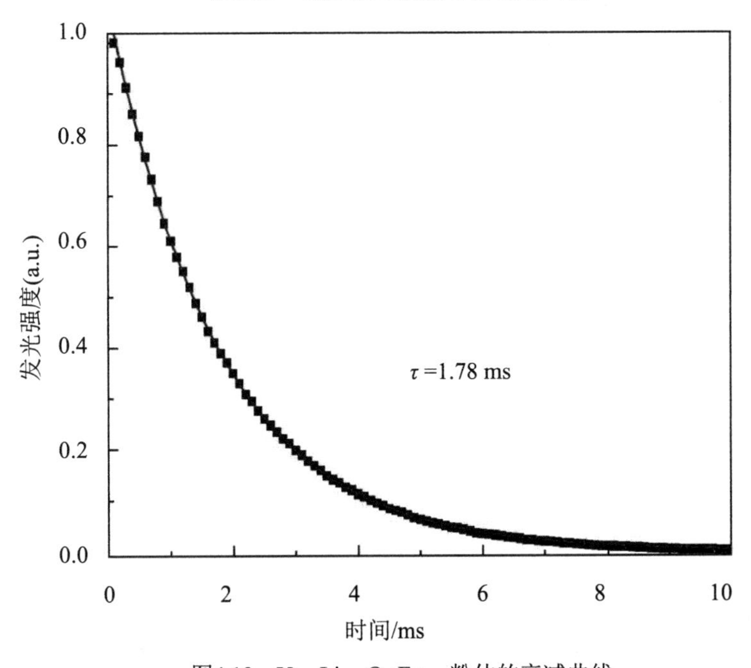


图4.13　$Y_{1.90}Li_{0.05}O_3$:$Eu_{0.05}$粉体的衰减曲线

荧光寿命等于该能级的辐射跃迁概率与无辐射跃迁概率之和的倒数。因此，能级的寿命可以写为

$$\tau = \frac{1}{A + W} \tag{4.5}$$

如前所述，掺杂 $Li^+$导致的发光增强来源于两个因素：辐射跃迁概率的增大和无辐射跃迁概率的减小。掺杂 $Li^+$后荧光寿命增强说明无辐射跃迁概率的减小大于辐射跃迁概率的增大，无辐射跃迁概率的减小在 $Eu^{3+}$的发光增强中起到主导作用。

图 4.14 为 255 nm 激发下掺杂不同浓度 $Ag^+$的 $Eu^{3+}$:$Y_2O_3$ 粉体荧光光谱图。从图 4.14 中可以看出，在 $Ag^+$掺杂浓度为 0～0.4 %时 $Eu^{3+}$的发光逐渐增强，如图 4.15 所示，在 $Ag^+$最佳掺杂浓度（0.4 %）时发光强度约增强 1.17 倍；当掺杂浓度增加到 0.6 %时发光强度减弱。与 $Li^+$掺杂不同，$Ag^+$掺杂后 $Eu^{3+}$不同能级间跃迁的发光强度变化不同。位于 610 nm 附近的 $^5D_0 \to {}^7F_2$ 跃迁发光增强明显，而位于 579 nm 附近的 $^5D_0 \to {}^7F_0$ 跃迁、582～600 nm 的 $^5D_0 \to {}^7F_1$ 跃迁和 629 nm 附近的 $^5D_0 \to {}^7F_3$ 跃迁却没有明显变化。这说明 $Ag^+$的引入并没有使 $Eu^{3+}$所有能级间跃迁的概率都明显增大，而是增大了某一对能级间跃迁的概率。

在 $Eu^{3+}$掺杂的 $Y_2O_3$ 中，$Eu^{3+}$可以占据 $C_2$ 格位和 $S_6$ 格位。$S_6$ 格位属于高对称位，不会发生电偶跃迁，$C_2$ 位既能产生电偶跃迁也能产生磁偶跃迁。处于 610 nm 附近的 $^5D_0 \to {}^7F_2$ 跃迁属于 $C_2$ 位电偶跃迁，它对周围晶体场环境非常敏感。$Ag^+$的引入只增强了 $^5D_0 \to {}^7F_2$ 能级间的跃迁，而没有改变其他能级间的跃迁。这说明 $Ag^+$改变了晶体场环境，降低了晶体场的对称性，增大了电偶跃迁概率，从而增强了发光。而当 $Ag^+$掺杂浓度过大时，$Ag^+$发生团簇，猝灭效应造成了发光强度的降低。

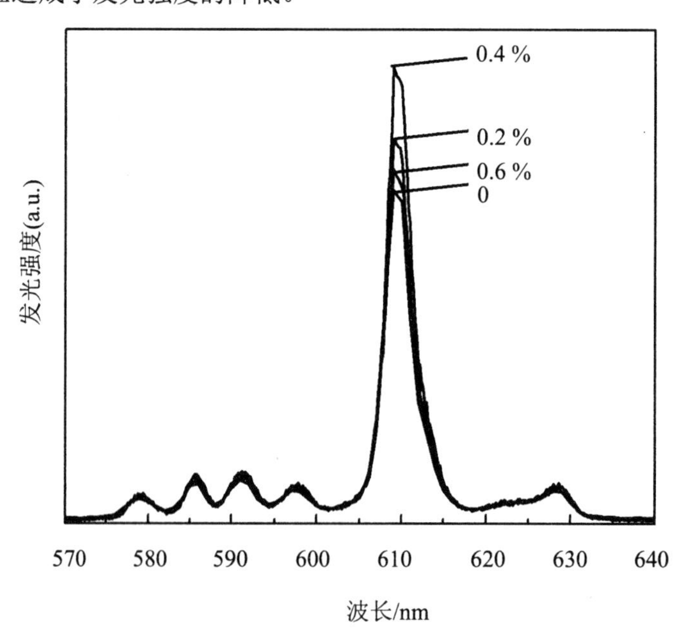


图4.14　255 nm激发下掺杂不同浓度$Ag^+$的$Eu^{3+}$:$Y_2O_3$粉体荧光光谱图

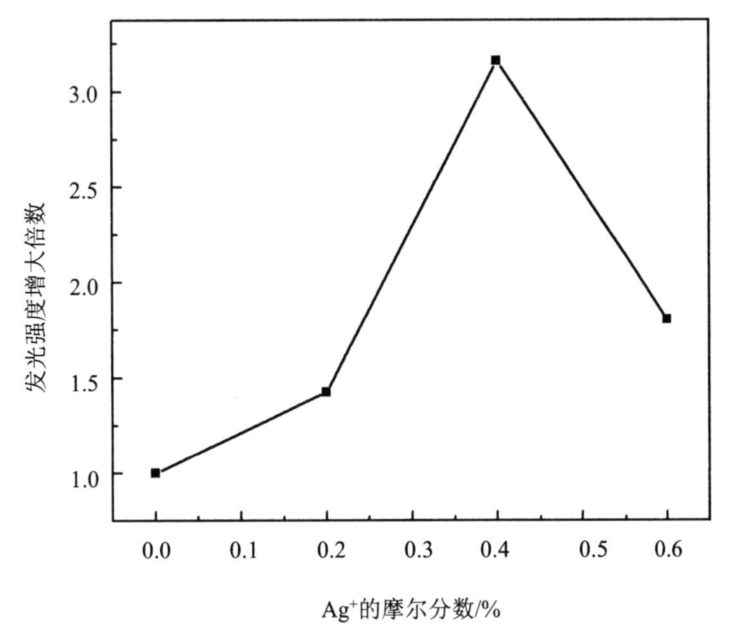


图4.15　255 nm激发下$Eu^{3+}:Y_2O_3$粉体发光强度随$Ag^{+}$掺杂浓度变化的曲线

如前所述，无辐射跃迁过程对稀土离子的发光效率也有直接影响。如图 4.16 所示，掺杂 $Ag^{+}$前后 $Eu^{3+}:Y_2O_3$ 粉体中 $CO_3^{2-}$ 和 $OH^{-}$基团的吸收峰没有明显变化，因此，$Ag^{+}$掺杂没有造成无辐射跃迁概率的改变。由此可以判断 $Eu^{3+}:Y_2O_3$ 粉体发光强度的增强来源于电偶跃迁概率的增大。

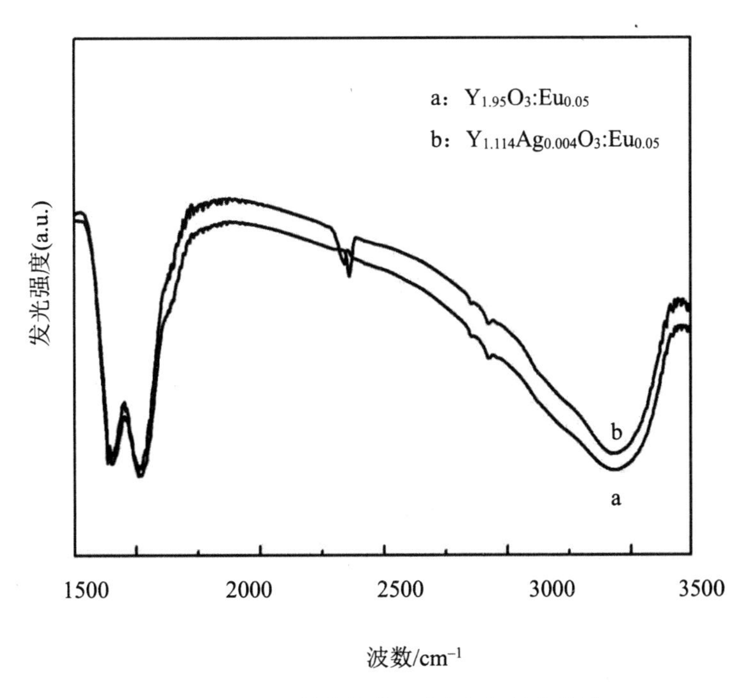


图 4.16　$Eu^{3+}:Y_2O_3$ 粉体的傅里叶变换红外光谱图

为进一步证明上述结论，进行了 $Eu^{3+}$:$Y_2O_3$ 粉体荧光寿命的测试，测试结果如图 4.17 和图 4.18 所示。荧光寿命曲线可以由式（4.1）进行拟合。拟合得到未掺杂 $Ag^+$时，$Eu^{3+}$ 610 nm 发射的荧光寿命为 1.62 ms，而掺杂 0.4 %$Ag^+$后荧光寿命减少至 1.21 ms。荧光寿命等于该能级的辐射跃迁概率与无辐射跃迁概率之和的倒数。

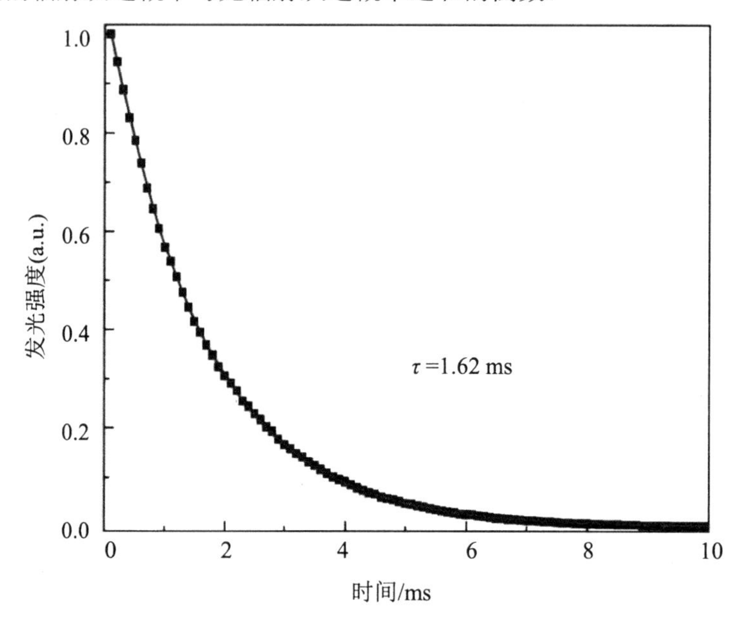


图4.17　$Y_{1.95}O_3$:$Eu_{0.05}$粉体的衰减曲线

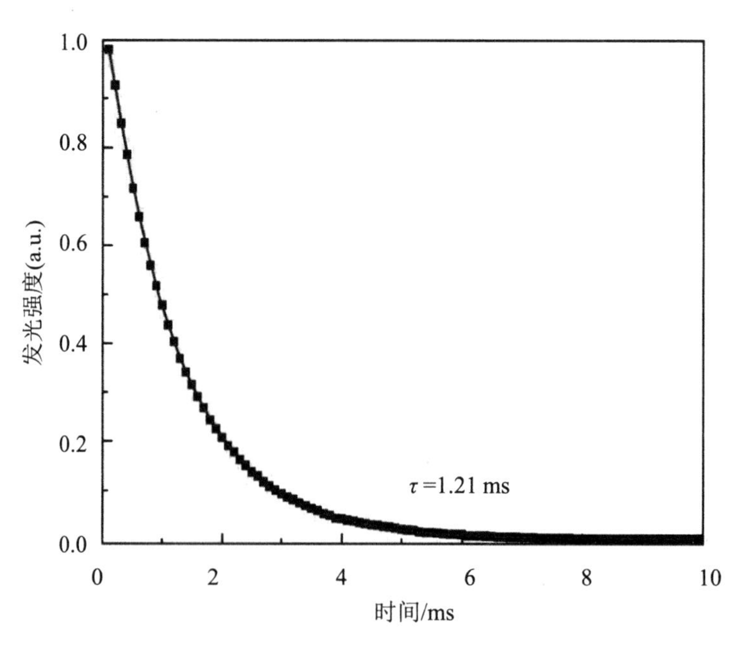


图4.18　$Y_{1.114}Ag_{0.004}O_3$:$Eu_{0.05}$粉体的衰减曲线

前面提到 $Ag^+$掺杂只是引起辐射跃迁概率的增大，对无辐射跃迁概率没有影响。而荧光寿命测试结果表明，掺杂 $Ag^+$后 $Eu^{3+}$ 610 nm 发射的荧光寿命减少了，这恰好证明了前面的结论。因此，$Ag^+$掺杂引起的 $Eu^{3+}$:$Y_2O_3$ 粉体荧光增强来源于辐射跃迁概率的增大。

## 4.4　本 章 小 结

本章利用溶胶–凝胶法制备了 $Li^+$、$Ag^+$掺杂的 $Eu^{3+}$:$Y_2O_3$ 粉体，并研究了 $Li^+$和 $Ag^+$掺杂对 $Eu^{3+}$:$Y_2O_3$ 粉体晶体结构和微观形貌的影响，以及对其发光性能进行了系统分析，得到以下结论：

（1）XRD 分析表明 $Li^+$和 $Ag^+$都成功掺入了 $Y_2O_3$ 晶格内。当 $Li^+$掺杂浓度低于 5 %时，$Li^+$处于晶格替代位置；当 $Li^+$掺杂浓度达到 7 %时，$Li^+$占据晶格中填隙位置，而大半径的 $Ag^+$只能处于替代位置。SEM 图像表明，由于 $Li^+$的助熔剂作用，掺杂 $Li^+$后晶粒明显长大，而 $Ag^+$掺杂后晶粒尺寸没有明显变化。

（2）当 $Li^+$掺杂浓度小于 5 %时，$Eu^{3+}$的发光随掺杂浓度的增大而增强；当掺杂浓度达到 7 %时发光减弱。5 %为 $Li^+$最佳掺杂浓度，此时，$Eu^{3+}$的发光强度约增强 2.86 倍。掺杂 $Li^+$导致的发光增强来源于两个因素：辐射跃迁概率的增加和无辐射跃迁概率的减小，实验结果表明后者起主要作用。

（3）在 $Ag^+$掺杂比例为 0～0.4 %时，$Eu^{3+}$的发光逐渐增强，在 $Ag^+$最佳掺杂浓度（0.4 %）时发光约增强 1.17 倍；当掺杂浓度增加到 0.6 %时，发光强度减弱。掺杂 $Ag^+$后 $Eu^{3+}$不同能级间跃迁的发射强度变化不同。位于 610 nm 附近的 $^5D_0 \rightarrow {}^7F_2$ 跃迁发光增强明显，而位于 579 nm 附近的 $^5D_0 \rightarrow {}^7F_0$、582～600 nm 的 $^5D_0 \rightarrow {}^7F_1$ 跃迁和 629 nm 附近的 $^5D_0 \rightarrow {}^7F_3$ 跃迁却没有明显变化。这说明 $Ag^+$的引入并没有使 $Eu^{3+}$所有能级间跃迁的概率都明显增大，而是增大了某一对能级间跃迁的概率。掺杂 $Ag^+$后 $Eu^{3+}$的发光增强来源于其辐射跃迁概率的增大。

综上，一价离子 $Li^+$和 $Ag^+$的掺杂都能提高 $Eu^{3+}$的发光强度，而其中的物理机制有所不同。$Li^+$导致的发光增强来源于两个因素：辐射跃迁概率的增大和无辐射跃迁概率的减小，实验结果表明后者起主要作用。而掺杂 $Ag^+$后 $Eu^{3+}$的发光增强来源于其辐射跃迁概率的增大。

# 本章参考文献


[1] YANG M Z, SUI Y, WANG S P, et al. Effects of $Bi^{3+}$ doping on the optical properties of $Er^{3+}$:$Y_2O_3$ [J]. J Alloy. Compd., 2011, 509: 827-830.

[2] YANG M Z, SUI Y, LÜ S C, et al. Effect of $Bi^{3+}$ doping on the quenching concentration of $^2H_{11/2}/^4S_{3/2}$ level of $Er^{3+}$ [J]. J. Alloy. Compd., 2011, 509: 8590-8511.

[3] BOUKERIKA A, GUERBOUS L. Annealing effects on structural and luminescence properties of red $Eu^{3+}$-doped $Y_2O_3$ nanophosphors prepared by sol–gel method [J]. J Lumin., 2014, 145: 148-153.

[4] YANG M Z, SUI Y, WANG S P, et al. Correlation between the surface state and optical properties of $S_6$ site and $C_2$ site in nanocrystalline $Eu^{3+}$:$Y_2O_3$ [J]. J. Alloy. Compd., 2011, 509: 266-270.

[5] LI H L, ZHANG Z, HUANG J Z, et al. Optical and structural analysis of rare earth and Li co-doped ZnO nanoparticle [J]. J Alloy. Compd., 2013, 550: 526-530.

[6] CHENG Q, SUI J H, CAI W. Enhanced up-conversion emission in $Yb^{3+}$ and $Er^{3+}$ codoped $NaGdF_4$ nanocrystals by introducing $Li^+$ ions [J]. Nanoscale, 2012, 4: 779-784.

[7] JACOBSOHN L G, BLAIR M W, TORNGA S C, et al. $Y_2O_3$:Bi nanophosphor: solution combustion synthesis, structure and luminescence [J]. J. Appl. Phys., 2008,104: 243031-243037.

[8] BAI Y F, WANG Y X, YANG K, et al. The effect of Li on the spectrum of $Er^{3+}$ in Li- and Er-codoped ZnO nanocrystals [J]. J. Phys. Chem. C, 2008, 112: 12259-12263.

[9] JAMALAIAH B C, SURESH KUMAR J, MOHAN BABU A, et al. Spectroscopic studies of $Eu^{3+}$ ions in LBTAF glasses [J]. J. Alloy Compd., 2009, 478: 63-67.

[10] AYYUB, PALKAR V R, CHATTOPADHYAY S, et al. Effect of crystal size reduction on lattice symmetry and cooperative properties [J]. Phys. Rev. B, 1995, 51: 6135-6138.

[11] ROY S, DUBENKO I, EDORH D D, et al. Size induced variations in structural and magnetic properties of double exchange $La_{0.8}Sr_{0.2}MnO_{3-\delta}$ nano-ferromagnet [J]. J. Appl.

Phys., 2004, 96: 1202-1208.

[12] YANG M Z, SUI Y, MU H W, et al. Mechanism of up-conversion emission enhancement in $Y_3Al_5O_{12}$:$Er^{3+}$/$Li^{+}$ powders [J]. J. Rare Earth, 2011, 29:1022-1025.

# 第5章 $Bi^{3+}/Er^{3+}:Y_2O_3$纳米粉体的制备及发光性能

## 5.1 引　　言

在第3章中通过水热法和微波法制备了高性能的$Eu^{3+}:Y_2O_3$纳米晶荧光粉，减少由无辐射跃迁而造成的能量损失，提高了纳米晶的发光效率。除了无辐射跃迁以外，敏化离子的掺杂、激活离子的辐射跃迁概率及猝灭浓度对发光效率也有直接的影响。本章将通过掺杂$Bi^{3+}$，从以上三方面来提高$Er^{3+}$的发光性能。

在过去的几十年里，人们对$Er^{3+}$在不同基质（晶体和非晶）中的发光和激光特性做了大量的研究工作。$Er^{3+}$具有丰富的能级，且能级寿命长，能够产生3种可见区域的荧光：蓝光、绿光和红光。由于$Yb^{3+}$在980 nm附近有较大的吸收截面，能有效吸收激发能量并将能量传递给与之有匹配能级的$Er^{3+}$，可以大幅度提高$Er^{3+}$的发光强度，因此$Yb^{3+}$敏化$Er^{3+}$的发光体系备受关注。利用敏化离子来提高稀土离子发光强度的方式已被应用于多种发光体系，如$Yb^{3+}/Ho^{3+}:Y_2O_3$、$Cr^{3+}/Nd^{3+}$:YAG和$Bi^{3+}/Eu^{3+}:Y_2O_3$。

$Bi^{3+}$具有$6s^2$电子组态，基态为$^1S_0$态。随着能量的逐渐增加，第一激发态分别为$^3P_0$、$^3P_1$和$^3P_2$态。$^1S_0 \rightarrow {}^3P_1$跃迁使得$Bi^{3+}$在紫外区域有很强的吸收带。在紫外激发下，$Bi^{3+}$的发射光谱覆盖了300～700 nm的范围。 而$Er^{3+}$ $^4I_{15/2} \rightarrow {}^2H_{11/2}$及$^4I_{15/2} \rightarrow {}^2F_{7/2}$能级跃迁的吸收光谱位于350～550 nm之间，恰好处于$Bi^{3+}$发射光谱所覆盖的范围内。因此，在紫外激发下，$Bi^{3+}$可以作为敏化离子通过辐射能量传递过程将吸收的能量有效地传递给$Er^{3+}$，提高$Er^{3+}$在紫外激发下的发光强度。在第2章中提到$Y_2O_3$是一种理想的发光基质材料。由于$Bi^{3+}$和$Er^{3+}$的有效离子半径与$Y^{3+}$相近，因此，$Bi^{3+}$和$Er^{3+}$可以容易地替代$Y^{3+}$而进入$Y_2O_3$的格位。此外， $Bi^{3+}$的半径大于$Y^{3+}$的半径，当$Bi^{3+}$替代$Y^{3+}$而进入$Y_2O_3$的格位时会导致晶格畸变，从而使$Er^{3+}$周围局域晶体场对称性降低，增大$Er^{3+}$ 4f能级的辐射跃迁概率，从而提

高 $Er^{3+}$在 980 nm 激发下的发光强度。

本章将通过溶胶–凝胶法制备 $Bi^{3+}/Er^{3+}$共掺的 $Y_2O_3$ 粉体，分别研究在紫外激发和红外激发下 $Bi^{3+}$对 $Er^{3+}$发光性能的影响，同时讨论 $Bi^{3+}$掺杂对 $Er^{3+}$ $^2H_{11/2}/^4S_{3/2}$ 能级猝灭浓度的影响。

# 5.2　$Bi^{3+}/Er^{3+}:Y_2O_3$ 纳米粉体的制备及表征

## 5.2.1　溶胶–凝胶法制备 $Bi^{3+}/Er^{3+}:Y_2O_3$ 纳米粉体

$Bi^{3+}/Er^{3+}:Y_2O_3$ 粉体采用溶胶–凝胶法制备。其中 $Er^{3+}$掺杂浓度为 0 或 1 %，$Bi^{3+}$掺杂浓度为 0、1 %、1.5 %、2.0 %、2.5 %、3.0 %。初始反应物为纯度 99.99 %的 $Y_2O_3$ 和 $Er_2O_3$ 粉体以及分析纯的 $Bi_2O_3$ 和柠檬酸。将 $Bi_2O_3$ 和 $Y_2O_3$、$Er_2O_3$ 溶于硝酸配制成一定浓度的硝酸盐溶液。按照样品所需的物质的量比例量取一定体积的上述硝酸盐溶液并将其混合搅拌。待搅拌均匀，加入物质的量为溶液中阳离子数总和 2 倍的柠檬酸，并在 80 ℃下恒温搅拌至其成为凝胶。将凝胶放入烘箱中，快速加热到 200 ℃，使凝胶发生自燃烧过程，得到黄色蓬松前驱体。将所得到的前驱体在 800 ℃空气中煅烧 2 h，得到白色粉末。其流程图如图 5.1 所示。

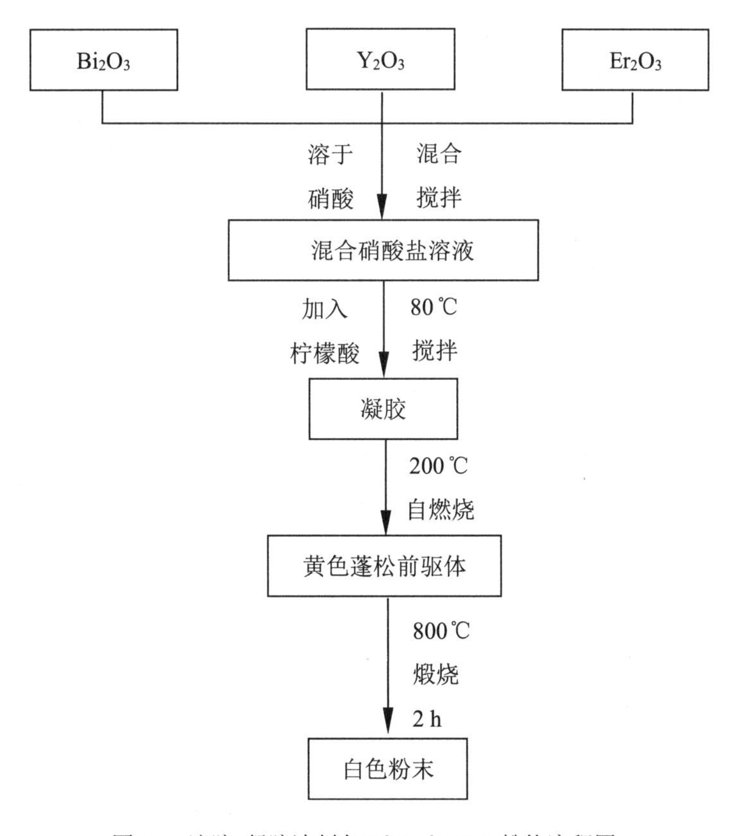


图5.1　溶胶–凝胶法制备$Bi^{3+}/Er^{3+}:Y_2O_3$粉体流程图

### 5.2.2 $Bi^{3+}/Er^{3+}:Y_2O_3$ 纳米粉体的表征方法

样品的 XRD 测试是利用 Rigaku D/max–γ B 型 X 射线衍射仪，采用的是 Cu 靶 $K_\alpha$射线($\lambda$ = 0.154 18 nm)，测量步长为 0.02 °，测量范围为 20 °～80 °。紫外激发荧光测试由 HitacHi F–4500 荧光分光光度计测得，测量温度为室温，测量电压 700 V，扫描速度 240 nm/min，激发和发射缝宽均为 2.5 nm。上转换发光测量以 980 nm 半导体二极管激光器为泵浦光源，经过透镜聚焦后照射到样品表面，样品与光谱仪狭缝平行放置，样品发射的荧光通过狭缝进入分光光度计，由分光光度计内部光栅将荧光反射到光电倍增管，再由连接到光电倍增管上的数据采集卡将所得数据传输到电脑上，得到荧光光谱；测量步长 0.3 nm，最大测试功率 200 mW。测试荧光强度与激发光功率的依赖关系时，激发光功率递增步长为 25 mW。

## 5.3 $Bi^{3+}/Er^{3+}:Y_2O_3$ 纳米粉体的结构

图 5.2 为溶胶–凝胶法制备的 $Bi^{3+}/Er^{3+}:Y_2O_3$ 粉体室温下的 XRD 谱图。其中 $Er^{3+}$掺杂浓度为 0 或 1.0 %，$Bi^{3+}$掺杂浓度分别为 0、1.0 %、1.5 %、2.0 %、2.5 %、3.0 %。

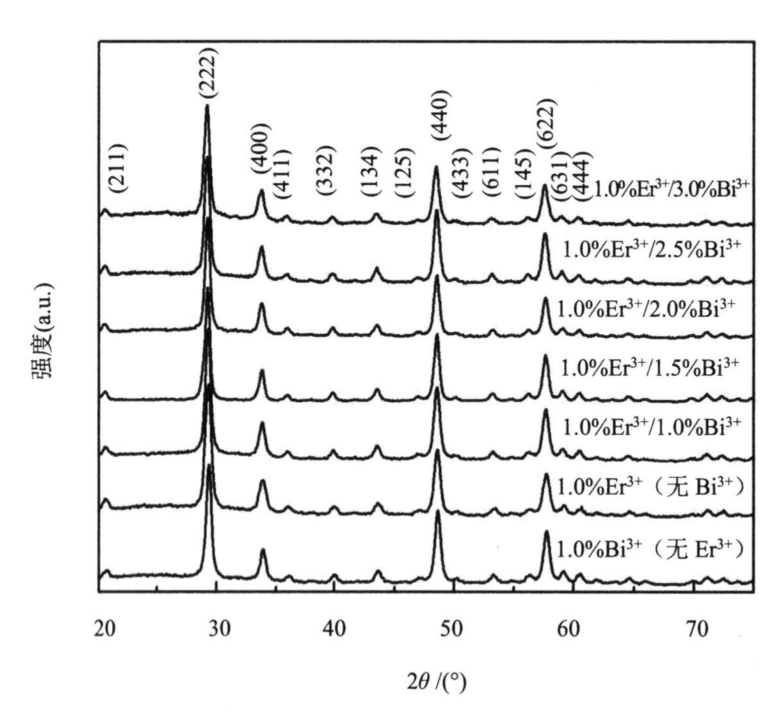


图5.2　$Bi^{3+}/Er^{3+}:Y_2O_3$粉体室温下的XRD谱图

$Bi^{3+}$和 $Er^{3+}$的有效离子半径分别为 1.03 Å和 0.89 Å，与 $Y^{3+}$的有效离子半径 0.90 Å相近，使得 $Bi^{3+}$和 $Er^{3+}$替代 $Y^{3+}$成为可能。从图 5.2 中可以看到，所有的样品都是单相立方结构的 $Y_2O_3$ 相（JPDS No. 86–1107），没有发现其他杂相，这说明 $Bi^{3+}$和 $Er^{3+}$的掺杂并没有改变 $Y_2O_3$ 的晶相，两种离子都成功地掺入了 $Y_2O_3$ 的晶格中。同时，XRD 衍射峰的峰宽和峰强并没有随着 $Bi^{3+}$掺杂浓度的增加而发生变化。这说明，掺杂 $Bi^{3+}$对 $Er^{3+}$:$Y_2O_3$ 的晶粒尺寸及晶化程度没有产生影响。从第 2 章的分析结果可知，样品的晶粒尺寸及晶化程度对样品的表面态以及发光性能有直接的影响。在本章的分析过程中，样品发光性能的变化没有受到晶体表面态变化的影响。图 5.3 表明了不同浓度 $Bi^{3+}$掺杂样品的主衍射峰的移动情况，其中，所有样品 $Er^{3+}$的掺杂浓度均为 1.0 %。如图 5.3 所示，随着 $Bi^{3+}$掺杂浓度的增加，XRD 衍射峰向低角度方向移动。这是由于 $Bi^{3+}$半径大于 $Y^{3+}$半径，大半径 $Bi^{3+}$的介入引起 $Y_2O_3$ 晶格膨胀，导致晶格常数增大。

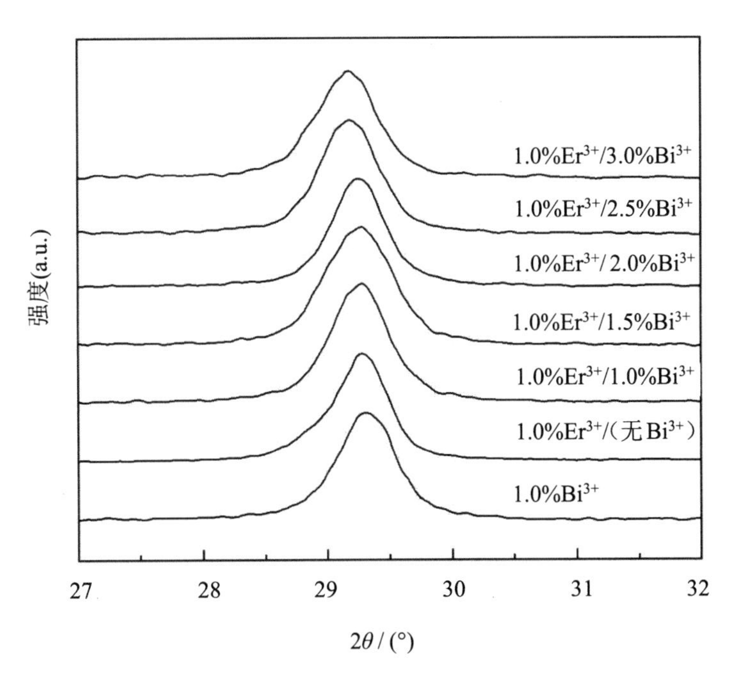


图5.3　$Bi^{3+}/Er^{3+}$:$Y_2O_3$粉体主衍射峰的XRD谱图

# 5.4 $Bi^{3+}/Er^{3+}:Y_2O_3$纳米粉体的发光性能

## 5.4.1 $Bi^{3+}$与$Er^{3+}$间的能量传递

图 5.4 和图 5.5 是 $Bi^{3+}:Y_2O_3$ 和 $Er^{3+}:Y_2O_3$ 粉体的激发光谱，其中，$Bi^{3+}$和 $Er^{3+}$的掺杂浓度均为 1 %。测量的监测波长为 563 nm，测量范围为 300～540 nm，测量电压为 700 V，扫描速度为 240 nm/min，激发和发射缝宽均为 2.5 nm。

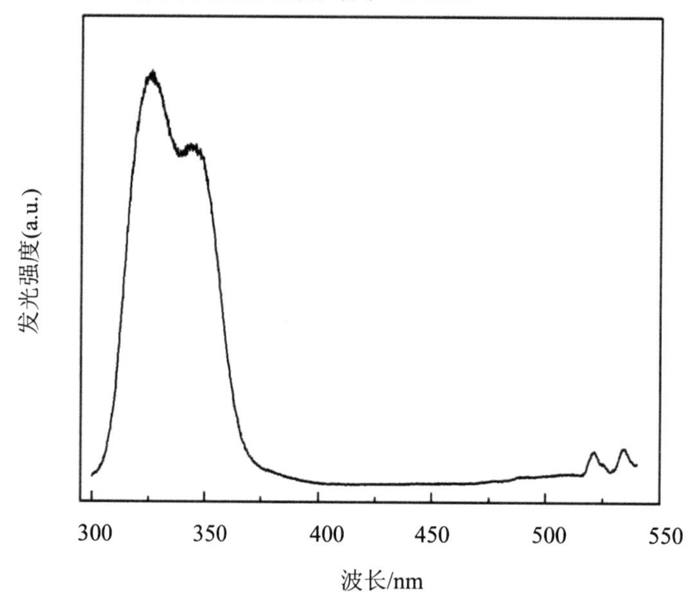


图5.4　1 % $Bi^{3+}:Y_2O_3$粉体的激发光谱

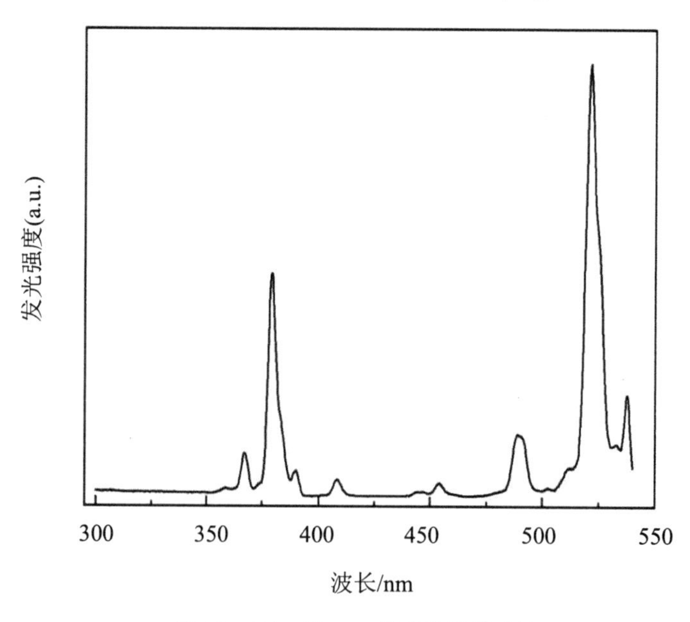


图5.5　1% $Er^{3+}:Y_2O_3$粉体的激发光谱

图5.4中曲线位于紫外部分，310～360 nm的强激发带来源于$Bi^{3+}$ $^1S_0 \rightarrow ^3P_1$能级的跃迁。而图5.5中曲线位于可见部分，波长大于360 nm的激发峰则来源于$Er^{3+}$的4f–4f能级跃迁。从图5.5中可以看出，相对于$Bi^{3+}$来说，$Er^{3+}$在紫外部分的激发光谱相当弱，几乎观察不到。这意味着$Er^{3+}$对紫外激发光的吸收能力比$Bi^{3+}$弱得多。因此，要想提高$Er^{3+}$在紫外激发下的发光效率需要通过一定的技术手段，例如掺杂敏化离子。

图5.6是掺杂1%$Er^{3+}$的$Y_2O_3$（$Er^{3+}:Y_2O_3$）和掺杂1 %$Bi^{3+}$的$Y_2O_3$（$Bi^{3+}:Y_2O_3$）及共掺1 %$Er^{3+}$和1 %$Bi^{3+}$的$Y_2O_3$粉体的发射光谱，激发波长为330 nm，测量电压为700 V，扫描速度为240 nm/min，激发和发射缝宽均为2.5 nm。如图5.6所示，在330 nm的激发波长下，相对于$Bi^{3+}$的荧光光强来说，$Er^{3+}$的发射光强非常弱。由前面分析可知，这是由于$Er^{3+}$对紫外激发的吸收能力很弱所造成的。但是，在$Er^{3+}:Y_2O_3$中掺杂了1 %的$Bi^{3+}$后，发现$Er^{3+}$的发光强度有了明显的提高，同时，$Bi^{3+}$的发光光强则明显减弱。因此，在$Bi^{3+}$和$Er^{3+}$之间可能存在能量传递过程。

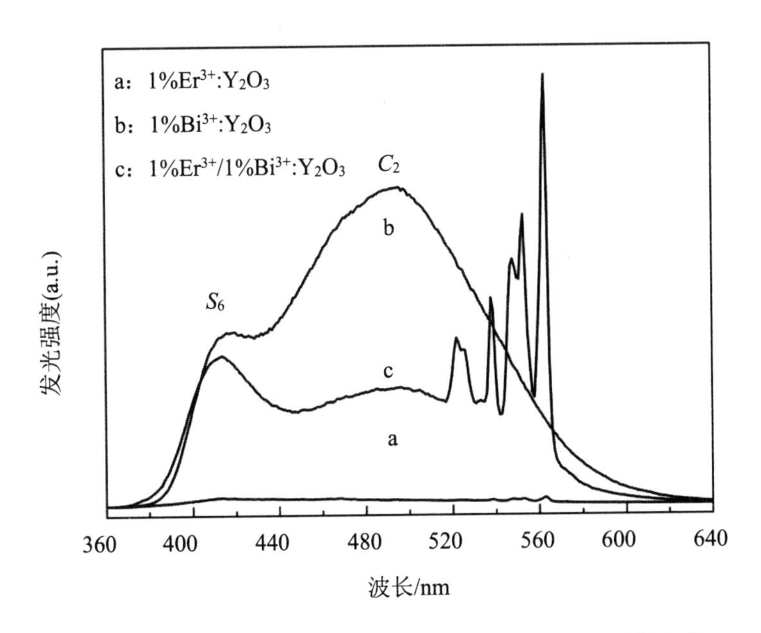


图5.6　$Er^{3+}:Y_2O_3$、$Bi^{3+}:Y_2O_3$和$Er^{3+}/Bi^{3+}:Y_2O_3$粉体的发射光谱

敏化剂和激活离子之间传递能量主要有两种机制：①敏化离子吸收激发能量后再将能量辐射出来，激活离子将敏化离子辐射的能量进行再吸收，即敏化离子通过辐射将能量传递给激活离子；②当敏化离子与激活离子之间存在共振能级时，敏化离子将吸收的能量无辐射共振传递给激活离子，使激活离子被激发，即敏化离子通过无辐射共振将能量传递给

激活离子。无论是辐射能量传递还是无辐射能量传递都要求敏化离子发射光谱与激活离子的吸收光谱有交叠的部分。如图5.6所示，$Bi^{3+}$发射光谱覆盖了380～610 nm的一个较宽范围。其中，中心位于407 nm左右的发射带为$S_6$格位的发射带，而中心位于500 nm附近的发射带则是$C_2$格位的发射带。$Bi^{3+}$的宽发射带（380～610 nm）恰好与$Er^{3+}$的激发谱，特别是位于520 nm和490 nm附近来源于$^4I_{15/2}\rightarrow{}^2H_{11/2}$跃迁和$^4I_{15/2}\rightarrow{}^2F_{7/2}$跃迁的强激发峰相交叠。因此，在$Bi^{3+}$和$Er^{3+}$共掺的$Y_2O_3$中，$Bi^{3+}$作为敏化离子，而$Er^{3+}$作为激活离子。$Bi^{3+}$吸收330 nm激发以后能够通过辐射传递将吸收的能量有效地传递给$Er^{3+}$，使得$Er^{3+}$发光强度提高。

图5.7是共掺杂不同浓度$Bi^{3+}$的$Er^{3+}$:$Y_2O_3$粉体的发射光谱，其中$Er^{3+}$的掺杂浓度固定为1 %，$Bi^{3+}$掺杂浓度分别为0、1.0 %、1.5 %、2.0 %、2.5 %、3.0 %，激发波长为330 nm。如图5.7所示，发射谱中的锐锋来源于$Er^{3+}$的$^2H_{11/2}/^4S_{3/2}\rightarrow{}^4I_{15/2}$能级跃迁，而宽发射带则属于$Bi^{3+}$的$^3P_1\rightarrow{}^1S_0$能级跃迁。从图5.7中可观察到，$Er^{3+}$发射光谱的峰位没有随$Bi^{3+}$掺杂浓度的改变而发生变化，但是随着$Bi^{3+}$掺杂浓度的变化，$Er^{3+}$的发光强度却发生了明显的变化。

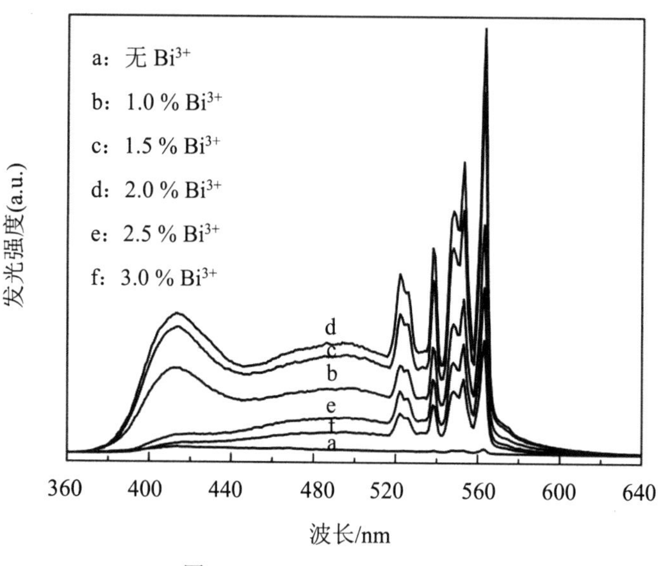


图5.7　$Bi^{3+}$/ $Er^{3+}$:$Y_2O_3$的发射光谱

为了更直观地观察$Er^{3+}$的发光强度随$Bi^{3+}$掺杂浓度的变化，可以参考图5.8中$Er^{3+}$发光强度由发射光谱中515～580 nm部分积分所得，积分时扣除了$Bi^{3+}$的发光背底。如图5.8所示，没有$Bi^{3+}$掺杂时，$Er^{3+}$的发光强度很弱。随着$Bi^{3+}$掺杂浓度的增加，$Er^{3+}$的发光强度逐渐增强。当$Bi^{3+}$的掺杂浓度达到2.0 %时，$Er^{3+}$的发光强度达到最大值，其发光强度约为未掺杂

$Bi^{3+}$时的42倍。而后，随着$Bi^{3+}$掺杂浓度继续增大，$Er^{3+}$的发光强度又逐渐减弱。

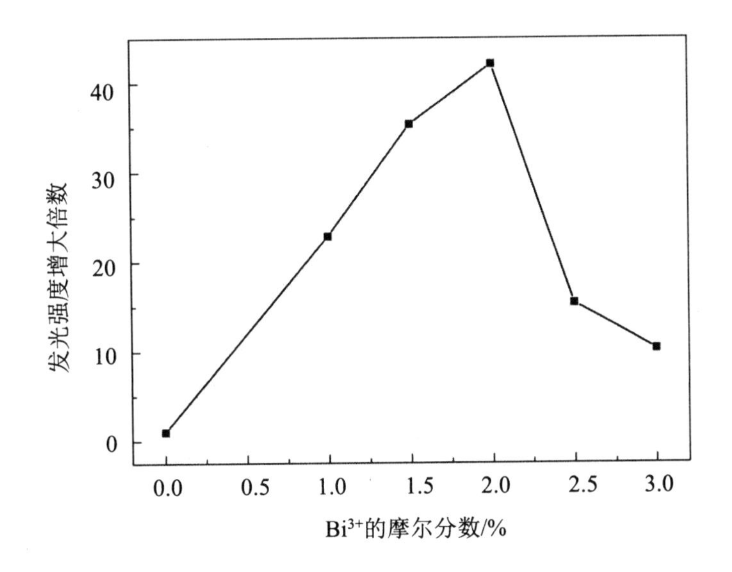


图5.8　$Bi^{3+}/Er^{3+}:Y_2O_3$中$Er^{3+}$发光强度随$Bi^{3+}$摩尔分数变化的关系图

前文提到，由于$Bi^{3+}$的宽激发带覆盖了380～610 nm的范围，恰好与$Er^{3+}$的激发谱，特别是位于520 nm和490 nm附近来源于$^4I_{15/2}\rightarrow{}^2H_{11/2}$跃迁和$^4I_{15/2}\rightarrow{}^2F_{7/2}$跃迁的强激发峰相交叠。因此，$Bi^{3+}$吸收330 nm激发的能量后可以通过辐射传递将能量有效地传递给$Er^{3+}$。但是，总能量的传递效率不仅取决于敏化离子与激活离子之间的能量传递概率，同时还取决于发生在敏化离子与敏化离子之间的能量传递概率。在本实验中，$Bi^{3+}$是敏化离子，而$Er^{3+}$是激活离子。$Bi^{3+}$到$Er^{3+}$的能量传递效率在很大程度上受到$Bi^{3+}$掺杂浓度的影响。由Dexter理论可知，随着敏化离子和激活离子或者敏化离子与敏化离子之间距离的适当减小，能量传递效率随着敏化离子和激活离子之间或敏化离子和敏化离子之间距离的减小而增大。当$Bi^{3+}$掺杂浓度较低时，随着$Bi^{3+}$掺杂浓度的增加，$Bi^{3+}$和$Er^{3+}$之间的距离减小，因此，$Bi^{3+}$到$Er^{3+}$的能量传递效率增大。但是，当$Bi^{3+}$掺杂浓度超过2 %时，$Bi^{3+}$之间的距离变得很小，此时，发生在$Bi^{3+}$与$Bi^{3+}$之间的能量传递增加，从而阻碍了$Bi^{3+}$与$Er^{3+}$之间的能量传递。也就是说，当$Bi^{3+}$掺杂浓度适当的时候，能量可以有效地从$Bi^{3+}$传递到$Er^{3+}$，使$Er^{3+}$发光增强；而当超过这一适当掺杂浓度时，$Bi^{3+}$之间的能量传递更加有效，使得$Bi^{3+}$传递到$Er^{3+}$的能量减少，最终导致$Er^{3+}$发光减弱。因此，要有效地实现紫外激发下$Bi^{3+}$对$Er^{3+}$的敏化作用，要适量地控制敏化离子$Bi^{3+}$的掺杂浓度。

### 5.4.2 $Bi^{3+}/Er^{3+}:Y_2O_3$纳米粉体的上转换发光性能研究

前面讨论了在紫外激发下$Bi^{3+}$和$Er^{3+}$的能量传递，以及$Bi^{3+}$掺杂浓度对$Er^{3+}$发光行为的影响。而在实验中发现，$Bi^{3+}$的掺杂不仅影响紫外激发下$Er^{3+}$的发光强度，也会影响红外激发下$Er^{3+}$的上转换发光强度，下面就来讨论 980 nm 激发下$Bi^{3+}$的掺杂对$Er^{3+}$发光强度的影响。

图 5.9 是掺杂不同浓度$Bi^{3+}$的$Er^{3+}:Y_2O_3$粉体在 980 nm 激发下的上转换荧光光谱。图 5.9 中波长在 515～580 nm 的绿光来源于$Er^{3+}$的${}^2H_{11/2}/{}^4S_{3/2}\rightarrow{}^4I_{15/2}$跃迁，而波长在 640 nm 到 690 nm 的红光则来源于$Er^{3+}$的${}^4F_{9/2}\rightarrow{}^4I_{15/2}$跃迁。从图 5.9 中可以看出，$Er^{3+}$的发射峰位没有随着$Bi^{3+}$的掺杂浓度而发生变化，但是其发光强度却受到了$Bi^{3+}$掺杂浓度的影响。

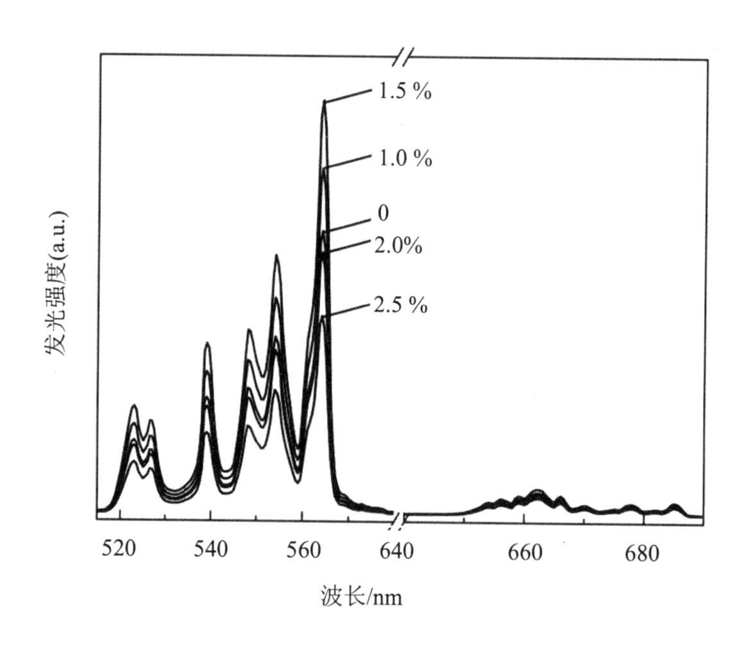


图 5.9 掺杂不同浓度$Bi^{3+}$的$Er^{3+}:Y_2O_3$粉体在 980 nm 激发下的上转换荧光光谱

为了更加直观地描述绿光和红光的变化，图 5.10 和图 5.11 给出了绿光和红光的发光强度以及绿光与红光的光强比随$Bi^{3+}$掺杂浓度变化的曲线。从图 5.10 可以看到，$Er^{3+}$的发光强度依赖于$Bi^{3+}$的掺杂浓度，$Bi^{3+}$的最佳掺杂浓度为 1.5 %，掺杂$Bi^{3+}$后$Er^{3+}$的绿光和红光的发光强度与未掺杂$Bi^{3+}$的样品相比分别增大了约 1.5 倍和 1.2 倍。在$Bi^{3+}$达到此掺杂浓度之前，随着$Bi^{3+}$掺杂浓度的增大，$Er^{3+}$的发光强度逐渐增强；而当$Bi^{3+}$的掺杂浓度超过 1.5 %时，$Er^{3+}$的发光强度开始减弱。从图 5.11 中还可以看出，起初绿光与红光的光强比随

着 $Bi^{3+}$掺杂浓度的增大而增大，当 $Bi^{3+}$的掺杂浓度超过 1.5 %时这个比值开始减小。那么，在上转换发光过程中是什么机制导致了 $Er^{3+}$发光强度的变化，是否存在与紫外激发过程中相同的 $Bi^{3+}$与 $Er^{3+}$之间的能量传递过程或存在其他的物理机制，这些需要进一步验证。为弄清楚在 980 nm 激发下 $Bi^{3+}$对 $Er^{3+}$上转换发光行为的影响，做了以下测试和分析。

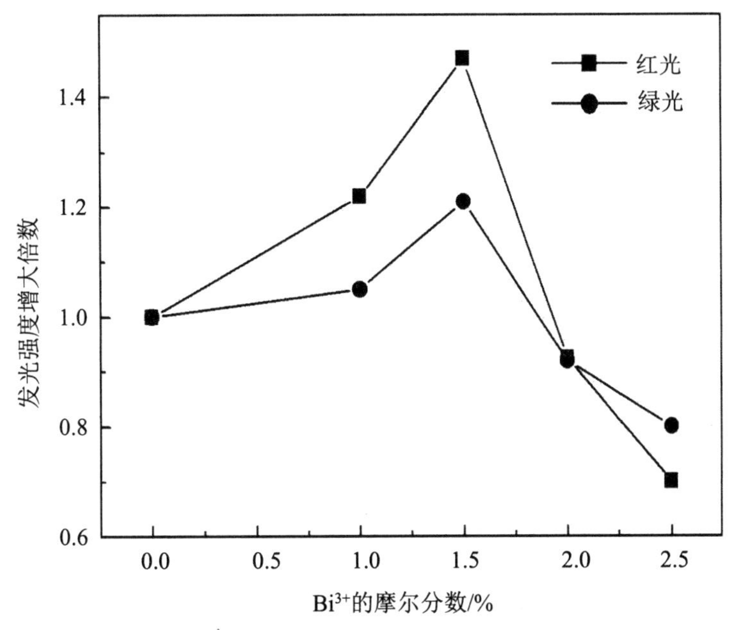


图5.10　绿光和红光的发光强度随着$Bi^{3+}$掺杂浓度变化的曲线

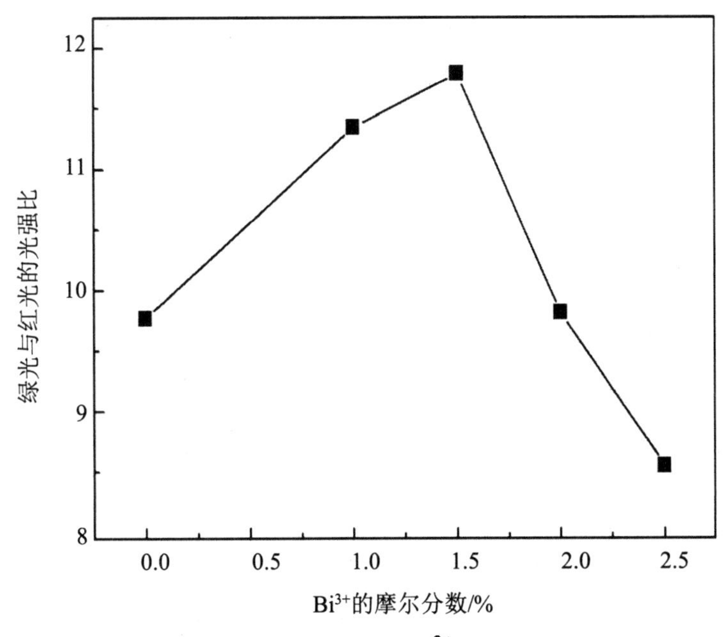


图 5.11　绿光与红光的光强比随 $Bi^{3+}$掺杂浓度变化的曲线

由于 $Bi^{3+}$的吸收和发射都来源于 $^1S_0$能级和 $^3P_1$能级之间的跃迁，而这两个能级之间的跃迁能量位于短波部分，因此测试了掺杂不同浓度 $Bi^{3+}$的 $Er^{3+}$:$Y_2O_3$粉体在 350～480 nm 波长范围内的发射光谱，激发波长为 980 nm，如图 5.12 所示。其中，发光中心位于 390 nm 和 409 nm 的紫光和蓝光发射峰分别来自于 $Er^{3+}$ $^4G_{11/2}\rightarrow{}^4I_{15/2}$和 $^2H_{9/2}\rightarrow{}^4I_{15/2}$能级的跃迁。从图 5.12 中可以看到，$Er^{3+}$的发射光谱形状没有随着 $Bi^{3+}$的掺杂而发生变化，但是发光强度却随着 $Bi^{3+}$掺杂浓度发生了改变。在紫光和蓝光发射中，$Bi^{3+}$的最佳掺杂浓度也是 1.5 %，与前面提到的绿光和红光发射中的最佳掺杂浓度一致。因此，可推测掺杂 $Bi^{3+}$对整个上转换发光过程中发光强度的影响来源于同一个物理机制。由于 $Bi^{3+}$发射带的峰值出现在 480 nm 附近，而在图 5.12 中并没有观测到 $Bi^{3+}$的发射带，因此，$Bi^{3+}$并没有吸收 980 nm 的激发能量，也就说明在上转换发光过程中 $Bi^{3+}$没有发光，$Bi^{3+}$和 $Er^{3+}$之间没有发生能量传递过程。

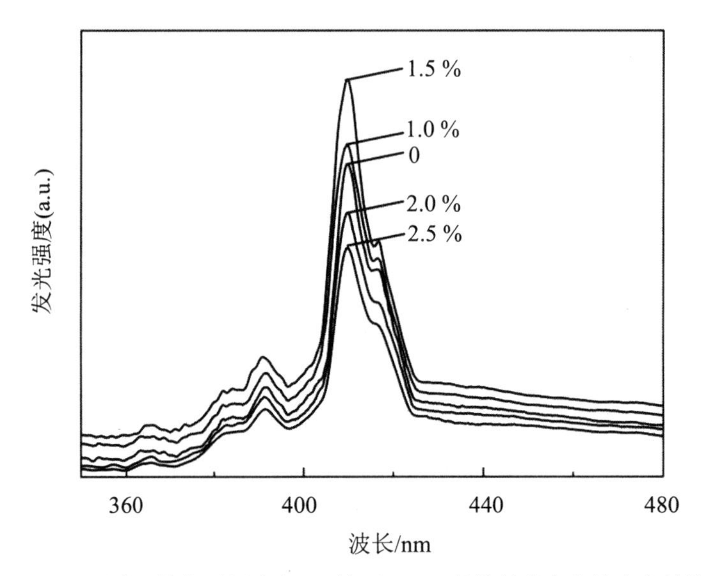


图5.12　980 nm泵浦下掺杂不同浓度$Bi^{3+}$的$Er^{3+}$:$Y_2O_3$粉体的紫光和蓝光上转换荧光光谱

虽然 $Bi^{3+}$的掺杂没有改变 $Er^{3+}$在紫光、蓝光、绿光以及红光的发射光谱形状，但是其发光强度却受到了 $Bi^{3+}$掺杂浓度的影响，而且对于 4 种上转换发光的增强，$Bi^{3+}$的最佳掺杂浓度都是 1.5 %。为了进一步明确研究 $Bi^{3+}$增强 $Er^{3+}$上转换发光的机制，测试了掺杂 1.5 % $Bi^{3+}$的 $Er^{3+}$:$Y_2O_3$粉体的绿光、红光、蓝光及紫光激发功率与发光强度的依赖关系，激发波长为 980 nm，测试最大功率为 200 mW，功率增加步长为 25 mW，如图 5.13～5.16 所示。

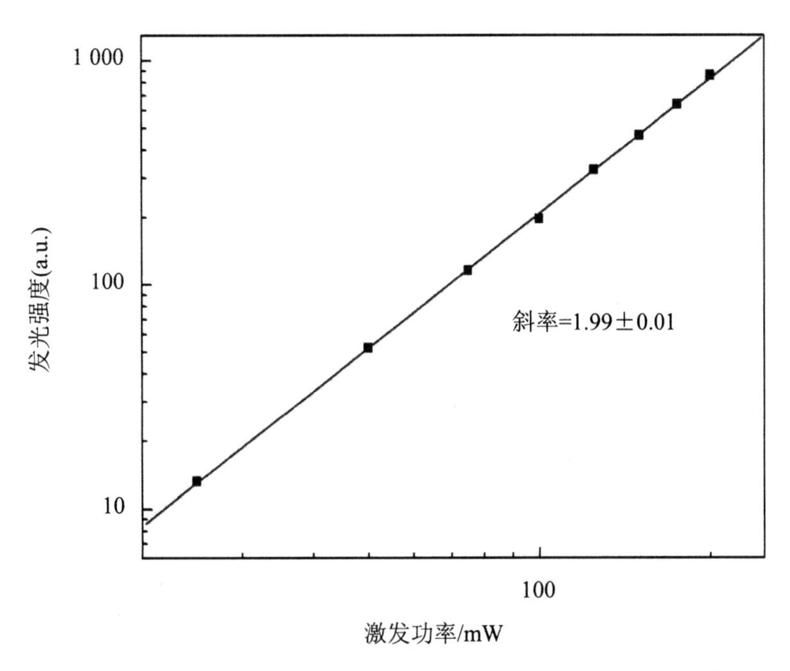


图5.13　掺杂1.5 % $Bi^{3+}$的$Er^{3+}:Y_2O_3$粉体激发功率与绿光发光强度关系图

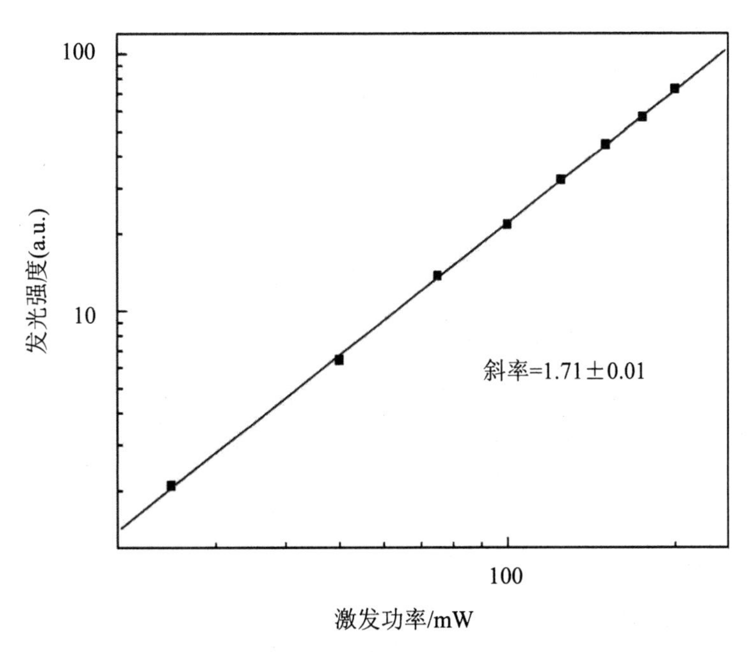


图5.14　掺杂1.5 % $Bi^{3+}$的$Er^{3+}:Y_2O_3$粉体激发功率与红光发光强度关系图

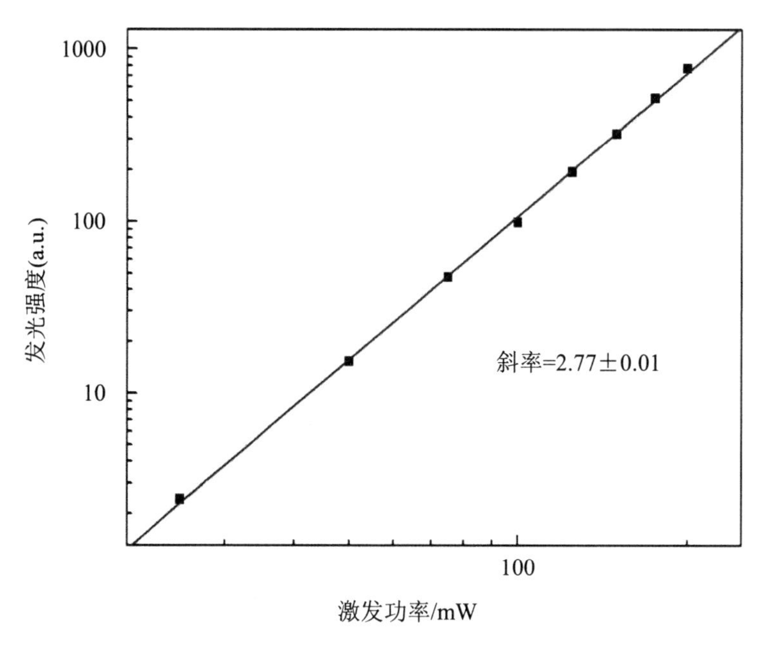


图5.15　掺杂1.5 % $Bi^{3+}$的$Er^{3+}$:$Y_2O_3$粉体激发功率与蓝光发光强度关系图

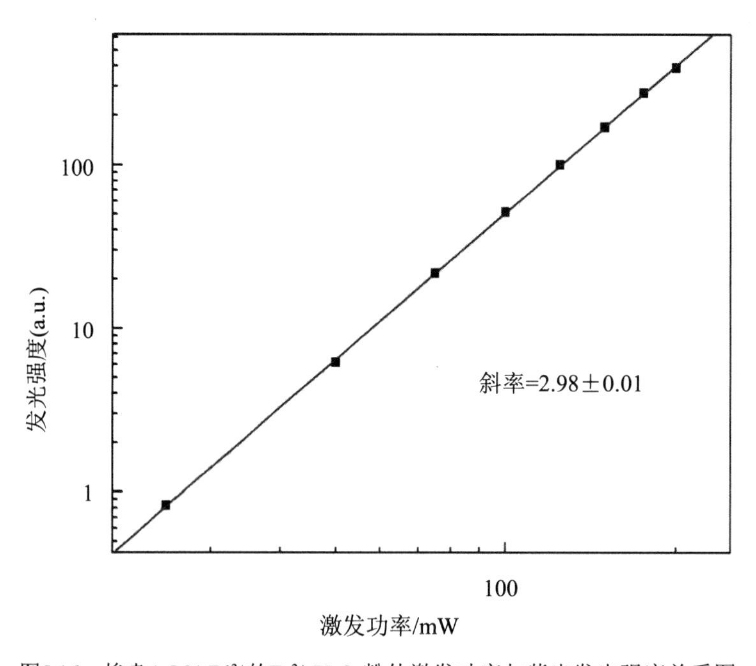


图5.16　掺杂1.5 % $Bi^{3+}$的$Er^{3+}$:$Y_2O_3$粉体激发功率与紫光发光强度关系图

在未饱和的上转换发光现象中，稀土离子从基态泵浦到高激发态所需要的光子数满足以下条件：

$$I_{vis} \propto I_{NIR}^{n} \tag{5.1}$$

等式两边可同时取对数，得

$$\ln I_{vis} \propto \ln I_{NIR}^{n} \tag{5.2}$$

式中，$I_{vis}$ 为发光强度；$I_{NIR}$ 为泵浦光源的光强；$n$ 为此发光过程中所需的泵浦光子数目。

掺杂 1.5 % $Bi^{3+}$的 $Er^{3+}:Y_2O_3$ 粉体在 980 nm 的泵浦光源下激发，其激发功率从 25 mW 增加到 200 mW，测试功率步长为 25 mW。如图 5.13 和图 5.14 所示，绿光和红光关系图的斜率分别为 1.99 和 1.71；如图 5.15 和图 5.16 所示，蓝光和紫光关系图的斜率分别为 2.77 和 2.98。根据式（5.2）及图 5.13～5.16 可知，当对激发功率和发光强度进行对数计算以后，图中拟合直线的斜率就是参加上转换发光过程的光子数目。因此可以得出，绿光和红光均为双光子过程，而紫光和蓝光则为三光子过程。从以上结果可以得出绿光和红光以及蓝光和紫光的上转换发光过程，如图 5.17 所示。

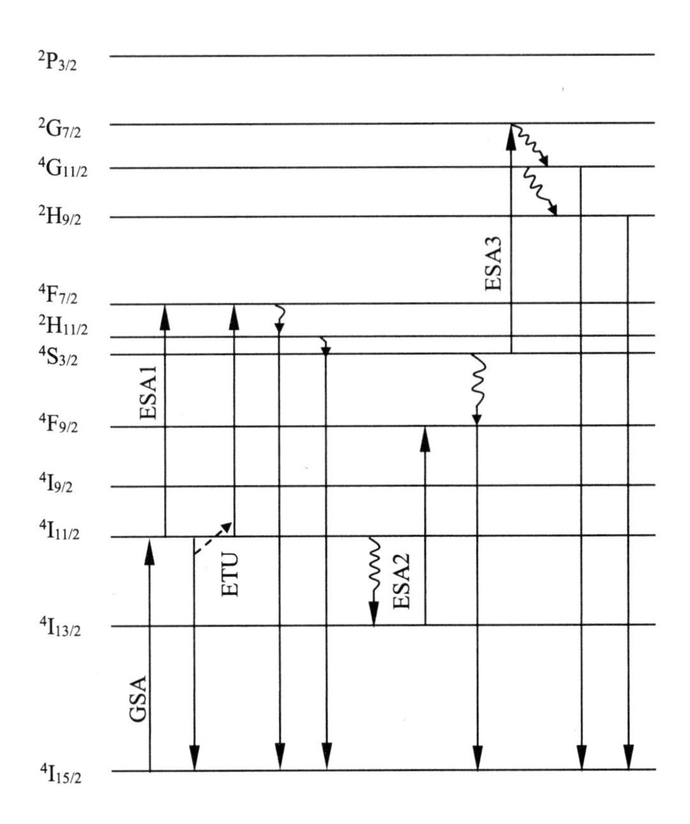


图 5.17　980 nm 激发下 $Er^{3+}$在 $Bi^{3+}/Er^{3+}:Y_2O_3$ 粉体中的能级图及上转换发光机制示意图

如图 5.17 所示，处于基态的 $Er^{3+}$经过基态吸收（GSA）过程吸收一个能量为 980 nm 的光子，从基态跃迁到 $^4I_{11/2}$能级。接着，$^4I_{11/2}$能级的 $Er^{3+}$无辐射弛豫到 $^4I_{13/2}$能级，处于 $^4I_{11/2}$能级和 $^4I_{13/2}$能级的 $Er^{3+}$在返回到基态之前通过激发态吸收（ESA1 和 ESA2）过程或能量传递上转换（ETU）过程再分别吸收一个波长为 980 nm 的光子，从而跃迁到能量更高的 $^4F_{7/2}$和 $^4F_{9/2}$能级，随后，无辐射弛豫到 $^2H_{11/2}/^4S_{3/2}$和 $^4F_{9/2}$能级。$^2H_{11/2}/^4S_{3/2}\to{}^4I_{15/2}$和 $^4F_{9/2}\to{}^4I_{15/2}$的辐射跃迁分别产生绿色和红色的上转换荧光。无辐射弛豫到 $^4S_{3/2}$能级的 $Er^{3+}$通过激发态吸收过程（ESA3）再吸收一个波长为 980 nm 的光子，跃迁至 $^2G_{7/2}$能级，然后无辐射弛豫到 $^4G_{11/2}$和 $^2H_{9/2}$能级。$^4G_{11/2}\to{}^4I_{15/2}$和 $^2H_{9/2}\to{}^4I_{15/2}$的辐射跃迁分别产生紫色和蓝色的上转换荧光。因此，认为 $Bi^{3+}$的掺杂并没有影响到 $Er^{3+}$的上转换发光的能级跃迁过程，这进一步证明 $Bi^{3+}$和 $Er^{3+}$之间不存在能量传递。此外，由第 2 章的分析可知，高结晶度和大的晶粒尺寸有利于减少样品颗粒表面的缺陷和悬挂的高能基团，减小无辐射跃迁概率，从而提高稀土离子的发光强度。但是，从 XRD 谱图中可以发现 $Bi^{3+}$的掺杂并没有影响 $Er^{3+}/Bi^{3+}$共掺 $Y_2O_3$的晶化程度和晶粒尺寸。因此，980 nm 激发下 $Bi^{3+}$掺杂浓度低于 1.5 %时 $Er^{3+}$发光强度的增强既不来源于 $Bi^{3+}$和 $Er^{3+}$之间的能量传递，也不来源于 $Y_2O_3$表面态的影响。

根据第 1 章中介绍的 J–O 理论，稀土离子 4f 能级间的电偶极跃迁是禁戒跃迁。但是，当稀土离子周围晶体场对称性降低时，4f 组态可以与其宇称相反的组态混合，这种禁戒跃迁将被部分打破，从而增大电偶极跃迁概率，提高稀土离子的发光强度。$Er^{3+}$上转换发光来源于 $Er^{3+}$ 4f 能级间跃迁。前面提到 $Bi^{3+}$、$Er^{3+}$和 $Y^{3+}$的有效离子半径分别为 1.03 Å、0.89 Å和 0.90 Å。从 XRD 分析得出 $Bi^{3+}$和 $Er^{3+}$成功地掺入了 $Y_2O_3$晶格中，取代了 $Y^{3+}$的位置。当大半径的 $Bi^{3+}$占据到 $Y^{3+}$的格位时，势必会造成晶格的形变，导致 $Er^{3+}$周围晶体场对称性降低。从 XRD 谱图中可以看出 $Bi^{3+}$掺杂导致 $Y_2O_3$晶格膨胀。晶体场作用可使 $Er^{3+}$能级组态中与 $4f^N$组态宇称相反的组态混入到 $4f^N$组态中。这样，$4f^N$组态就成为两种宇称的混合态，增大了电偶极跃迁概率，从而增强了 $Er^{3+}$的发光强度。此外，当 $Bi^{3+}$扩散到 $Er^{3+}$附近会打散 $Er^{3+}$的团簇，降低近邻 $Er^{3+}$相互作用而造成的无辐射弛豫。如图 5.17 所示，无辐射跃迁过程的减少使得 $^4F_{9/2}$能级布局的离子数相对减少，从而降低了红光发射强度相对绿光发射强度的增加幅度，使得绿光与红光的光强比增大（图 5.11）。无辐射跃迁的减少降低了体系中的能量损失，也提高了 $Er^{3+}$的发光强度。

在$Bi^{3+}$掺杂浓度较高的情况下会生成$Bi_n^{3+}$团簇。在本实验中当$Bi^{3+}$掺杂浓度超过1.5 %时，$Er^{3+}$发光强度的减弱来源于$Bi_n^{3+}$团簇的形成，$Bi_n^{3+}$团簇成为俘获能量的中心，将能量无辐射地散射，这就使$Er^{3+}$吸收到的能量减少，不利于上转换发光的发生。因此，当$Bi^{3+}$掺杂浓度超过1.5 %时，$Er^{3+}$上转换发光强度减弱。无辐射跃迁的增加导致$^4F_{9/2}$能级布局的离子增多，从而增强了红光发射，抑制了绿光发射，绿光与红光的光强比随之减小（图5.11）。适当掺杂$Bi^{3+}$可以增大$Er^{3+}$的辐射跃迁概率。

### 5.4.3　$Bi^{3+}$掺杂对 $Er^{3+}$ $^2H_{11/2}/^4S_{3/2}$ 能级猝灭浓度的影响

第 1 章中提到稀土离子的猝灭浓度对其发光效率有着直接的影响。在稀土离子的掺杂浓度达到猝灭浓度之前，其发光强度随着掺杂浓度的增加而增大，而达到猝灭浓度以后发光强度将随着掺杂浓度的增加逐渐减小。如果能够有效提高稀土离子的猝灭浓度，无疑可以提高其对泵浦光源的吸收能力，从而提高稀土离子的发光效率。而稀土离子的猝灭来源于近邻稀土离子之间的无辐射交叉弛豫。无辐射传递过程是稀土离子之间能量传递的主要方式，一般发生在离子间距约为 20 Å的情况下，交换过程发生在很短的距离上。因此，无辐射传递过程依赖于基质中稀土离子的掺杂浓度和离子之间的距离。从 5.4.2 小节的分析中可知，$Bi^{3+}$掺杂可以打散 $Er^{3+}$团簇，减少相邻 $Er^{3+}$之间的无辐射弛豫，因此，可推断 $Bi^{3+}$掺杂对 $Er^{3+}$的猝灭浓度将会存在一定的影响。下面研究 $Bi^{3+}$掺杂对 $Er^{3+}$ $^2H_{11/2}/^4S_{3/2}$ 能级在 $Y_2O_3$ 中猝灭浓度的影响。首先讨论在没有掺杂 $Bi^{3+}$的情况下 $Er^{3+}$ $^2H_{11/2}/^4S_{3/2}$ 能级在 $Y_2O_3$ 中的猝灭浓度。

图5.18所示为980 nm泵浦下掺杂不同浓度$Er^{3+}$的$Er^{3+}:Y_2O_3$的绿光和红光上转换荧光光谱。从图5.18中可以看出，起初随着$Er^{3+}$掺杂浓度的增加，绿光和红光的发光强度都明显增强。但是当$Er^{3+}$的掺杂浓度大于3 %时，绿光发生了猝灭，而红光发射继续增强。为了清楚地描述绿光、红光的发光强度以及绿光与红光的光强比，给出图5.19和图5.20。如图所示，当$Er^{3+}$掺杂浓度低于3.0 %时，绿光和红光发射强度随$Er^{3+}$掺杂浓度的增加而增强。而且从绿光与红光的光强比可以看出，随着$Er^{3+}$掺杂浓度的增加，红光发射的增强速度大于绿光发射的增强速度。当$Er^{3+}$掺杂浓度达到3.0 %时绿光发光强度最大，而当$Er^{3+}$掺杂浓度继续增加时，绿光发光强度减弱而红光发光强度继续增强。为了明确绿光和红光的发射过程，以便分析绿光和红光发光强度随着$Er^{3+}$掺杂浓度变化的机制，测试了绿光和红光的功率曲线。

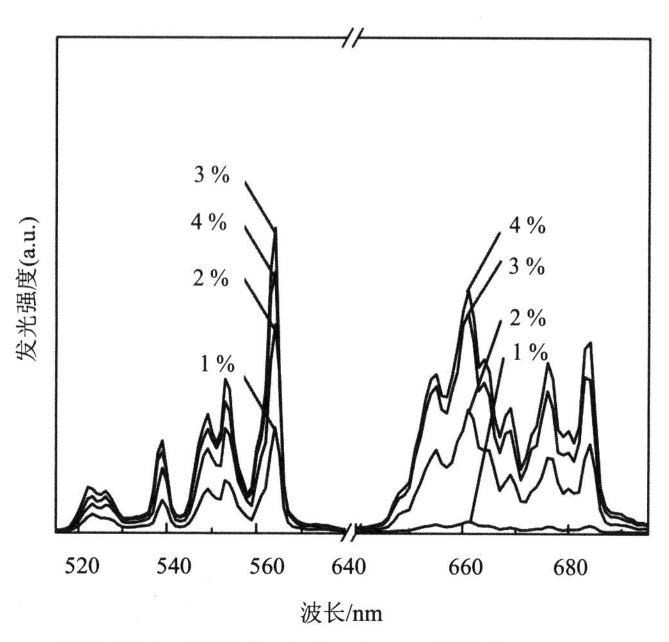


图 5.18　980 nm 泵浦下掺杂不同浓度 $Er^{3+}$的 $Er^{3+}$:$Y_2O_3$ 粉体的绿光和红光上转换荧光光谱

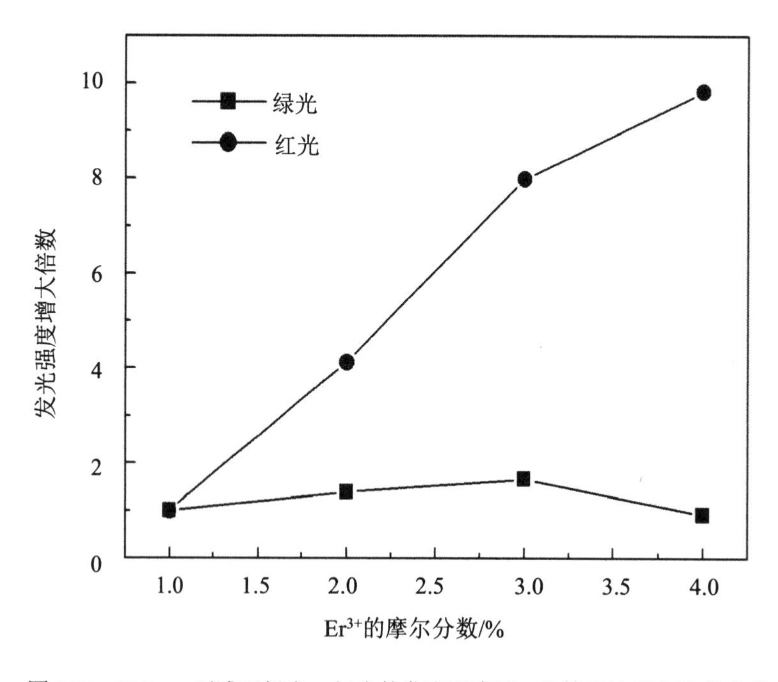


图 5.19　980 nm 泵浦下绿光、红光的发光强度随 $Er^{3+}$掺杂浓度变化的曲线

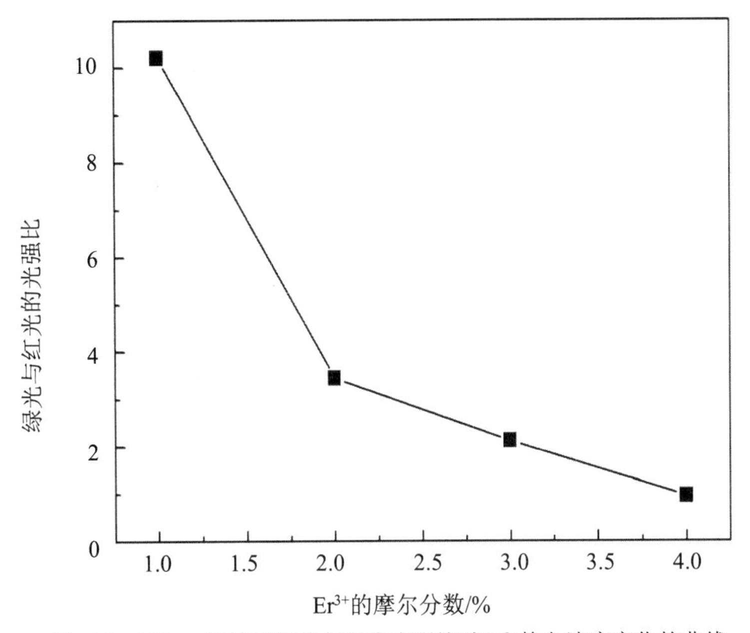


图5.20　980 nm泵浦下绿光与红光光强比随$Er^{3+}$掺杂浓度变化的曲线

图 5.21 和图 5.22 为 3 % $Er^{3+}:Y_2O_3$ 在 980 nm 的泵浦光源激发下绿光和红光发光强度与激发功率的关系曲线。如图所示，绿光和红光的斜率分别为 2.09 和 1.91，根据式（5.2）可知，绿光和红光均为双光子过程。因此，绿光和红光的上转换发光过程可由图 5.23 描述。

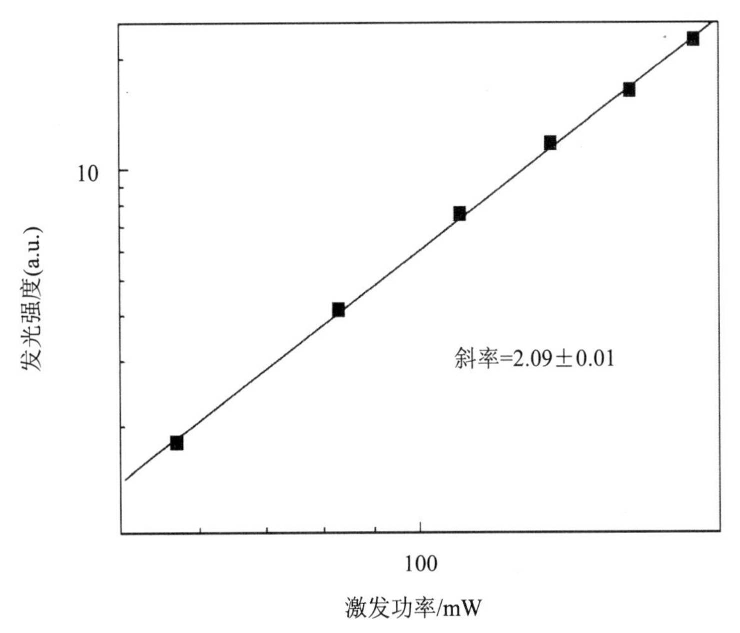


图5.21　3 % $Er^{3+}:Y_2O_3$粉体激发功率与绿光发光强度关系图

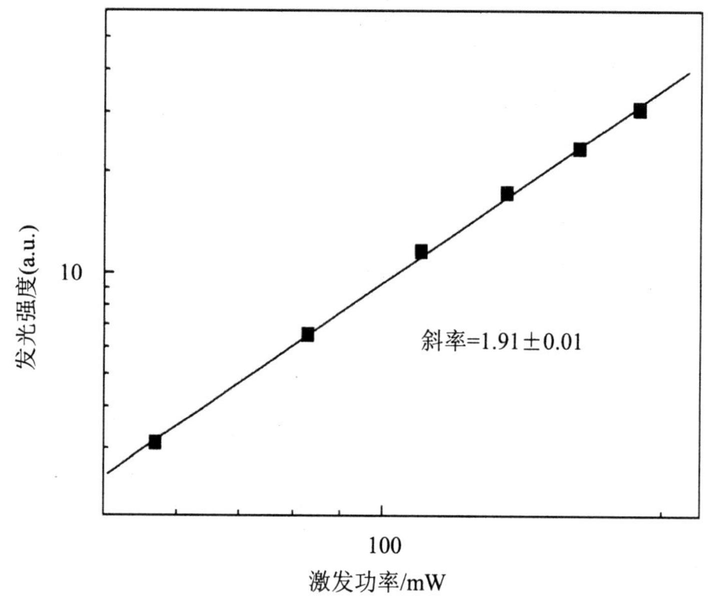


图5.22　3 % $Er^{3+}$:$Y_2O_3$粉体的激发功率与红光发光强度关系图

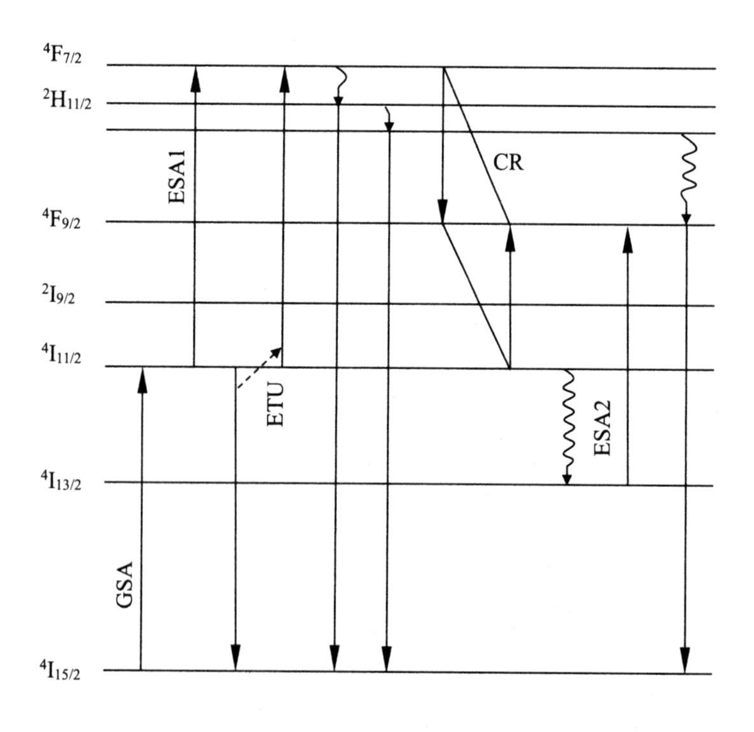


图 5.23　980 nm 激发下 $Er^{3+}$在 $Er^{3+}$:$Y_2O_3$粉体中的能级图及上转换发光机制示意图

如图 5.23 所示，处于基态的 $Er^{3+}$经过基态吸收（GSA）过程吸收一个能量为 980 nm 的光子，从基态跃迁到 $^4I_{11/2}$ 能级。接着，$^4I_{11/2}$ 能级的 $Er^{3+}$无辐射弛豫到 $^4I_{13/2}$ 能级，处于 $^4I_{11/2}$ 能级和 $^4I_{13/2}$ 能级的 $Er^{3+}$在返回到基态之前通过激发态吸收（ESA1 和 ESA2）过程或能量传递上转换（ETU）过程再分别吸收一个能量为 980 nm 的光子，从而跃迁到能量更高的 $^4F_{7/2}$ 和 $^4F_{9/2}$ 能级，随后，无辐射弛豫到 $^2H_{11/2}/^4S_{3/2}$ 和 $^4F_{9/2}$ 能级。$^2H_{11/2}/^4S_{3/2}\rightarrow{}^4I_{15/2}$ 和 $^4F_{9/2}\rightarrow{}^4I_{15/2}$ 的辐射跃迁分别产生绿色和红色的上转换荧光。随着 $Er^{3+}$掺杂浓度的增加，相邻 $Er^{3+}$之间的相互作用逐渐增强，从而交叉弛豫传递过程（CR）$^4F_{7/2}+{}^4I_{11/2}\rightarrow{}^4F_{9/2}+{}^4F_{9/2}$ 逐渐增强，这样使得 $^2H_{11/2}/^4S_{3/2}$ 能级布局的离子数相对减少，而 $^4F_{9/2}$ 能级布局的离子数相对增加。因此，从图 5.20 中可以看到，随着 $Er^{3+}$掺杂浓度的增加，绿光与红光的光强比减小。当 $Er^{3+}$掺杂浓度超过 3 %时，$Er^{3+}$之间的交叉弛豫作用使得 $^2H_{11/2}/^4S_{3/2}$ 能级的离子数大幅减少，出现了 $^2H_{11/2}/^4S_{3/2}$ 能级的发光猝灭现象。同时，由于随着 $Er^{3+}$掺杂浓度的增加，$^4F_{7/2}+{}^4I_{11/2}\rightarrow{}^4F_{9/2}+{}^4F_{9/2}$ 过程使得 $^4F_{9/2}$ 能级布局的离子数增加，红光继续增强。

前面分析了$Er^{3+}$掺杂浓度对$Er^{3+}:Y_2O_3$上转换发光的影响，发现$^2H_{11/2}/^4S_{3/2}$能级的猝灭浓度为3 %。下面来研究掺杂$Bi^{3+}$之后，$Bi^{3+}$对$Er^{3+}$ $^2H_{11/2}/^4S_{3/2}$能级猝灭浓度的影响。图5.24为掺杂了1.5 %的$Bi^{3+}$后，$Er^{3+}:Y_2O_3$的上转换发光强度随$Er^{3+}$掺杂浓度的变化。为了清楚地描述绿光、红光的发光强度以及绿光与红光的光强比随$Er^{3+}$掺杂浓度的变化，给出图5.25和图5.26。从图中可以看出，在掺杂了1.5 %的$Bi^{3+}$后，$^2H_{11/2}/^4S_{3/2}$能级的猝灭浓度达到了5 %。也就是说，$Bi^{3+}$的掺杂使$Er^{3+}$ $^2H_{11/2}/^4S_{3/2}$能级的猝灭浓度增大了2 %。同时，对比图5.20和图5.26可以发现，掺杂了$Bi^{3+}$后绿光与红光的光强比与未掺杂$Bi^{3+}$的样品相比有所增大，说明$Bi^{3+}$的掺杂增强了绿光的发射，同时抑制了红光的发射。通过前面对发光过程的分析可知，$^2H_{11/2}/^4S_{3/2}$能级的发光猝灭来源于$^4F_{7/2}+{}^4I_{11/2}\rightarrow{}^4F_{9/2}+{}^4F_{9/2}$交叉弛豫传递过程（CR），而这一交叉弛豫则来源于近邻$Er^{3+}$的相互作用。大半径$Bi^{3+}$的掺杂可以使晶格膨胀，将样品中的$Er^{3+}$打散，从而不易形成$Er^{3+}$团簇，使近邻$Er^{3+}$之间的无辐射交叉弛豫过程减弱。因此，掺杂$Bi^{3+}$可以增大$Er^{3+}$在$Y_2O_3$中的猝灭浓度。掺杂$Bi^{3+}$后样品绿光与红光的光强比与未掺杂$Bi^{3+}$时相比有所增大，也证明了$Bi^{3+}$的掺杂降低了近邻$Er^{3+}$之间的交叉弛豫，从而减少了$^4F_{9/2}$能级的布局离子数，增加了$^2H_{11/2}/^4S_{3/2}$能级的布局离子数。

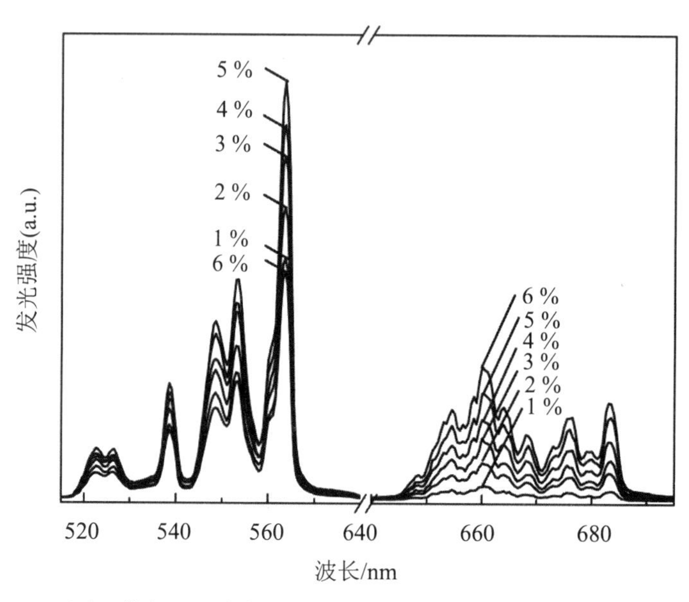


图5.24　980 nm泵浦下掺杂不同浓度$Er^{3+}$的$Bi^{3+}/Er^{3+}:Y_2O_3$粉体的绿光和红光上转换荧光光谱

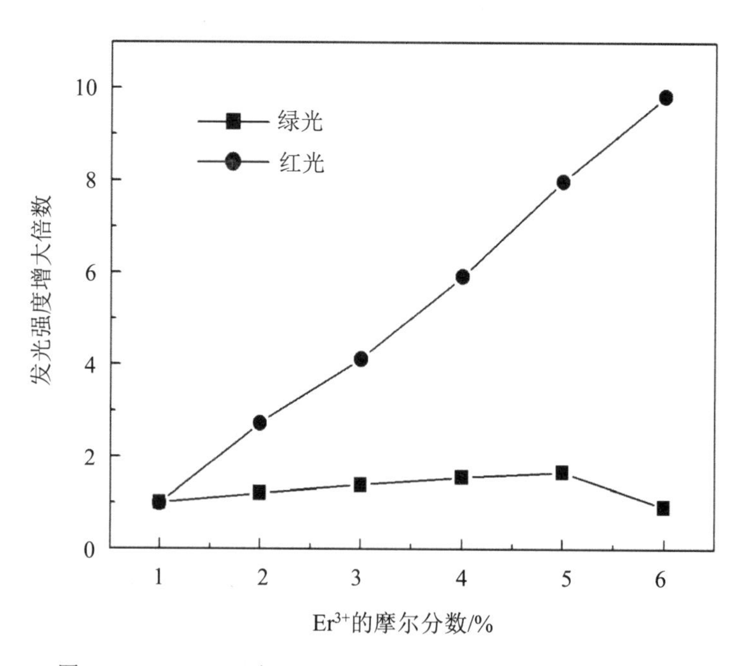


图 5.25　980 nm 泵浦下绿光、红光随 $Er^{3+}$掺杂浓度变化的曲线

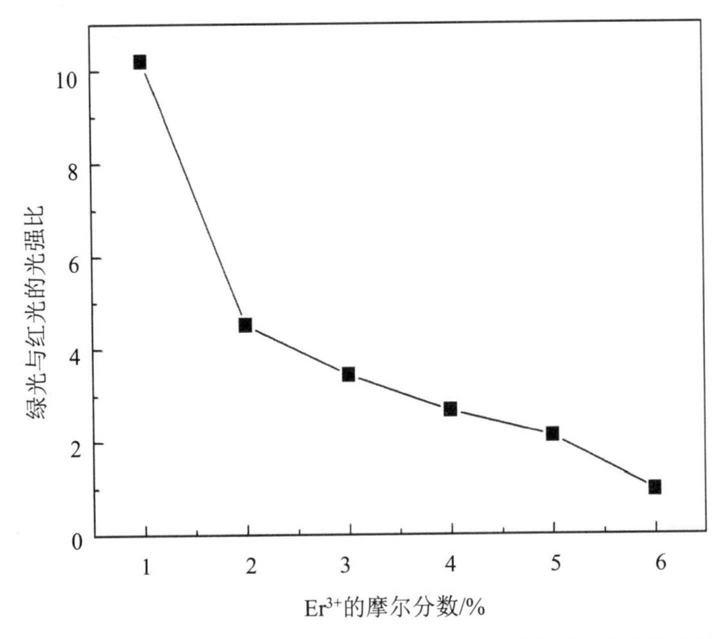


图5.26　980 nm泵浦下绿光与红光的光强比随$Er^{3+}$掺杂浓度变化的曲线

现已知在达到猝灭浓度之前，稀土离子的发光强度是随其掺杂浓度的增加而增强的。通过掺杂$Bi^{3+}$，$Er^{3+}$ $^2H_{11/2}/^4S_{3/2}$能级的猝灭浓度由3 %增加到5 %。关于在掺杂$Bi^{3+}$前后$Er^{3+}$ $^2H_{11/2}/^4S_{3/2}$能级最大发光强度会有何变化，下面就来讨论这个问题。

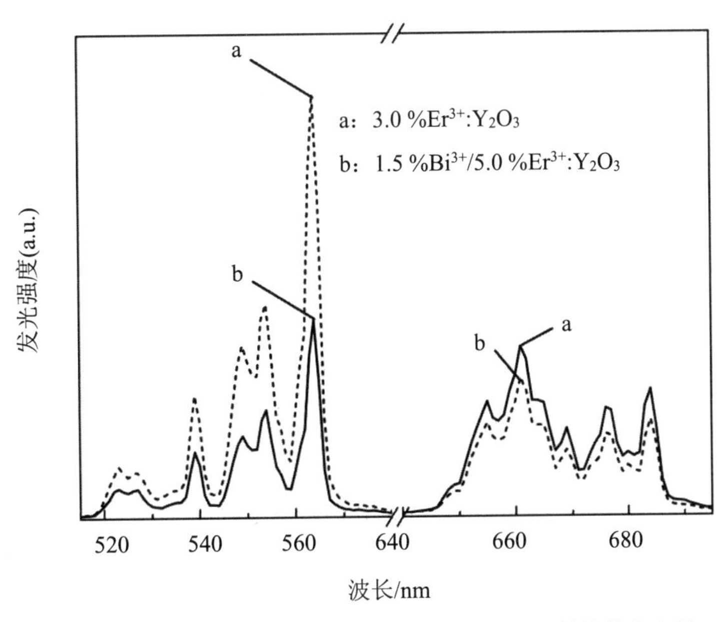


图5.27　980 nm泵浦下$Er^{3+}:Y_2O_3$粉体的绿光和红光上转换荧光光谱

图5.27为共掺杂1.5 % $Bi^{3+}$和5.0% $Er^{3+}$的$Y_2O_3$发光强度与掺杂3.0 %的$Er^{3+}$的$Y_2O_3$发光强度对比图。如图5.27所示，前者$^2H_{11/2}/^4S_{3/2}$能级的发光强度比后者有大幅度的增加。通过对$^2H_{11/2}/^4S_{3/2}$能级发光谱线的积分计算得出这一增加的倍数约为1.9倍。$^2H_{11/2}/^4S_{3/2}$能级发光的增强来源于以下两个原因：①$Bi^{3+}$的掺杂可以将近邻的$Er^{3+}$打散，减弱$Er^{3+}$之间的交叉弛豫过程（$^4F_{7/2}+^4I_{11/2}\rightarrow^4F_{9/2}+^4F_{9/2}$），增大$Er^{3+}$ $^2H_{11/2}/^4S_{3/2}$在$Y_2O_3$中的猝灭浓度，从而增加体系中发光离子吸收和发射的能量，提高体系的发光强度；②大半径的$Bi^{3+}$替代$Y_2O_3$中$Y^{3+}$位置时就会降低$Er^{3+}$周围的晶体场对称性，从而增大$Er^{3+}$的辐射跃迁概率，提高$Er^{3+}$的发光强度。无论是增加$Er^{3+}$ $^2H_{11/2}/^4S_{3/2}$能级在$Y_2O_3$中的猝灭浓度，还是增大$Er^{3+}$的辐射跃迁概率，都有利于增强$Er^{3+}$ $^2H_{11/2}/^4S_{3/2}$能级在$Y_2O_3$中的发光强度。同时，从图5.27中还可以看出，与掺杂3 %$Er^{3+}$的$Y_2O_3$样品相比，共掺杂1.5 %$Bi^{3+}$和5%$Er^{3+}$的$Y_2O_3$样品的绿光与红光的光强比有所增大。一般来说，随着$Er^{3+}$浓度的增大，近邻$Er^{3+}$之间的$^4F_{7/2}+^4I_{11/2}\rightarrow^4F_{9/2}+^4F_{9/2}$交叉弛豫作用会增强，从而使得$^4F_{9/2}$能级布局离子数增加，抑制绿光发射而增强红光发射，最终导致绿光与红光的光强比减小。在本实验中却发现绿光与红光的光强比在$Er^{3+}$掺杂浓度从3 %增加到5 %时就增大了，这是由于$Bi^{3+}$的掺杂打散了近邻$Er^{3+}$的团簇，削弱了近邻$Er^{3+}$之间的相互作用，减少了交叉弛豫，从而提高了绿光与红光的光强比。

本实验通过离子掺杂同时增强稀土离子的猝灭浓度和辐射跃迁概率，从而增强稀土离子发光强度的机制，不仅适用于$Bi^{3+}$和$Er^{3+}$共掺杂的$Y_2O_3$，也可以扩展到其他基质材料和稀土发光离子，为在实际应用中提高稀土离子发光强度提供了一种简单实用的思想。

## 5.5 本章小结

本章通过溶胶–凝胶法制备了 $Bi^{3+}/Er^{3+}$:$Y_2O_3$ 粉体，分析了在紫外激发和红外激发下 $Bi^{3+}$掺杂浓度对 $Er^{3+}$发光强度的影响，以及 $Bi^{3+}$掺杂对 $Er^{3+}$ $^2H_{11/2}/^4S_{3/2}$ 能级猝灭浓度的影响。

（1）紫外激发。由于$Bi^{3+}$的宽激发带覆盖的范围恰好与$Er^{3+}$的激发谱相交叠，$Bi^{3+}$吸收330 nm激发以后能够将能量有效地传递给$Er^{3+}$。因此，$Bi^{3+}$可以有效敏化$Er^{3+}$，提高其发光强度。当$Bi^{3+}$掺杂浓度达到2%时，$Er^{3+}$的发光强度达到最大值，其发光强度约增大了42倍。当$Bi^{3+}$掺杂浓度高于2 %以后，由于$Bi^{3+}$的猝灭效应，$Er^{3+}$的发光强度逐渐减弱。

（2）红外激发。由于 $Bi^{3+}$的有效离子半径大于 $Y^{3+}$的有效离子半径，当大半径的 $Bi^{3+}$

取代小半径的 $Y^{3+}$时，就会使 $Er^{3+}$周围晶体场对称性降低，增大辐射跃迁概率，从而使 $Er^{3+}$上转换发光强度增大。同时，$Bi^{3+}$的掺杂也会打散 $Er^{3+}$团簇，从而减小无辐射跃迁概率，提高 $Er^{3+}$的上转换发光效率。当 $Bi^{3+}$的掺杂浓度高于 1.5 %以后，$Bi_n^{3+}$ 团簇成为能量俘获中心，$Er^{3+}$的发光强度逐渐减弱。

$Bi^{3+}$掺杂可以打散 $Er^{3+}$团簇，减弱 $Er^{3+}$之间的交叉弛豫传递过程，增加 $Er^{3+}$ $^2H_{11/2}/^4S_{3/2}$ 能级的猝灭浓度。掺杂 1.5 %的 $Bi^{3+}$后，$Er^{3+}$ $^2H_{11/2}/^4S_{3/2}$ 能级的猝灭浓度从原来的 3 %增加到 5 %，其发光强度约提高了 1.9 倍。

在本章中，找到了新的敏化–激活离子组合，即 $Bi^{3+}$–$Er^{3+}$。通过掺杂 $Bi^{3+}$，从对 $Er^{3+}$敏化、增大 $Er^{3+}$辐射跃迁概率、增大 $Er^{3+}$ $^2H_{11/2}/^4S_{3/2}$ 能级猝灭浓度这三方面提高了 $Er^{3+}$的发光效率。

# 本章参考文献

[1] SARDAR D K, NASH K L, YOW R M, et al. Absorption intensities and emission cross section of intermanifold transition of $Er^{3+}$ in $Er^{3+}$:$Y_2O_3$ nanocrystals [J]. J. Appl. Phys., 2007, 101: 113115.

[2] CAPEK P, MIKA M, OSWALD J, et al. Effect of divalent cations on properties of $Er^{3+}$-doped silicate glasses [J]. Opt. Mater., 2004, 27: 331-336.

[3] DESIRENA H, ROSA E D, DIAZ-TORRES L A, et al. Concentration effect of $Er^{3+}$ ion on the spectroscopic properties of $Er^{3+}$ and $Yb^{3+}/Er^{3+}$ co-doped phosphate glasses [J]. Opt. Mater., 2006, 28: 560-568.

[4] LI Y H, ZHANG Y M, HONG G Y, et al. Up-conversion luminescence of $Y_2O_3$:$Er^{3+}$, $Yb^{3+}$ nanoparticles prepared by a homogeneous precipitation method [J]. J. Rare Earth, 2008, 26: 450-454.

[5] AUZEL F. Compteur quantique par transfert denergie entre deux ions de terres rares dans un tungstate mixte et dans un verre [J]. Compt. Rend. Acad. Sci. Paris B, 1966, 262B: 1016-1019.

[6] FUJIOKA K, SAIKI T, MOTOKOSHI S, et al. Luminescence properties of highly Cr

co-doped Nd:YAG powder produced by sol-gel method [J]. Journal of Luminescence, 2010, 130: 455-459.

[7] CHAN T S, KANG C C, LIU R S, et al. Combinatorial study of the optimization of $Y_2O_3$:Bi,Eu red phosphors [J]. J. Comb. Chem., 2007, 9: 343-346.

[8] JACOBSOHN L G, BLAIR M W, TORNGA S C, et al. $Y_2O_3$:Bi nanophosphor: Solution combustion synthesis, structure, and luminescence [J]. J Appl. Phys., 2008,104: 243031-243037.

[9] CHEN L, ZHENG H W, CHENG J G, et al. Site-selective luminescence of $Bi^{3+}$ in the $YBO_3$ host under vacuum ultraviolet excitation at low temperature [J]. J. Lumin., 2008, 128: 2027-2030.

[10] XU Q H, LIN B C, MAO Y L. Photoluminescence characteristics of energy transfer between $Er^{3+}$ and $Bi^{3+}$ in $Gd_2O_3$: $Er^{3+}$, $Bi^{3+}$ [J]. J. Lumin., 2008,128: 1965-1968.

[11] SHANNON R D. Revised effective ionic radii and systematic studies of interatomic distances in halides and chalcogenides [J]. Acta Cryst., 1976, A32: 751-767.

[12] WANG M Q, FAN X P, XIONG G H. Luminescence of $Bi^{3+}$ ions and energy transfer from $Bi^{3+}$ ions to $Eu^{3+}$ ions in silica glasses prepared by the sol-gel process [J]. J. Phys. Chem. Solids., 1995, 56: 859-862.

[13] VETRONE F, BOYER J C, CAPOBIANCO J A, et al. Significance of $Yb^{3+}$ concentration on the up-conversion mechanisms in codoped $Y_2O_3$:$Er^{3+}$, $Yb^{3+}$ nanocrystals [J]. J. Appl. Phys., 2004, 96: 661-667.

[14] SHIN S H, KANG J H, JEON D Y, et al. Enhancement of cathodoluminescence intensities of $Y_2O_3$:Eu and $Gd_2O_3$:Eu phosphors by incorporation of Li ions [J]. J. Lumin., 2005, 114: 275-280.

[15] YANG M Z, SUI Y, WANG S P, et al. Enhancement of up-conversion emission in $Y_3Al_5O_{12}$:$Er^{3+}$ induced by $Li^+$ doping at interstitial sites [J]. Chem. Phys. Lett., 2010, 492: 40-43.

[16] PANG X L, ZHANG Y, DING L H, et al. Up-conversion luminescence properties of

$Er^{3+}$–$Bi^{3+}$ codoped $CaSnO_3$ nanocrystals with perovskite [J]. J. Nano. Nanotech., 2010, 10: 1860-1864.

[17] FU Y P, WEN S B, HSU C S. Preparation and characterization of $Y_3Al_5O_{12}$:Ce and $Y_2O_3$:Eu phosphors powders by combustion process [J]. J. Alloy. Compd., 2008, 485: 318-322.

# 第6章　$Li^{+}/Er^{3+}$:$Y_2O_3$纳米粉体的制备及上转换发光性能

## 6.1　引　　言

第5章介绍了$Bi^{3+}$掺杂对$Er^{3+}$发光行为的影响。由于$Bi^{3+}$和$Er^{3+}$的有效离子半径与$Y^{3+}$相近，因此，$Bi^{3+}$和$Er^{3+}$可以容易地替代$Y^{3+}$而进入$Y_2O_3$的格位。此外，$Bi^{3+}$的半径0.103 nm大于$Y^{3+}$的半径0.090 nm，当$Bi^{3+}$替代$Y^{3+}$而进入$Y_2O_3$的格位时会导致晶格畸变，从而使$Er^{3+}$周围局域晶体场对称性降低，增大$Er^{3+}$ 4f能级的辐射跃迁概率，从而提高$Er^{3+}$在980 nm激发下的发光强度。同时，根据第5章的研究结论，由于$Bi^{3+}$的半径大于$Y^{3+}$的半径，$Bi^{3+}$的引入使$Er^{3+}$ $^2H_{11/2}/^4S_{3/2}$能级的猝灭浓度提高了2 %，其$^2H_{11/2}/^4S_{3/2}$能级发光强度提高1.9。与$Bi^{3+}$相反，$Li^{+}$是元素周期表中半径最小的金属离子，其半径为0.089 nm。由于$Li^{+}$半径小，价态低，因此，$Li^{+}$被引入不同的基质材料，如稀土离子掺杂的ZnO、$Yb^{3+}$和$Er^{3+}$共掺杂的$NaGdF_4$和$Eu^{3+}$掺杂的$YPO_4$，作为共掺杂离子和电荷补偿来改善稀土离子的发光性能。本书将$Li^{+}$掺杂在$Y_2O_3$基质材料中，由于$Li^{+}$半径很小，$Li^{+}$替代$Y^{3+}$而进入$Y_2O_3$的格位时同样会导致晶格发生畸变，从而降低$Er^{3+}$周围局域晶体场对称性，增大$Er^{3+}$ 4f能级的辐射跃迁概率。同时，小半径$Li^{+}$的掺杂会造成相邻$Er^{3+}$之间距离的变化，对$Er^{3+}$ $^2H_{11/2}/^4S_{3/2}$能级的猝灭浓度也会产生影响。

本章中将讨论$Li^{+}$掺杂对$Er^{3+}$:$Y_2O_3$晶体结构及发光行为的影响，分析其中的物理机制，为探索提高稀土离子发光强度的方法提供了新的思路。

## 6.2　$Li^{+}/Er^{3+}:Y_2O_3$纳米粉体的制备及表征

### 6.2.1　溶胶–凝胶法制备 $Li^{+}$掺杂 $Er^{3+}:Y_2O_3$纳米粉体

$Li^{+}$掺杂 $Er^{3+}:Y_2O_3$粉体采用溶胶–凝胶法制备。其中 $Er^{3+}$掺杂浓度为 1 %、2 %、3 %、4 %，$Li^{+}$掺杂浓度为 1 %、3 %、5 %、7 %、9 %，初始反应物为纯度 99.99%的 $Y_2O_3$和 $Er_2O_3$粉体以及分析纯的 $Li_2CO_3$和柠檬酸。将 $Y_2O_3$、$Er_2O_3$和 $Li_2CO_3$溶于硝酸配制成一定浓度的硝酸盐溶液，按照样品所需的物质的量比例量取一定体积的上述硝酸盐溶液并将其混合搅拌。待搅拌均匀，加入物质的量为溶液中阳离子数总和 2 倍的柠檬酸，并在 80 ℃下恒温搅拌至其成为凝胶。将凝胶放入烘箱中，快速加热到 200 ℃，使凝胶发生自燃烧过程，得到黄色蓬松前驱体。将所得到的前驱体在 800 ℃空气中煅烧 2 h，得到白色粉末。其流程图如图 6.1 所示。

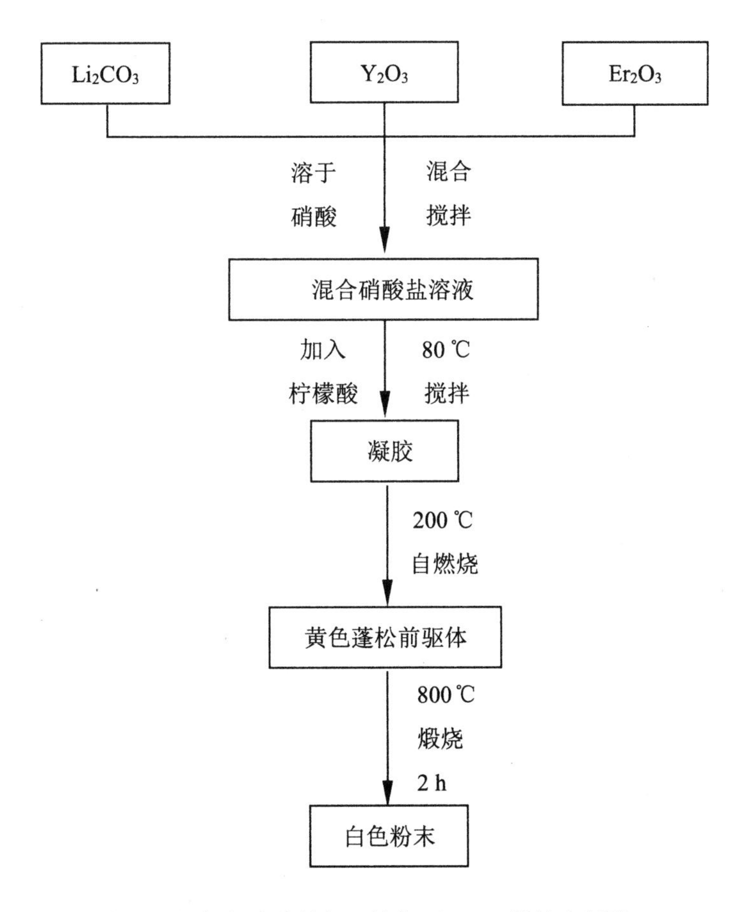


图6.1　溶胶–凝胶法制备$Li^{+}$掺杂$Er^{3+}:Y_2O_3$粉体流程图

### 6.2.2 $Li^+$掺杂 $Er^{3+}:Y_2O_3$ 纳米粉体的表征方法

样品的 XRD 测试是利用 Rigaku D/max−γB 型 X 射线衍射仪，采用的是 Cu 靶 $K_\alpha$ 射线($\lambda=0.154\ 18$ nm)，测量步长为 0.02°，测量范围为 20°～80°。紫外激发荧光测试由 Hitachi F–4500 荧光分光光度计测得，测量温度为室温，测量电压为 700 V，扫描速度为 240 nm/min，激发和发射缝宽均为 2.5 nm。上转换发光测量以 980 nm 半导体二极管激光器为泵浦光源，经过透镜聚焦后照射到样品表面，样品与光谱仪狭缝平行放置，样品发射的荧光通过狭缝进入分光光度计，由分光光度计内部光栅将荧光反射到光电倍增管，再由连接到光电倍增管上的数据采集卡将所得数据传输到电脑上，得到荧光光谱。测量步长为 0.3 nm，最大测试功率为 200 mW。测试发光强度与激发功率依赖关系时，激发功率递增步长为 25 mW。样品的微观形貌是利用 JOEL2010F TEM 观察。TEM 测试将样品超声分散于无水乙醇中制成很稀的均匀悬浊液，取少量使其均匀分散在铜网上，在 TEM 下观测其微观形貌。

## 6.3 $Li^+/Er^{3+}:Y_2O_3$ 纳米粉体的上转换发光性能

### 6.3.1 $Li^+/Er^{3+}:Y_2O_3$ 纳米粉体的结构

$Li^+/Er^{3+}:Y_2O_3$ 系列样品的室温 XRD 谱图如图 6.2 所示。XRD 谱图表明，所有样品均为单相的 $Y_2O_3$ 立方结构（JCPDS 86–1107），没有观察到其他杂相。这表明 $Li^+$ 和 $Er^{3+}$ 成功地掺入了 $Y_2O_3$ 晶格中，两种离子的掺杂并没有改变 $Y_2O_3$ 的晶体结构。但是，随着 $Li^+$ 掺杂浓度的改变，衍射峰的峰位却发生了移动。为了更清晰地观察衍射峰的移动情况，将掺杂不同浓度 $Li^+$ 的 $Y_2O_3$ 粉体的主衍射峰（222）局部放大，如图 6.3 所示。从图 6.3 中可以明显看出，在 $Li^+$ 掺杂浓度增加到 5 %之前，衍射峰的峰位随着 $Li^+$ 掺杂浓度的增加向高角度方向移动。而当 $Li^+$ 掺杂浓度达到 7 %时，衍射峰的峰位向低角度方向回移。衍射峰位的这种移动表明当 $Li^+$ 掺杂浓度从 1%增加到 5%的过程中，$Y_2O_3$ 的晶格随着 $Li^+$ 掺杂浓度的增加而收缩；而当 $Li^+$ 掺杂浓度达到 7 %时，$Y_2O_3$ 的晶格则随着 $Li^+$ 掺杂浓度的增加而膨胀。

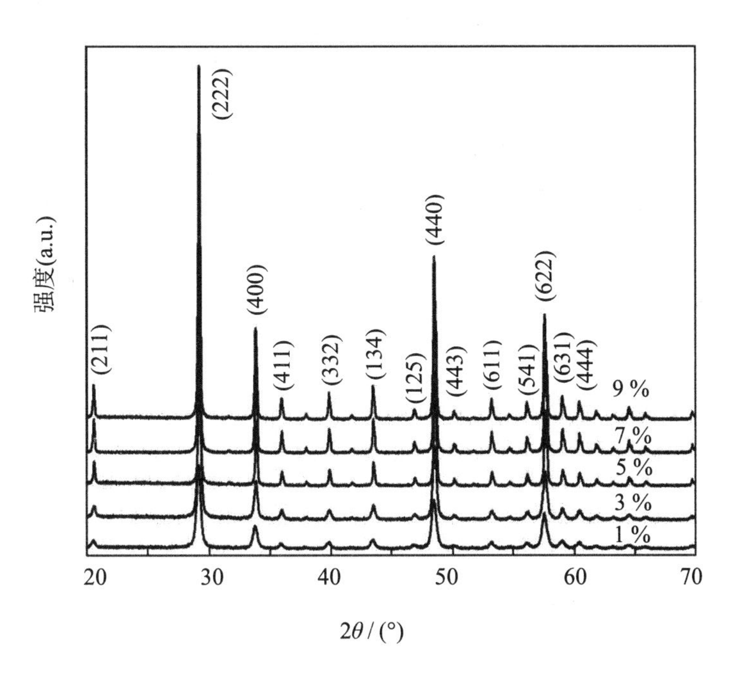


图6.2　掺杂不同浓度$Li^{+}$的$Er^{3+}:Y_2O_3$粉体的室温XRD谱图

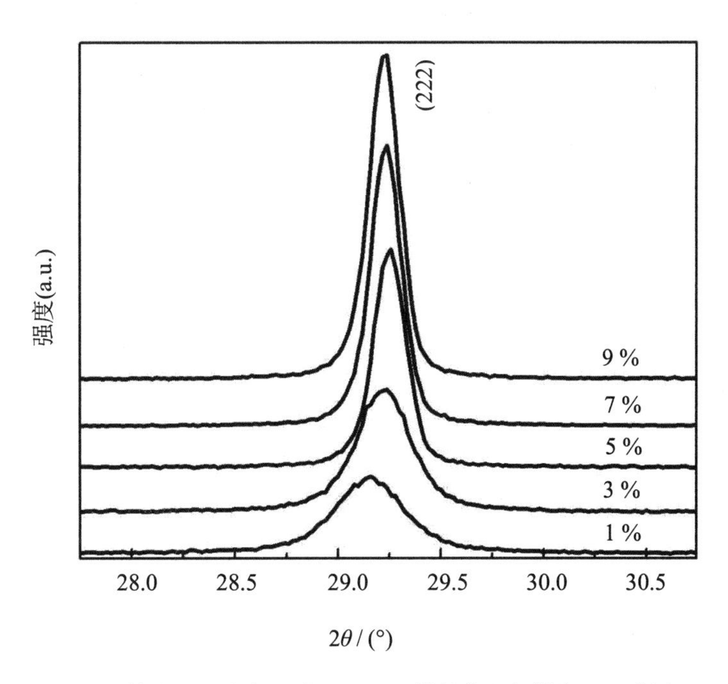


图6.3　掺杂不同浓度$Li^{+}$的$Er^{3+}:Y_2O_3$粉体的主衍射峰XRD谱图

晶格的收缩和膨胀与掺杂离子的离子半径，即 $Er^{3+}$、$Li^+$和 $Y^{3+}$的离子半径，有着密切的关系。$Y^{3+}$、$Er^{3+}$和 $Li^+$的有效离子半径分别为 0.090 nm、0. 089 nm 和 0.076 nm 。$Er^{3+}$的离子半径与 $Y^{3+}$的离子半径非常相近，因此，$Er^{3+}$的掺杂不会对 $Y_2O_3$ 的晶格产生很大影响。$Li^+$的离子半径相对于 $Y^{3+}$的离子半径小很多，当小半径的 $Li^+$替代基质材料中 $Y^{3+}$的位置时，就会导致晶格缩小；而当 $Li^+$处于晶格的填隙位置时，则会导致晶格膨胀。由此得出，当 $Li^+$掺杂浓度低于 5%时，$Li^+$替代基质中的 $Y^{3+}$，处于替代位；而当 $Li^+$掺杂浓度为 7%时，$Li^+$开始占据晶格中的填隙位置。表 6.1 为掺杂不同浓度 $Er^{3+}$和 $Li^+$的 $Y_2O_3$ 的晶格常数。从表 6.1 中可以看出，由于 $Li^+$的离子半径小于 $Y^{3+}$的离子半径，掺杂 $Li^+$后 $Y_2O_3$ 的晶格常数减小，因此，近邻 $Er^{3+}$之间的距离随着 $Li^+$的掺杂而减小。

**表6.1　掺杂不同浓度$Er^{3+}$和$Li^+$的 $Y_2O_3$的晶格常数**

| 样品 | 1.0 %<br>$Er^{3+}$:$Y_2O_3$ | 5.0 %<br>$Li^+$/1.0 % $Er^{3+}$:$Y_2O_3$ |
|---|---|---|
| 晶格常数/Å | 10.600 2 | 10.589 0 |

### 6.3.2　$Li^+$掺杂 $Er^{3+}$: $Y_2O_3$ 纳米粉体的上转换发光性能

图 6.4 所示为 980 nm 激发下掺杂不同浓度 $Li^+$的 $Er^{3+}$:$Y_2O_3$ 粉体的绿光和红光上转换荧光光谱。图中位于 515～640 nm 的绿光发射来源于 $^2H_{11/2}/^4S_{3/2}\rightarrow^4I_{15/2}$ 跃迁，位于 640～695 nm 的红光发射来源于 $^4F_{9/2}\rightarrow^4I_{15/2}$ 跃迁。如图 6.4 所示，当 $Li^+$掺杂浓度在 1 %～5 %时，绿光发射明显增强。$Li^+$掺杂浓度为 5 %时，发光强度比未掺杂 $Li^+$时增强了约 3.4 倍。但是，当掺杂浓度超过 7 %以后，其发光强度减弱。如前所述，小半径 $Li^+$可以占据替代基质材料中的 $Y^{3+}$，处于替代位置也可能占据晶格中的填隙位置。替代位置和填隙位置的 $Li^+$都将破坏 $Er^{3+}$周围的晶体场对称性，因此，$Li^+$的掺杂可以打破禁戒的电偶极跃迁，提高辐射跃迁概率，从而提高 $Er^{3+}$的发光强度。同时，$Li^+$掺杂能够减少样品表面所吸附的 $CO_3^{2-}$ 和 $OH^-$基团，减小无辐射跃迁概率，从而提高 $Er^{3+}$的发光强度。

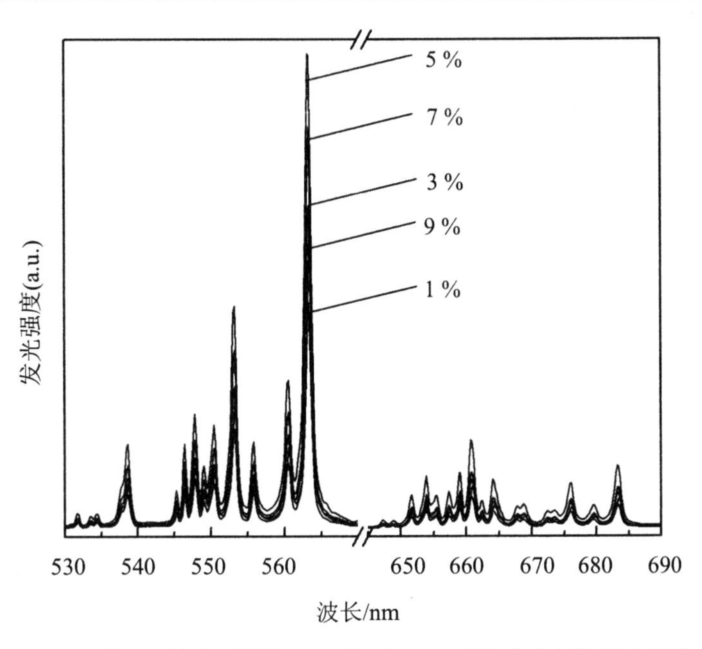


图6.4　980 nm激发下掺杂不同浓度$Li^+$的$Er^{3+}:Y_2O_3$粉体的上转换荧光光谱

图 6.5 所示为 980 nm 激发下掺杂不同浓度 $Er^{3+}$的 $Er^{3+}:Y_2O_3$ 粉体的绿光和红光上转换荧光光谱。其中 $Er^{3+}$的掺杂浓度为 1 %、2 %、3 %、4 %。如图 6.5 所示，随着 $Er^{3+}$掺杂浓度从 1 %增加到 3 %时，绿光和红光的发光强度逐渐增大。当 $Er^{3+}$掺杂浓度超过 3 %以后 $^2H_{11/2}/^4S_{3/2}\rightarrow{}^4I_{15/2}$ 跃迁所对应的绿光发射明显减弱。然而，$^4F_{9/2}\rightarrow{}^4I_{15/2}$ 跃迁所对应的红光发射随着 $Er^{3+}$掺杂浓度的增加继续增强。

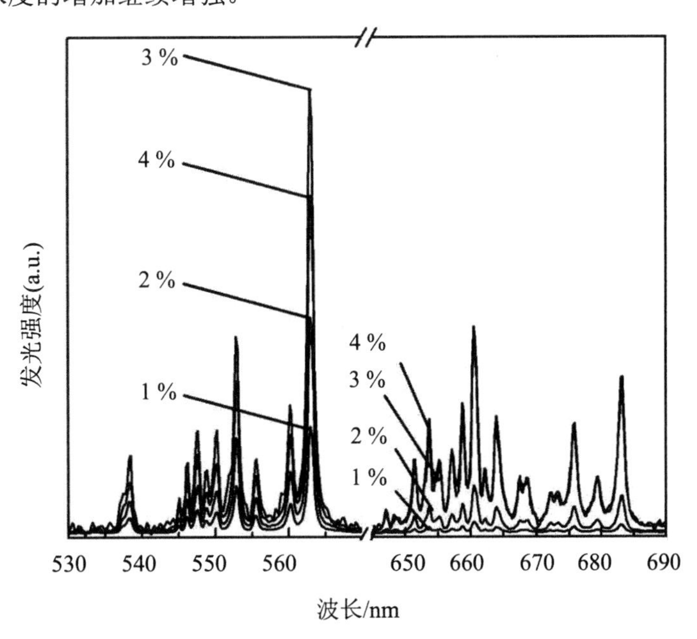


图6.5　980 nm激发下掺杂不同浓度$Er^{3+}$的$Er^{3+}:Y_2O_3$粉体的上转换荧光光谱

图 6.6 和图 6.7 分别给出了掺杂不同浓度 $Er^{3+}$时，绿光、红光的发光强度和绿光与红光的光强比的变化情况。从图中可以看出绿光的猝灭浓度为 3 %，随着 $Er^{3+}$掺杂浓度的增加，绿光与红光的光强比逐渐减小。

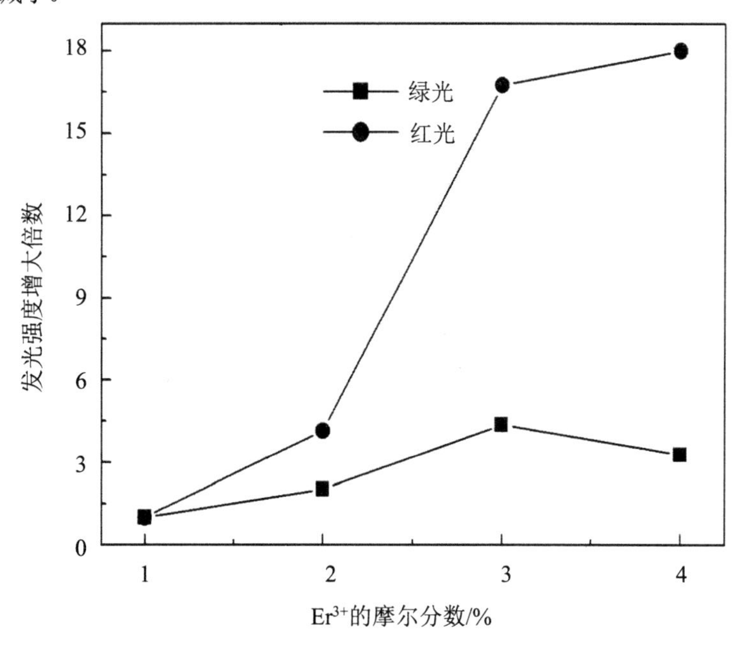


图6.6　980 nm激发下掺杂不同浓度$Er^{3+}$的绿光、红光发光强度变化图

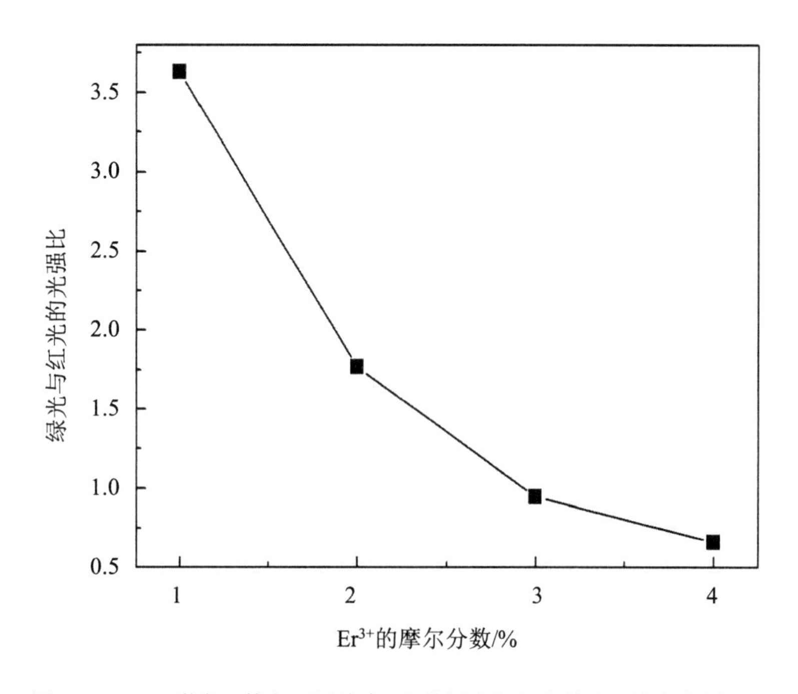


图6.7　980 nm激发下掺杂不同浓度$Er^{3+}$的绿光与红光的光强比变化图

图 6.8 为 980 nm 激发下 $Er^{3+}$ 在 $Er^{3+}:Y_2O_3$ 粉体中的能级图及上转换机制示意图。如图 6.8 所示，$Er^{3+}$ 首先通过基态吸收过程（GSA）从基态被激发到 $^4I_{11/2}$ 能级，随后，无辐射弛豫到 $^4I_{13/2}$ 能级。在此之后，$^4I_{11/2}$ 和 $^4I_{13/2}$ 能级的 $Er^{3+}$ 将进一步分别通过激发态吸收过程（ESA）和能量传递上转换过程（ETU）被激发到 $^4F_{7/2}$ 和 $^4F_{9/2}$ 能级。接着，发生了无辐射跃迁过程，因此，$^2H_{11/2}/^4S_{3/2}$ 和 $^4F_{9/2}$ 能级的 $Er^{3+}$ 数增多。最后，由于 $^2H_{11/2}/^4S_{3/2}\rightarrow{}^4I_{15/2}$ 跃迁和 $^4F_{9/2}\rightarrow{}^4I_{15/2}$ 跃迁分别产生了绿光和红光发射。如图 6.8 所示，$^4F_{9/2}$ 能级的 $Er^{3+}$ 数通过两个共振传递 $^4F_{7/2}\rightarrow{}^4F_{9/2}$ 和 $^4F_{9/2}\leftarrow{}^4I_{11/2}$ 而增多。两个共振传递的发生概率将随着 $Er^{3+}$ 之间的距离减小而增大。随着 $Er^{3+}$ 掺杂浓度的增加，$Er^{3+}$ 之间的距离减小，$^4F_{9/2}$ 能级的 $Er^{3+}$ 增多，导致 $^4F_{9/2}\rightarrow{}^4I_{15/2}$ 跃迁增加，相反 $^2H_{11/2}/^4S_{3/2}\rightarrow{}^4I_{15/2}$ 跃迁被压制。因此，从图 6.7 可以看出，随着 $Er^{3+}$ 掺杂浓度增加，绿光和红光的光强比减小。

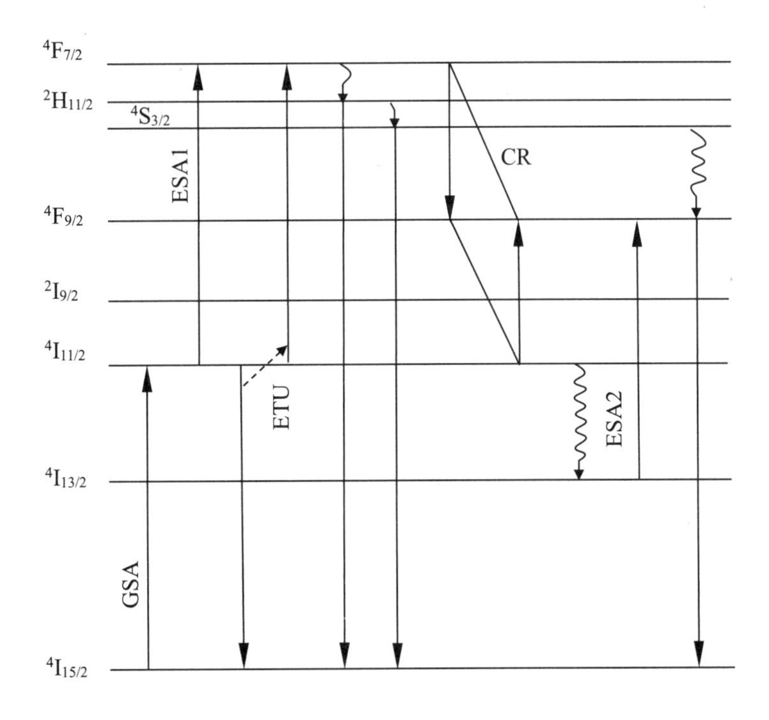


图6.8　980 nm激发下 $Er^{3+}$ 在 $Er^{3+}:Y_2O_3$ 粉体中的能级图及上转换机制示意图

图 6.9 为 980 nm 激发下 $Li^+/Er^{3+}:Y_2O_3$ 粉体的荧光光谱。其中 $Li^+$ 掺杂浓度为 5 %，$Er^{3+}$ 掺杂浓度为 1 %、2 %、3 %、4 %。如图 6.9 所示，掺杂 5 %$Li^+$ 后 $Er^{3+}$ $^2H_{11/2}/^4S_{3/2}\rightarrow{}^4I_{15/2}$ 跃迁的猝灭浓度为 2.0 %。而未掺杂 $Li^+$ 时 $Er^{3+}$ $^2H_{11/2}/^4S_{3/2}\rightarrow{}^4I_{15/2}$ 跃迁的猝灭浓度为 3.0%（图 6.6）。因此，掺杂 $Li^+$ 后，$Er^{3+}$ $^2H_{11/2}/^4S_{3/2}\rightarrow{}^4I_{15/2}$ 跃迁的猝灭浓度降低了。图 6.10 和图 6.11 分别为 980 nm 激发下 $Li^+/Er^{3+}:Y_2O_3$ 粉体的绿光、红光的发光强度和绿光与红光光强比变化图。如图 6.10 和图 6.11 所示，与未掺杂 $Li^+$ 相比（图 6.6 和图 6.7），$Er^{3+}$ 的绿光发射增

强，红光发射减弱，绿光与红光的光强比也随之增大。

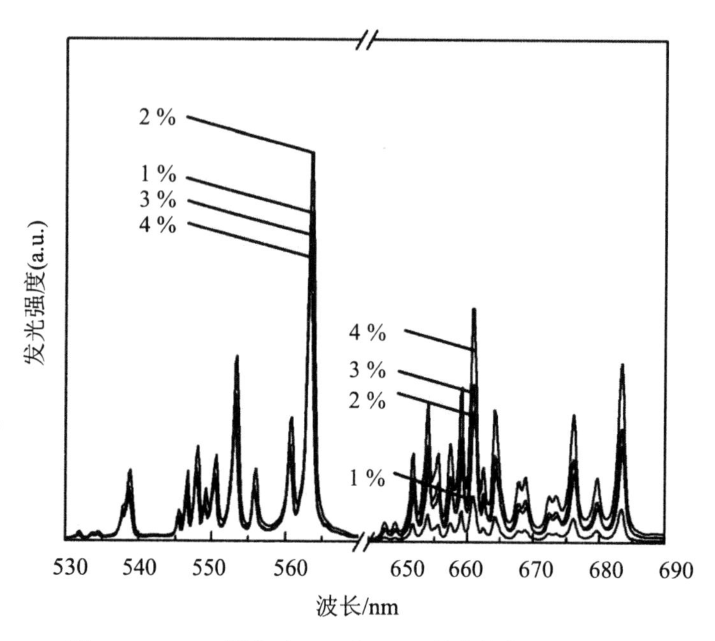


图 6.9　980 nm 激发下 $Li^{+}/Er^{3+}:Y_2O_3$ 粉体的荧光光谱

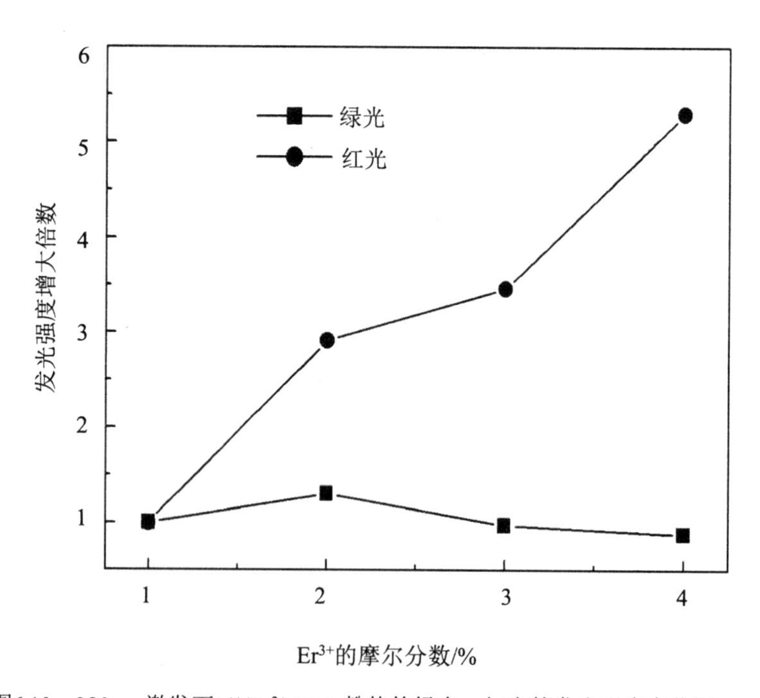


图6.10　980 nm激发下$Li^{+}/Er^{3+}:Y_2O_3$粉体的绿光、红光的发光强度变化图

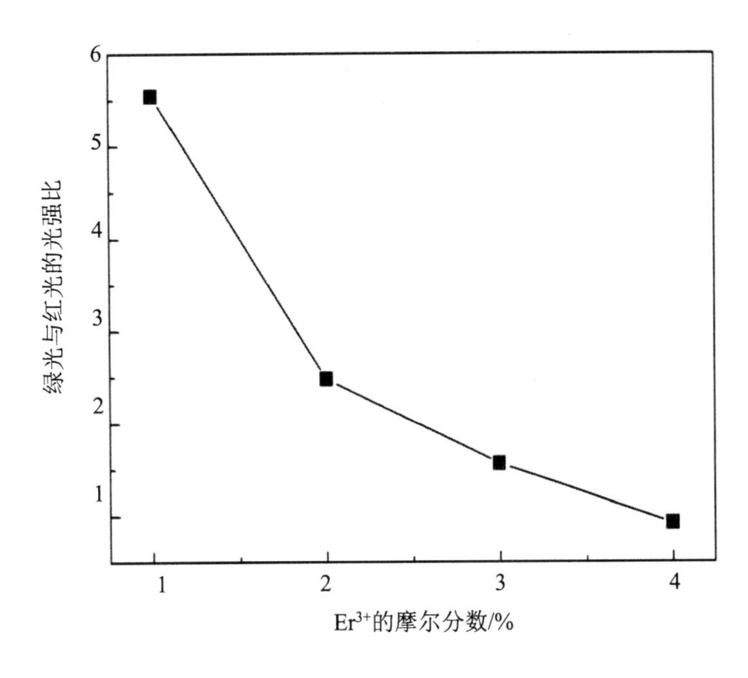


图 6.11　980 nm 激发下 $Li^{+}/Er^{3+}:Y_2O_3$ 粉体的绿光与红光的光强比变化图

图 6.12 和图 6.13 为掺杂不同离子的 $Y_2O_3$ 粉体的 TEM 图。其中，图 6.12 为未掺杂 $Li^{+}$ 且掺杂 3 % $Er^{3+}$时 $Y_2O_3$ 粉体的 TEM 图，图 6.13 为掺杂 5 % $Li^{+}$和 3 % $Er^{3+}$的 $Y_2O_3$ 粉体的 TEM 图。如图 6.12 和图 6.13 所示，只掺杂 3 % $Er^{3+}$时 $Y_2O_3$ 粉体中没有 $Er^{3+}$团簇，而共掺杂 5 % $Li^{+}$和 3 % $Er^{3+}$时的 $Y_2O_3$ 粉体中有一些明显的 $Er^{3+}$团簇（如图 6.13 中箭头处所示）。如前所述，掺杂了小半径的 $Li^{+}$后，$Y_2O_3$ 的晶格常数减小，这样近邻 $Er^{3+}$之间的距离减小，因此导致了 $Er^{3+}$发生团簇。因此，近邻 $Er^{3+}$之间的相互作用增强，导致 $Er^{3+}$ $^2H_{11/2}/^4S_{3/2}\rightarrow{}^4I_{15/2}$ 跃迁的猝灭浓度减小。掺杂小半径的 $Li^{+}$后，绿光与红光的光强比与未掺杂 $Li^{+}$相时相比是增大了，如图 6.7 和图 6.11 所示。结果表明，掺杂 $Li^{+}$后，$^4F_{7/2}\rightarrow{}^4F_{9/2}$ 和 $^4F_{9/2}\leftarrow{}^4I_{11/2}$ 交叉弛豫增加。

图6.12　掺杂3 % $Er^{3+}$的$Y_2O_3$粉体的TEM图

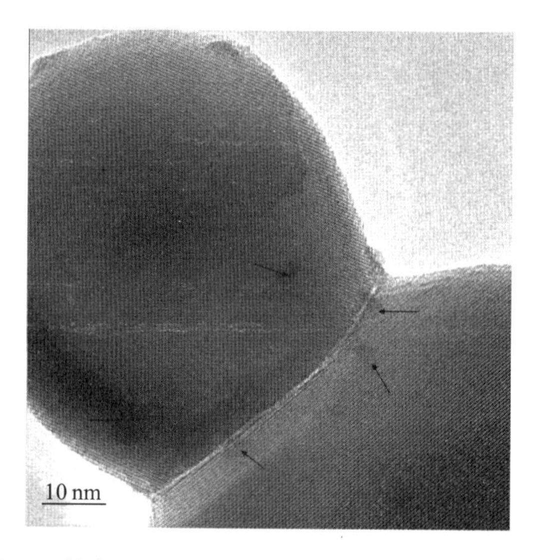


图6.13　掺杂5 % $Li^+$和3 % $Er^{3+}$的$Y_2O_3$粉体的TEM图

## 6.4　本 章 小 结

本章利用溶胶–凝胶法制备了 $Li^+$掺杂的 $Er^{3+}$:$Y_2O_3$ 粉体，并对其晶体结构和发光性能做了系统分析，得到以下结论：

（1）XRD 谱图表明，$Li^+$和 $Er^{3+}$成功地掺入了 $Y_2O_3$ 晶格中，两种离子的掺杂并没有改变 $Y_2O_3$ 的晶体结构。当 $Li^+$掺杂浓度低于 5 %时，$Li^+$处于晶格替代位置；而当 $Li^+$掺杂浓度达到 7 %时，$Li^+$占据晶格中的填隙位置。掺杂 1 %$Li^+$后 $Y_2O_3$ 的晶格常数为 10.600 2 nm，掺杂 5 %$Li^+$后 $Y_2O_3$ 的晶格减小到 10.589 0 nm。

（2）本章研究了 $Li^+$掺杂对 $Er^{3+}$ $^2H_{11/2}/^4S_{3/2}$ 能级猝灭浓度的影响。没有 $Li^+$掺杂时，$Er^{3+}$ $^2H_{11/2}/^4S_{3/2}$ 能级猝灭浓度为 3 %。掺杂 5 %$Li^+$后 $Er^{3+}$ $^2H_{11/2}/^4S_{3/2}$ 能级猝灭浓度降低到 2 %。这是由于掺杂 $Li^+$后 $Y_2O_3$ 的晶格常数减小，近邻 $Er^{3+}$之间的距离减小。因此，形成了 $Er^{3+}$ 团簇，导致 $Er^{3+}$ $^2H_{11/2}/^4S_{3/2}$ 能级猝灭浓度降低。虽然掺杂 $Li^+$降低了 $Er^{3+}$ $^2H_{11/2}/^4S_{3/2}$ 能级猝灭浓度，但是掺杂小半径的 $Li^+$能够打破 $Er^{3+}$的晶体场对称性，从而增大 $Er^{3+}$的辐射跃迁概率。掺杂 5.0 %$Li^+$后其绿光发光强度约提高了 3.4 倍。

# 本章参考文献

[1] SHANNON R D. Revised effective ionic radii and systematic studies of interatomic distances in halides and chalcogenides [J]. Acta Cryst., 1976, A32: 751-767.

[2] YANG M Z, SUI Y, WANG S P, et al. Effects of $Bi^{3+}$ doping on the optical properties of $Er^{3+}:Y_2O_3$ [J]. J. Alloy Compd., 2011, 509: 827-830.

[3] LI H L, ZHANG Z, HUANG J Z, et al. Optical and structural analysis of rare earth and Li co-doped ZnO nanoparticle [J]. J. Alloy Compd., 2013, 550: 526-530.

[4] CHENG Q, SUI J H, CAI W. Enhanced up-conversion emission in $Yb^{3+}$ and $Er^{3+}$ codoped $NaGdF_4$ nanocrystals by introducing $Li^+$ ions [J]. Nanoscale, 2012, 4:779-784.

[5] ZHANG L X, JIU H F, FU Y H, et al. Preparation and photoluminescence enhancement of $Li^+$ and $Eu^{3+}$ codoped $YPO_4$ hollow microspheres [J]. Journal of Rare Earths, 2013, 31(5): 449-455.

[6] HYEON K A, BYEON S H, PARK J C, et al. Highly enhanced photoluminescence of $SrTiO_3$:Pr by substitution of (Li-0.5, La-0.5) pair for Sr [J]. Solid State Commun., 2000, 115: 99-104.

[7] VETRONE F, BOYER J C, CAPOBIANCO J A, Significance of $Yb^{3+}$ concentration on the up-conversion mechanisms in codoped $Y_2O_3$: $Er^{3+}$, $Yb^{3+}$ nanocrystals [J]. J. Appl. Phys., 2004, 96 :661.

# 第 7 章 $Li^{+}/Er^{3+}$:YAG 纳米粉体的制备及上转换发光性能

## 7.1 引　　言

本书前两章以 $Y_2O_3$ 为基质材料，从影响稀土发光材料发光效率的物理机制出发，找到了提高发光效率简单易行的方法。在氧化物基质材料中，除了 $Y_2O_3$ 以外，$Y_3Al_5O_{12}$（YAG）也是重要的基质材料。目前，以透明陶瓷材料代替传统采用的单晶和玻璃材料作为固体激光器的工作物质成为研究的热门课题。YAG 具有优良物化和光学性能，而且容易烧制成透明陶瓷，使之成为激光透明陶瓷中研究的热点材料。本章将研究稀土离子掺杂 YAG 粉体的发光性质，这对 YAG 透明陶瓷的研究有一定的指导意义。

由于稀土上转换发光材料具有很强的实用性，近年来倍受关注。上转换发光过程是多光子过程，发光离子在各能级之间跃迁时难免会发生无辐射跃迁过程，从而降低稀土离子的发光效率。因此，如何提高稀土离子的上转换发光效率仍然是个难题。影响稀土离子上转换效率的两个主要因素是：跃迁选择定则造成的 4f 组态内能级之间禁戒的电偶极跃迁，以及基质材料的高声子能量造成的无辐射跃迁。由第 5 章和第 6 章的讨论结果可知，当稀土离子周围的晶体场对称性遭到破坏时，4f 电子禁戒的电偶极跃迁是可以部分解除的；而将带有高振动频率的原子基团从基质材料中去除则可以减少无辐射跃迁过程。$Li^{+}$掺杂可以提高 $Ho^{3+}/Yb^{3+}$:$Y_2O_3$ 和 $Eu^{3+}$:$Y_2O_3$ 中稀土离子的发光强度。研究认为 $Li^{+}$增强稀土离子发光强度的机制来源于 $Li^{+}$不仅能够打破稀土离子周围晶体场的对称性，而且能够减少基质表面吸附的$CO_3^{2-}$和$OH^-$高能振动基团。也就是说，掺杂$Li^+$不仅可以增大稀土离子的辐射跃迁概率，还可以减小能级间的无辐射跃迁概率。但是，究竟哪一种机制在提高稀土离子发光强度中处于主导地位还没有得出定论。Lopez 等报道，掺杂浓度为 1.0 %的$Li^+$使得 YAG:$Tm^{3+}$的蓝光发射增加了 87%。但是，对$Li^+$在发光增强中所起的作用并没有给出详细的解释。此外，由于$Li^+$半径较小，其不仅可以进入晶格的替代位，也可以占据晶格的填隙位。而目前对于$Li^+$掺杂的研究主要集中在替代位掺杂，而关于填隙位$Li^+$对发光特性影响的研究很少。此外，由于$Er^{3+}$能级可以有效吸收 980 nm 泵浦，且其$^4I_{11/2}$能级寿命较长，$Er^{3+}$:YAG 已经成为 980 nm 泵浦上转换发光的热点研究体系。

本章将讨论当$Li^+$掺杂浓度不同时，$Li^+$在晶格中的占位情况，$Li^+$处于不同占位时对$Er^{3+}$:YAG 发光行为的影响，以及产生影响的物理机制，探索大幅提高稀土离子发光效率的方法。

## 7.2　YAG 的结构和物化性能

钇铝石榴石 YAG 的分子式为$Y_3Al_5O_{12}$，属于立方晶系，空间群为$O_h^{10}$–$Ia3d$。每个晶胞中有 8 个$Y_3Al_5O_{12}$分子。其中$Al^{3+}$有两种占位，分别为四面体中心和八面体的中心位置，$O^{2-}$位于四面体和八面体的角上。这些四面体和八面体的顶角相连，形成一些正十二面体的空隙，这些空隙实际上是畸变的立方，每个顶角都由$O^{2-}$占据，而$Y^{3+}$占据在十二面体的中心位置。稀土离子与$Y^{3+}$具有相近的有效离子半径，容易进入 YAG 晶格，取代$Y^{3+}$的位置而占据在十二面体中心位置，从而实现稀土离子的掺杂。$Al^{3+}$的半径小，不易被稀土离子取代实现掺杂。YAG 结构如图 7.1 所示。

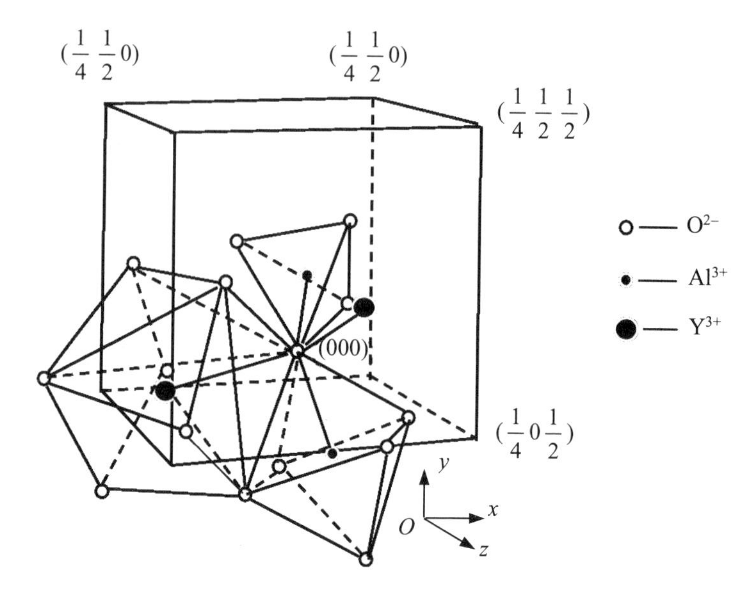


图7.1 YAG结构中四面体、八面体和十二面体的配位

YAG具有稳定的晶体结构，同时具有非常优良的物化性能和光学性能：①熔点高，约为1 950 ℃；②化学稳定性好，不溶于硫酸、盐酸、硝酸、氢氟酸，在高于250 ℃时溶于磷酸；③具有较高的机械性能，其莫氏硬度为8～8.5；④热导率高，可以将工作时产生的热量及时地传导出去，以适应恶劣的工作环境；⑤热膨胀系数较小，不易因受热而发生形变；⑥其透光范围广，可覆盖250～5 000 nm的范围，适合作为固体激光器的工作物质；⑦$Y^{3+}$为三价且其离子半径与其他稀土离子相近，有利于稀土离子的掺杂且进行三价稀土离子的掺杂时不存在电荷补偿。如上所述，YAG几乎具有作为发光基质材料的所有优点，是目前应用最为广泛的发光基质材料之一，也是透明陶瓷的热点研究材料。YAG的基本物化性质见表7.1。

**表7.1 YAG的基本物化性质**

| 物化性质 | YAG | 物化性质 | YAG |
| --- | --- | --- | --- |
| 熔点/℃ | 1 950 | 热膨胀系数/$K^{-1}$ | $6.9 \times 10^{-6}$ |
| 化学性质 | 不溶于硫酸、盐酸、硝酸、氢氟酸，温度高于250 ℃溶于磷酸 | 光透过范围/nm | 250～5 000 |
| 莫氏硬度 | 8～8.5 | 有效离子半径/Å | 0.90 |
| 热导率/($W \cdot m^{-1} \cdot K^{-1}$) | 13 | 声子能量/$cm^{-1}$ | 856 |

# 7.3　$Li^+/Er^{3+}$:YAG 纳米粉体的制备及表征

## 7.3.1　$Li^+/Er^{3+}$:YAG 纳米粉体的制备

$Li^+$和 $Er^{3+}$共掺的 YAG 粉体采用溶胶–凝胶法制备。由于此反应是在酸性条件下进行的，因此，需添加过量的柠檬酸。其中所有样品中 $Er^{3+}$的掺杂浓度均为 1 %，并同时掺杂不同浓度的 $Li^+$。$Li^+$掺杂浓度分别为 0、3 %、7 %、9 %、11 %、13 %、15 %。初始反应物为纯度 99.99 %的 $Y_2O_3$、$Er_2O_3$ 粉体，以及分析纯的 $Li_2CO_3$、$Al(NO_3)_3{\cdot}9H_2O$ 和 $C_6H_8O_7{\cdot}H_2O$。将 $Y_2O_3$、$Er_2O_3$、$Li_2CO_3$ 溶于硝酸配制成一定浓度的硝酸盐溶液。将 $Al(NO_3)_3{\cdot}9H_2O$ 溶于去离子水配制成一定浓度的溶液。按照样品所需的物质的量比例量取一定体积的上述硝酸盐溶液，并将其混合搅拌。待搅拌均匀后，加入物质的量为溶液中阳离子数总和 2 倍的柠檬酸，并在 80 ℃下恒温搅拌至其成为凝胶。将凝胶放入烘箱中，快速加热到 200 ℃使凝胶发生自燃烧，并得到黄色蓬松的前驱体。将所得到的前驱体在 900 ℃空气中煅烧 2 h，得到白色 YAG 粉体。其流程图如图 7.2 所示。

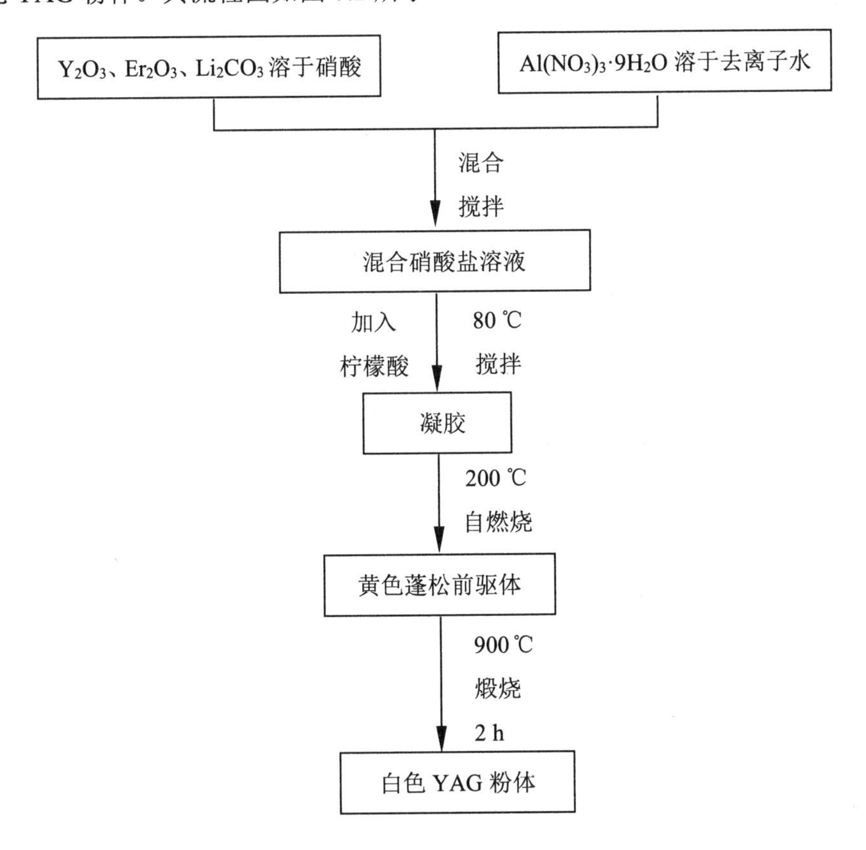


图7.2　溶胶–凝胶工艺制备$Li^+/Er^{3+}$共掺YAG粉体的流程图

### 7.3.2　$Li^{+}/Er^{3+}$:YAG 纳米粉体的表征方法

样品的 XRD 测试是利用 Rigaku D/max−γ B 型 X 射线衍射仪，采用的是 Cu 靶 $K_{\alpha}$射线($\lambda=0.154\,18$ nm)，步长 0.02°，测量范围 15°～90°。上转换发光测量以 980 nm 半导体二极管激光器为泵浦光源，经过透镜聚焦后照射到样品表面，样品与光谱仪狭缝平行放置，样品发射的荧光通过狭缝进入分光光度计，由分光光度计内部光栅将荧光反射到光电倍增管，再由连接到光电倍增管上的数据采集卡将所得数据传输到电脑上，得到荧光光谱，测量步长为 0.3 nm，最大功率为200 mW。荧光寿命测试以980 nm半导体二极管激光器为泵浦光源，由Tektronix TDS 5052 数字示波器输出衰减波形，步长为 0.002 ms，精度为 0.001 ms。吸收光谱测试采用 Lambda 950 UV/Vis/NIR 分光光度计测量。红外光谱由 IFS66V/S 傅里叶转换光谱仪测得。

## 7.4　$Li^{+}/Er^{3+}$:YAG 纳米粉体的结构

掺杂不同浓度 $Li^{+}$的 $Er^{3+}$:YAG 粉体的室温 XRD 谱图如图 7.3 所示。XRD 谱图表明，所有样品均为单相的 YAG 立方结构（JCPDS 33–0040），没有观察到其他杂相。这表明 $Li^{+}$和 $Er^{3+}$成功地掺入了 YAG 晶格中，两种离子的掺杂并没有改变 YAG 的晶体结构。但是，随着 $Li^{+}$掺杂浓度的改变，衍射峰的峰位却有所移动。为了更清晰地观察衍射峰的移动情况，将掺杂不同浓度 $Li^{+}$的 $Er^{3+}$:YAG 粉体的主衍射峰（420）局部放大，如图 7.4 所示。从图 7.4 中可以明显看出，在 $Li^{+}$掺杂浓度增加到 7 %之前，衍射峰的峰位随着 $Li^{+}$掺杂浓度增加向高角度方向移动。而当 $Li^{+}$掺杂浓度达到 9 %以后，随 $Li^{+}$掺杂浓度增加，衍射峰的峰位向低角度方向回移。衍射峰位的这种移动表明当 $Li^{+}$掺杂浓度从 0 增加到 7 %的过程中，YAG 的晶格随着 $Li^{+}$掺杂浓度的增加而收缩；而当 $Li^{+}$掺杂浓度超过 9 %时，YAG 的晶格则随 $Li^{+}$掺杂浓度的增加而膨胀。YAG 的晶格常数和晶粒尺寸随 $Li^{+}$掺杂浓度变化的改变情况见表 7.2。

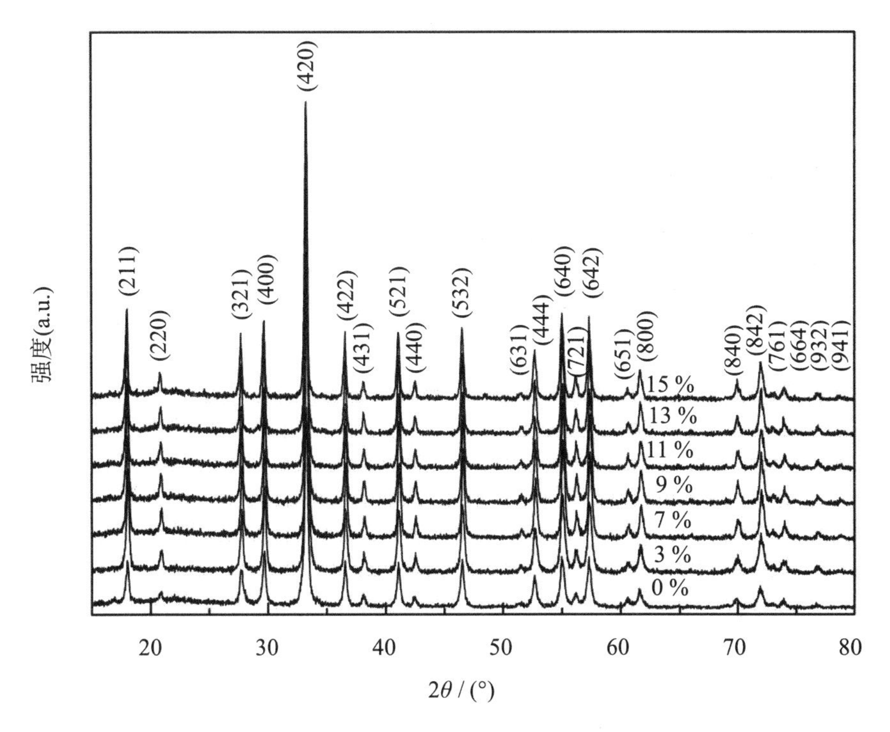


图7.3　掺杂不同浓度$Li^{+}$的$Er^{3+}$:YAG粉体的室温XRD谱图

晶格的收缩和膨胀与掺杂离子的离子半径，即 $Li^{+}$和 $Er^{3+}$的离子半径，有密切的关系。$Y^{3+}$、$Er^{3+}$和 $Li^{+}$的有效离子半径分别为 0.90 Å、0. 89 Å和 0.76 Å。$Er^{3+}$的离子半径与 $Y^{3+}$的离子半径十分相近，因此，$Er^{3+}$的掺杂不会对 YAG 的晶格产生很大影响。而 $Li^{+}$的离子半径相对 $Y^{3+}$的离子半径来说较小，当小半径的 $Li^{+}$替代基质材料中 $Y^{3+}$的位置时，就会导致晶格缩小。反之，当 $Li^{+}$处于晶格的填隙位置时，则会导致晶格膨胀。因此，当 $Li^{+}$掺杂浓度低于 7 %时，$Li^{+}$替代基质材料中的 $Y^{3+}$，处于替代位；而当 $Li^{+}$掺杂浓度超过 9 %时，$Li^{+}$开始占据晶格中的填隙位。处于替代位和填隙位的 $Li^{+}$都将破坏 $Er^{3+}$周围的晶体场对称性，因此，$Li^{+}$的掺杂可以打破禁戒的电偶极跃迁，并改变能级的寿命，从而提高 $Er^{3+}$的上转换发光强度。

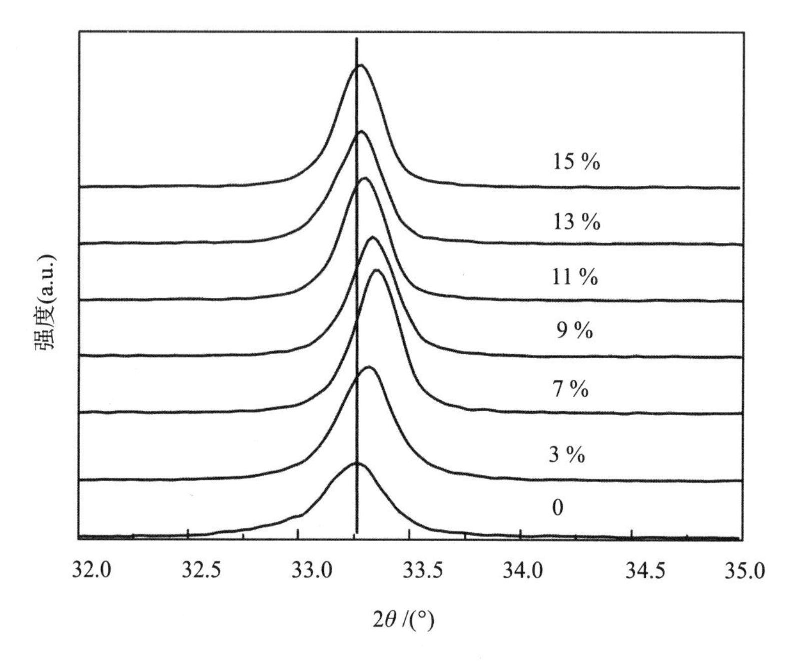


图 7.4　掺杂不同浓度 $Li^{+}$的 $Er^{3+}$:YAG 粉体的主衍射峰 XRD 谱图

**表 7.2　YAG 的晶格常数和晶粒尺寸随 $Li^{+}$掺杂浓度变化的改变情况**

| $Li^{+}$的摩尔分数/% | 0 | 3 | 7 | 9 | 11 | 13 | 15 |
|---|---|---|---|---|---|---|---|
| 晶格常数/Å | 12.028 | 12.018 | 12.010 | 12.018 | 12.023 | 12.026 | 12.027 |
| 晶粒尺寸/nm | 38 | 45 | 53 | 55 | 56 | 56 | 55 |

根据 XRD 数据由席勒公式可估算出掺杂不同浓度 $Li^{+}$的 $Er^{3+}$:YAG 的晶粒尺寸：

$$D = \frac{K\lambda}{\beta \cos\theta} \tag{7.1}$$

式中，$D$ 为晶粒尺寸；$K$ 为系数，$K$=0.89；$\lambda$ 为 Cu 靶 $K_\alpha$ 射线的波长，$\lambda = 0.154\ 18$ nm；$\beta$ 为衍射峰的半高宽；$\theta$ 为布拉格角。

从式（7.1）计算可以得出掺杂不同浓度 $Li^{+}$的 YAG 的晶粒尺寸，具体晶粒尺寸见表 7.2。由表 7.2 可以看出，随着 $Li^{+}$掺杂浓度的增加，起初 YAG 的晶粒逐渐长大，当生长到一定尺寸后晶粒大小基本保持不变。这是由于 $Li^{+}$具有助烧剂的作用，在烧结过程中促进了晶粒的生长。但是实验中的烧结温度均为 900 ℃，一定的烧结温度在烧结过程中所提供的烧结动力是有限的，因此，尽管继续增加助烧剂的用量，晶粒生长到一定大小以后也不再长大。

## 7.5　$Li^+/Er^{3+}$:YAG 纳米粉体的上转换发光性能

图 7.5 是激发光源为 980 nm，激发功率为 200 mW 时，掺杂不同浓度 $Li^+$的 $Er^{3+}$:YAG 粉体的上转换荧光光谱图。图中波长从 515～580 nm 的绿光发射来源于 $Er^{3+}$的 $^2H_{11/2}/^4S_{3/2} \rightarrow {}^4I_{15/2}$跃迁，而波长 640～690 nm 的红光发射则来源于 $Er^{3+}$的 $^4F_{9/2} \rightarrow {}^4I_{15/2}$跃迁。从图 7.5 中可以看到，随着 $Li^+$掺杂浓度从 0 增长到 7 %，绿光的发光强度缓慢增大。而当 $Li^+$掺杂浓度达到 9 %后，绿光的发光强度急剧增大，并且光谱形状也发生了变化。随着 $Li^+$掺杂浓度从 7 %增大到 9 %，绿光光谱的发射峰由 4 个增加到 6 个。当 $Li^+$掺杂浓度达到 13 %时，绿光发光强度达到最大值，而随着 $Li^+$掺杂浓度继续增大，绿光发光强度开始减小。

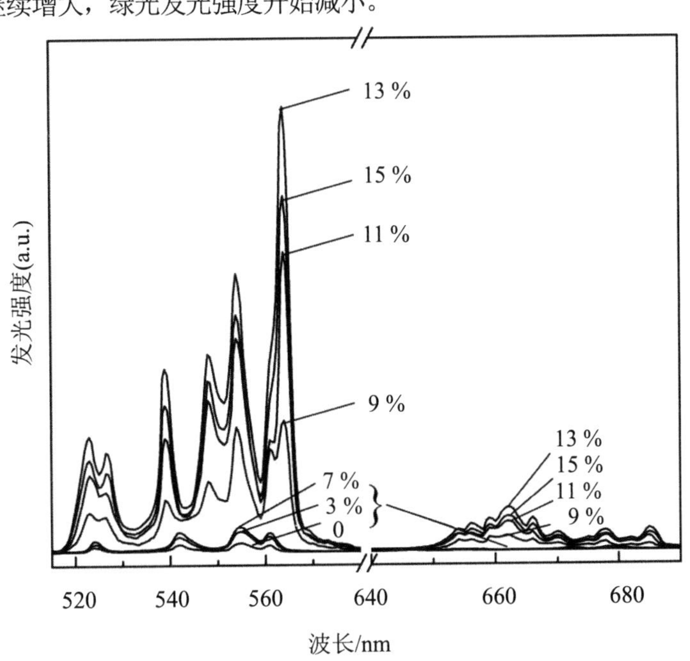


图 7.5　980 nm 泵浦下掺杂不同浓度 $Li^+$的 $Er^{3+}$:YAG 粉体的上转换荧光光谱图

由图 7.6 和图 7.7 可以直观地观察绿光、红光的发光强度及绿光与红光的光强比随着 $Li^+$掺杂浓度变化的曲线。如图 7.6 所示，红光的发光强度也随着 $Li^+$掺杂浓度的增加而增强。在 $Li^+$掺杂浓度低于 7 %时，红光发光强度的增大速度滞后于绿光。而当 $Li^+$掺杂浓度高于 9 %时，红光和绿光发光强度的增大速度基本保持同步。其中，当 $Li^+$掺杂浓度为 13 %时，绿光和红光的发光强度达到最大，其最高增大倍数分别约达到未掺杂 $Li^+$时的 36 倍和 24 倍。此外，在 $Li^+$掺杂浓度低于 7 %时，绿光与红光的光强比随着 $Li^+$掺杂浓度的增加而缓慢增大。当 $Li^{+}$掺杂浓度达到 9 %时，绿光与红光的光强比产生一个较大的增长。而当 $Li^{+}$掺杂浓度继续增加，绿光与红光的光强比则基本保持不变。当 $Li^{+}$掺杂浓度达到 15 %时，绿光和红光的发光强度都开始减小。

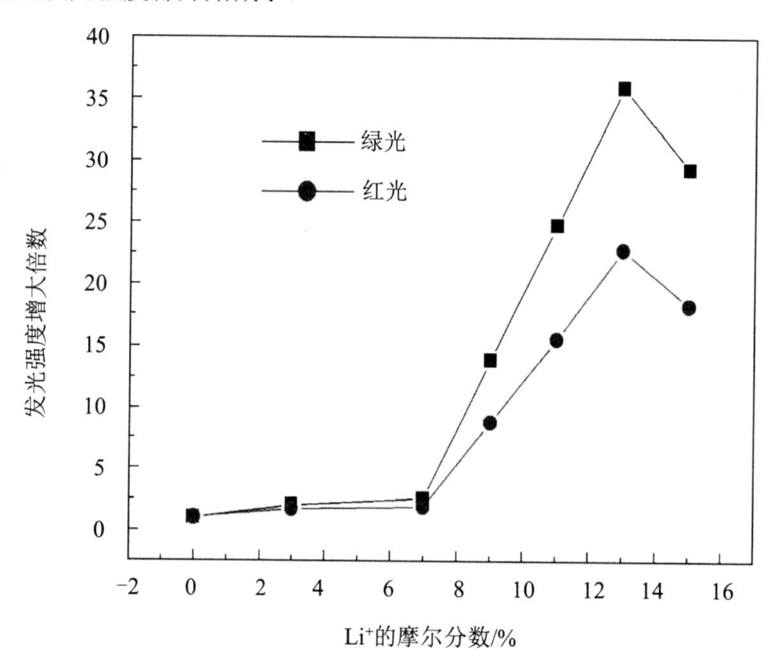


图7.6　绿光、红光光强随$Li^{+}$掺杂浓度变化的曲线

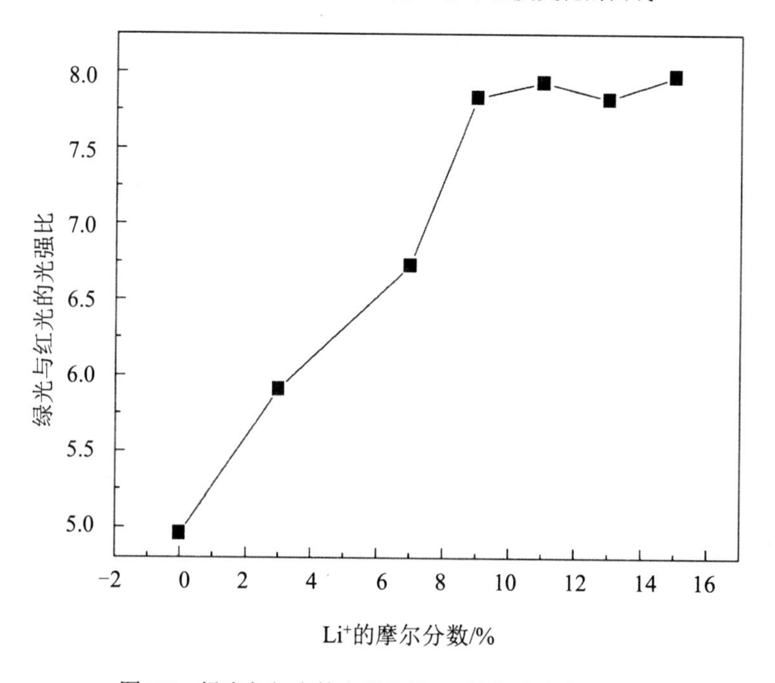


图 7.7　绿光与红光的光强比随 $Li^{+}$掺杂浓度变化的曲线

为了细致分析 $Li^{+}$掺杂浓度对 $Li^{+}/Er^{3+}$:YAG 系列样品发光特性的影响，根据 $Li^{+}$在 YAG 中的不同占位方式将 $Li^{+}/Er^{3+}$:YAG 系列样品分为两个部分来研究：①替代位部分，即 $Li^{+}$掺杂浓度为 0～7 %，$Li^{+}$替代晶格中 $Y^{3+}$的情况；②填隙位部分，即 $Li^{+}$掺杂浓度为 9 %～15 %，晶格中 $Li^{+}$出现在填隙位的情况。

首先，研究占据替代位的 $Li^{+}$对发光性能的影响。为弄清楚这种情况下 $Li^{+}/Er^{3+}$:YAG 粉体的上转换发光过程，测试了掺杂 7 %$Li^{+}$的 $Er^{3+}$:YAG 粉体的激发功率与发光强度的依赖关系，如图 7.8 和图 7.9 所示。

第 5 章中提到，在未饱和的上转换发光现象中，稀土离子从基态泵浦到高激发态所需要的光子数应满足以下条件：

$$\ln I_{\text{vis}} \propto \ln I_{\text{NIR}}^{n} \tag{7.2}$$

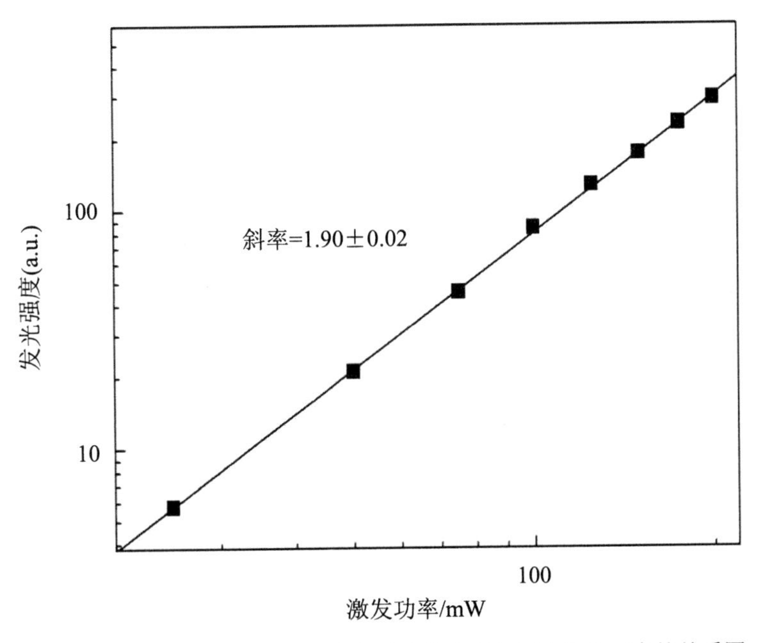


图7.8　掺杂7 % $Li^{+}$的$Er^{3+}$:YAG粉体的激发功率与绿光发光强度的关系图

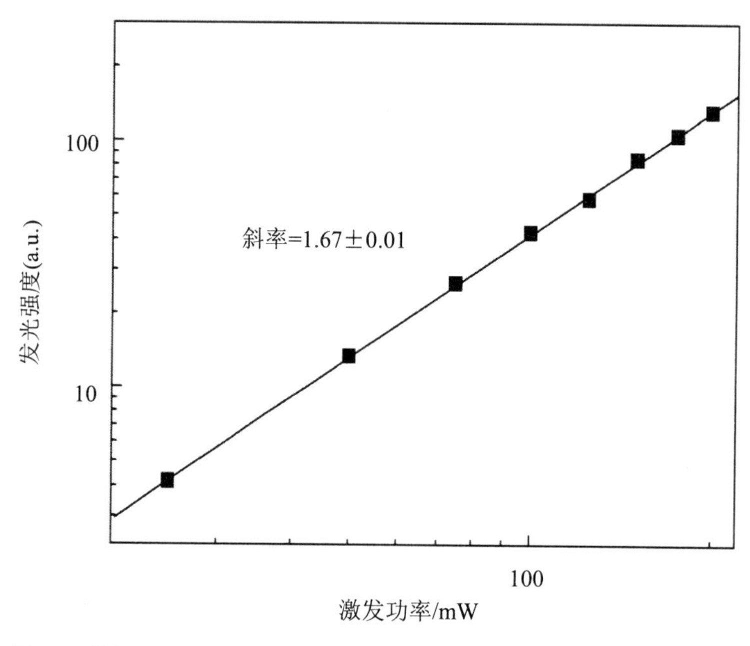


图7.9　掺杂7 % $Li^+$的$Er^{3+}$:YAG粉体的激发功率与红光发光强度的关系图

掺杂 7% $Li^+$的 $Er^{3+}$:YAG 粉体在 980 nm 的泵浦光源下激发，其激发功率从 25 mW 增加到 200 mW，测试功率步长为 25 mW。如图 7.8 和图 7.9 所示，将激发功率以及绿光和红光的发光强度分别取对数坐标，拟合直线得出绿光和红光的直线斜率分别为 1.90 和 1.67。根据式（7.2）可知，绿光和红光均为双光子过程。因此，绿光和红光的上转换发光过程可以用图 7.10 描述。

如图 7.10 所示，处于基态的 $Er^{3+}$经过基态吸收（GSA）过程吸收一个波长为 980 nm 的光子，从基态跃迁到 $^4I_{11/2}$ 能级。然后，$^4I_{11/2}$ 能级的 $Er^{3+}$无辐射弛豫到 $^4I_{13/2}$ 能级，处于 $^4I_{11/2}$ 能级和 $^4I_{13/2}$ 能级的 $Er^{3+}$在返回到基态之前通过激发态吸收（ESA1 和 ESA2）过程或能量传递上转换（ETU）过程再分别吸收一个波长为 980 nm 的光子，从而跃迁到能量更高的 $^4F_{7/2}$ 和 $^4F_{9/2}$ 能级，随后，无辐射弛豫到 $^2H_{11/2}/^4S_{3/2}$ 和 $^4F_{9/2}$ 能级。$^2H_{11/2}/^4S_{3/2}\rightarrow{}^4I_{15/2}$ 和 $^4F_{9/2}\rightarrow{}^4I_{15/2}$ 的辐射跃迁分别产生绿色和红色的上转换荧光。

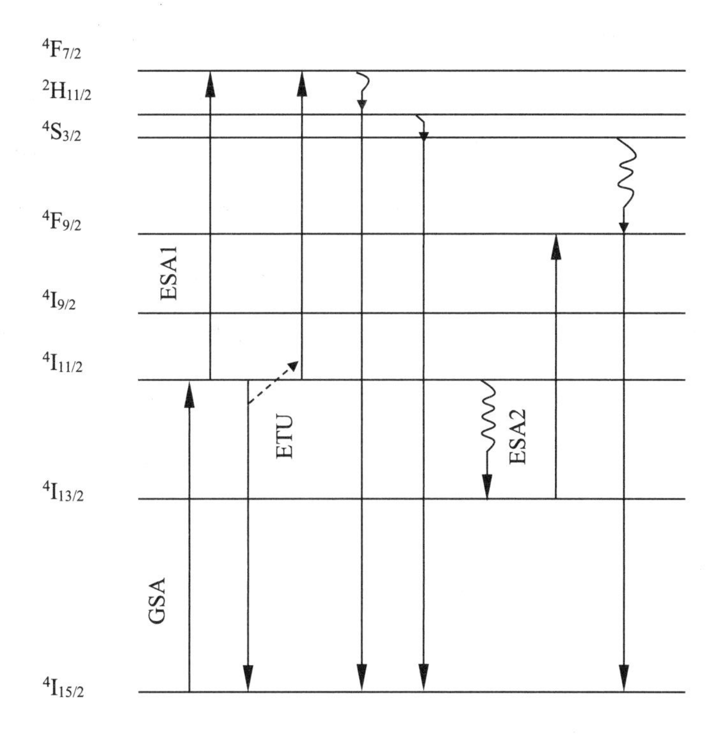


图 7.10　980 nm 激发下 $Er^{3+}$在掺杂 7 % $Li^+$的 $Er^{3+}$:YAG 粉体中的能级图及上转换机制示意图

由绿光和红光的发光过程可知，无辐射跃迁概率的减小将会降低 $Er^{3+}$占据 $^4I_{13/2}$能级的可能性，使得 $^4I_{11/2}$能级布局的 $Er^{3+}$数目增加。通过图 7.10 可以看到，$^4I_{13/2}$能级和 $^4I_{11/2}$能级的离子通过 ESA1 和 ESA2 过程再吸收一个 980 nm 的光子分别跃迁到 $^4F_{9/2}$能级和 $^2H_{11/2}/^4S_{3/2}$能级。因此，无辐射跃迁概率的减小会增加跃迁到 $^2H_{11/2}/^4S_{3/2}$能级的离子数，减少跃迁到 $^4F_{9/2}$能级的离子数，从而增强绿光的发光强度，抑制红光的发光强度。由图 7.7 可以看出，随着 $Li^+$掺杂浓度由 0 增加到 7 %，绿光与红光的光强比增大。这说明，掺杂 $Li^+$使体系中无辐射跃迁概率减小，提高了绿光的发光强度，同时抑制了红光的发光强度。

稀土离子的上转换效率与无辐射跃迁过程有着密切的关系。第 3 章曾经提到，$CO_3^{2-}$和 $OH^-$高能振动基团具有比基质材料声子能量高很多的振动能量，其振动频率分别为 1 500 $cm^{-1}$和 3 350 $cm^{-1}$，这些高能振动基团的存在会导致无辐射跃迁的增加，从而降低上转换的发光效率。本实验通过溶胶–凝胶法制备 YAG 粉体，在制备过程中容易残留少量 $CO_3^{2-}$和 $OH^-$。此外，制得的 YAG 粉体颗粒尺寸较小，仅有几十纳米，比表面积很大，当样品暴露于空气中，很容易吸附空气中的 $H_2O$ 和 $CO_2$，从而在表面形成大量的

$CO_3^{2-}$和 $OH^-$高能振动基团。为了得到较高的上转换效率，必须将具有高能振动频率的 $CO_3^{2-}$和 $OH^-$基团从基质材料中去除。随着 $Li^+$掺杂浓度由 0 增加到 7 %，$Er^{3+}$:YAG 粉体的晶粒尺寸由 38 nm 增大到 53 nm。随着晶粒尺寸的增大，晶粒的比表面积迅速减小，表面所吸附的 $CO_3^{2-}$和 $OH^-$基团的数量也随之减少。为验证 $CO_3^{2-}$和 $OH^-$基团数量随着 $Li^+$掺杂浓度的变化情况，测试了样品的红外光谱。图 7.11 为掺杂 0 和 7 % $Li^+$的 $Er^{3+}$:YAG 粉体的傅里叶变换红外光谱图。图中位于 1 500 $cm^{-1}$ 附近的吸收峰属于 $CO_3^{2-}$基团，而位于 3 350 $cm^{-1}$ 附近的吸收峰则来源于 $OH^-$基团。如图 7.11 所示，掺杂 $Li^+$后，位于 1 500 $cm^{-1}$ 和 3 350 $cm^{-1}$ 的吸收峰明显减弱。也就是说，$Li^+$的掺杂使 $CO_3^{2-}$和 $OH^-$基团的数量明显减少。因此，随着 $Li^+$的掺杂，无辐射跃迁概率明显减小。前面提到随着 $Li^+$掺杂浓度从 0 增加到 7 %，绿光与红光的光强比增大，也证明了无辐射跃迁概率随着 $Li^+$掺杂浓度的增大而减小。无辐射跃迁概率的减小导致了上转换发光强度的增大。

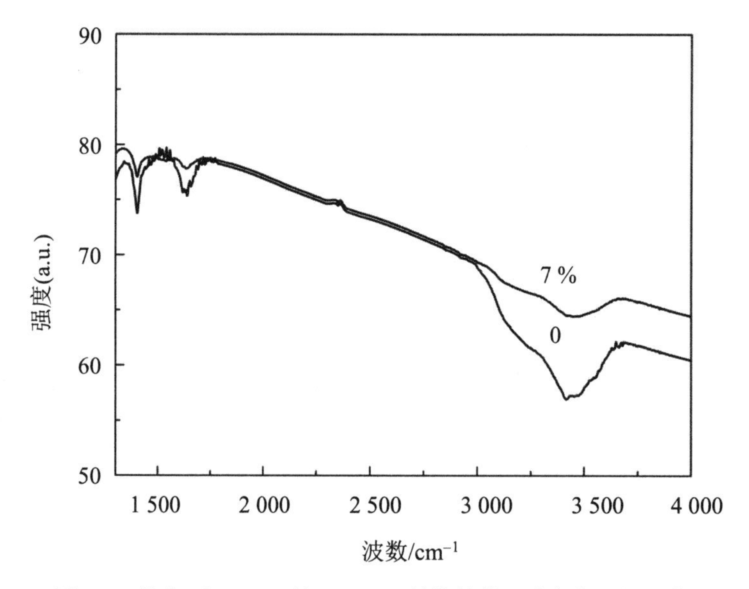


图7.11　掺杂0和7 % $Li^+$的$Er^{3+}$:YAG粉体的傅里叶变换红外光谱图

此外，当 $Li^+$掺杂浓度低于 7 %时，$Li^+$替代晶格中的 $Y^{3+}$。由于 $Li^+$和 $Y^{3+}$的离子半径存在较大差异，当 $Li^+$替代晶格中的 $Y^{3+}$时，会造成晶格畸变。同时，$Y^{3+}$为三价离子而 $Li^+$为一价离子，为了保持体系中的电荷平衡，$Li^+$的引入将会造成体系中由于电荷补偿而产生氧空位的情况。$Li^+$和 $Y^{3+}$的半径差异以及氧空位的产生，会改变 YAG 中原有的晶体场对称性，造成 $Er^{3+}$周围晶体场的对称性降低，从而使 $Er^{3+}$ 4f 能级间电偶极跃迁的禁戒在一定程度上得以解除，增大了 $Er^{3+}$ 4f 能级间的辐射跃迁概率，提高 $Er^{3+}$:YAG 的发光强度。

如前所述，无辐射跃迁概率的减小和电偶极跃迁概率的增大都有利于提高 $Er^{3+}$的上转换发光强度。下面分析究竟是哪一种机制对 $Li^+$掺杂浓度在 0～7 %范围内发光强度的提高起主要作用。为弄清这一点，测试了样品的荧光寿命。图 7.12 和图 7.13 分别是样品没有掺杂 $Li^+$和掺杂 7 % $Li^+$的 $Er^{3+}$:YAG 粉体的 $^4S_{3/2}\rightarrow{}^4I_{15/2}$ 衰减曲线。由第 3 章可知，荧光寿命曲线可以由式（7.3）进行拟合：

$$I = A\exp(-t/\tau_{\mathrm{R}}) + B \tag{7.3}$$

拟合结果如图 7.12 和图 7.13 所示，未掺杂 $Li^+$和掺杂了 7 % $Li^+$的 $Er^{3+}$:YAG 粉体的 $^4S_{3/2}$ 能级的荧光寿命分别为 0.217 ms 和 0.244 ms。由此可以看出，掺杂 $Li^+$以后 $^4S_{3/2}$ 能级的荧光寿命有所增加。

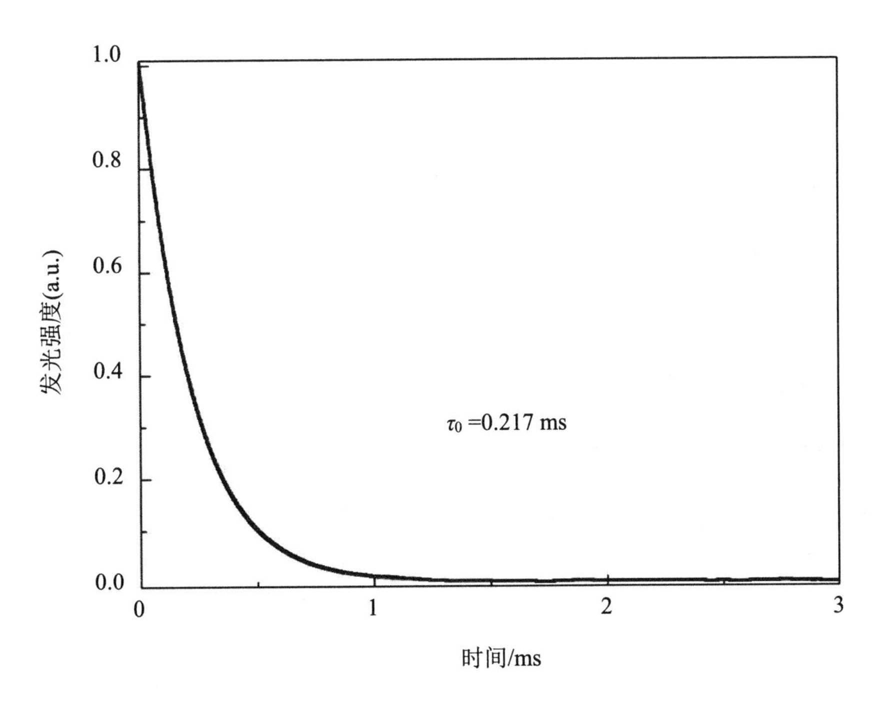


图7.12　未掺杂$Li^+$的$Er^{3+}$:YAG粉体的$^4S_{3/2}\rightarrow{}^4I_{15/2}$衰减曲线

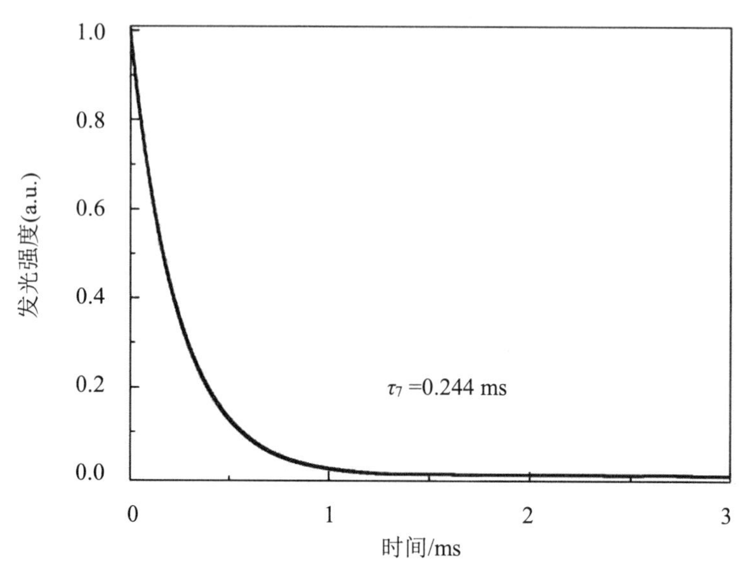


图 7.13 掺杂 7 % $Li^+$的 $Er^{3+}$:YAG 粉体的 $^4S_{3/2}\rightarrow{}^4I_{15/2}$ 衰减曲线

下面分析荧光寿命增加的原因。第 3 章中还提到，能级的荧光寿命等于该能级的辐射跃迁概率与无辐射跃迁概率之和的倒数。因此，$^4S_{3/2}$ 能级的寿命可以写为

$$\tau = \frac{1}{A + W} \tag{7.4}$$

根据前文所述，随着 $Li^+$掺杂浓度的增大，$Er^{3+}$能级的辐射跃迁概率增大而无辐射跃迁概率减小。而此处测得 $^4S_{3/2}$ 能级的荧光寿命随着 $Li^+$掺杂浓度的增大而增加，也就是说 $^4S_{3/2}$ 能级的辐射跃迁概率和无辐射跃迁概率之和减小。这意味着无辐射跃迁概率的减小幅度比辐射跃迁概率的增大幅度要大。即 $Li^+$掺杂浓度在 0～7 %变化时，相对于辐射跃迁概率的增大，无辐射跃迁概率的减小在发光强度提高中起到了主导作用。

前面讨论了 $Li^+$在晶格中占据替代位时对 $Er^{3+}$:YAG 发光强度的影响及产生影响的物理机制，下面讨论 $Li^+$开始占据晶格填隙位的情况。当 $Li^+$掺杂浓度达到 9 %时，$Li^+$开始占据晶格中的填隙位，也就在此时，$Er^{3+}$的发光强度发生了急剧的增加，同时伴有光谱形状的变化。为弄清 $Li^+$掺杂浓度高于 9 % 时 $Li^+$/$Er^{3+}$:YAG 粉体的上转换发光过程，测试了掺杂 13 %$Li^+$的 $Er^{3+}$:YAG 粉体的激发功率与发光强度的依赖关系，如图 7.14 和图 7.15 所示。从图中可以得出，绿光和红光直线的斜率分别为 1.90 和 1.65，由式（7.2）可知，绿光和红光同样均为双光子过程。因此，此时绿光和红光的上转换发光过程与 $Li^+$掺杂浓度低于

7 %时类似，可以由图 7.16 进行描述。处于基态的 $Er^{3+}$经过基态吸收（GSA）过程吸收一个波长为 980 nm 的光子，从基态跃迁到 $^4I_{11/2}$ 能级。接着 $^4I_{11/2}$ 能级的 $Er^{3+}$无辐射弛豫到 $^4I_{13/2}$ 能级，处于 $^4I_{11/2}$ 能级和 $^4I_{13/2}$ 能级的 $Er^{3+}$在返回到基态之前通过激发态吸收（ESA1 和 ESA2）过程或能量传递上转换（ETU）过程再分别吸收一个波长为 980 nm 的光子，从而跃迁到能量更高的 $^4F_{7/2}$ 和 $^4F_{9/2}$ 能级，随后，无辐射弛豫到 $^2H_{11/2}/^4S_{3/2}$ 和 $^4F_{9/2}$ 能级。$^2H_{11/2}/^4S_{3/2}\rightarrow^4I_{15/2}$ 和 $^4F_{9/2}\rightarrow^4I_{15/2}$ 的辐射跃迁分别产生绿色和红色的上转换荧光。由于 ETU 过程是掺杂离子之间的相互作用，因此，其强烈依赖于掺杂离子的浓度。随着 $Er^{3+}$浓度的增加，与 ESA 过程相比，近邻 $Er^{3+}$之间的 ETU 过程更加有效。由于本实验 $Er^{3+}$掺杂浓度为 1 %，是一个较高的掺杂浓度，因此，相对于 ESA 过程，此时 ETU 过程对绿光发射更加有效。此外，相对于替代位的 $Li^+$，填隙位的 $Li^+$也更有助于打散 $Er^{3+}$团簇，减弱近邻 $Er^{3+}$之间的相互作用，减少无辐射跃迁过程，增大 $^4I_{11/2}$ 能级与 $^4I_{13/2}$ 能级离子数的比值，从而增强绿光发射，抑制红光发射，增大绿光与红光的光强比。因此，从图 7.7 可以看到，当 $Li^+$掺杂浓度由 7 %增加到 9 %时，绿光与红光的光强比出现一个较大的增强。

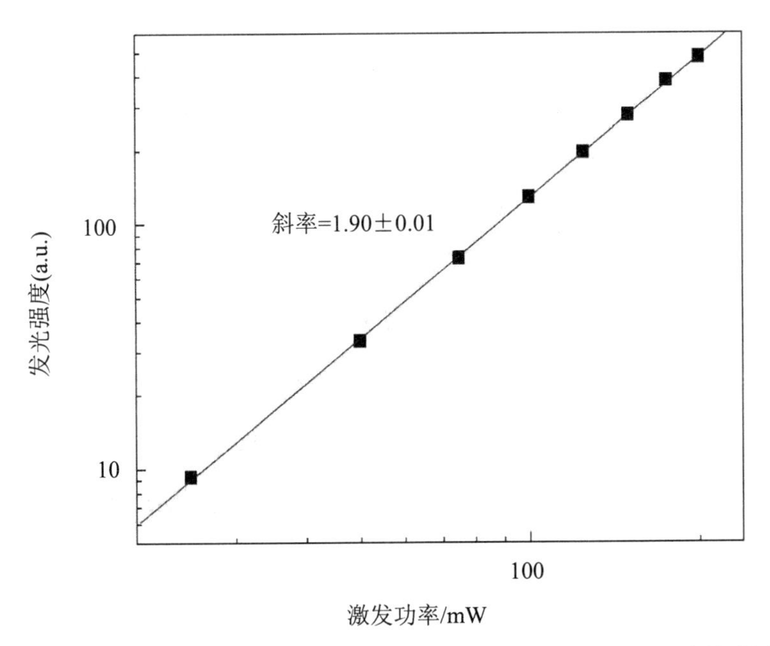


图7.14　掺杂13 % $Li^+$的$Er^{3+}$:YAG粉体的激发功率与绿光发光强度关系图

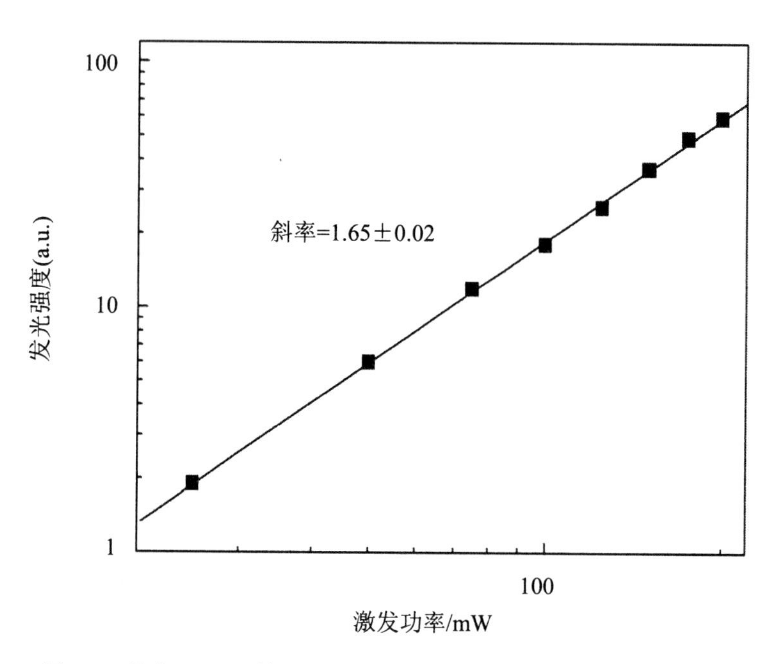


图7.15　掺杂13 % $Li^{+}$的$Er^{3+}$:YAG粉体的激发功率与红光发光强度关系图

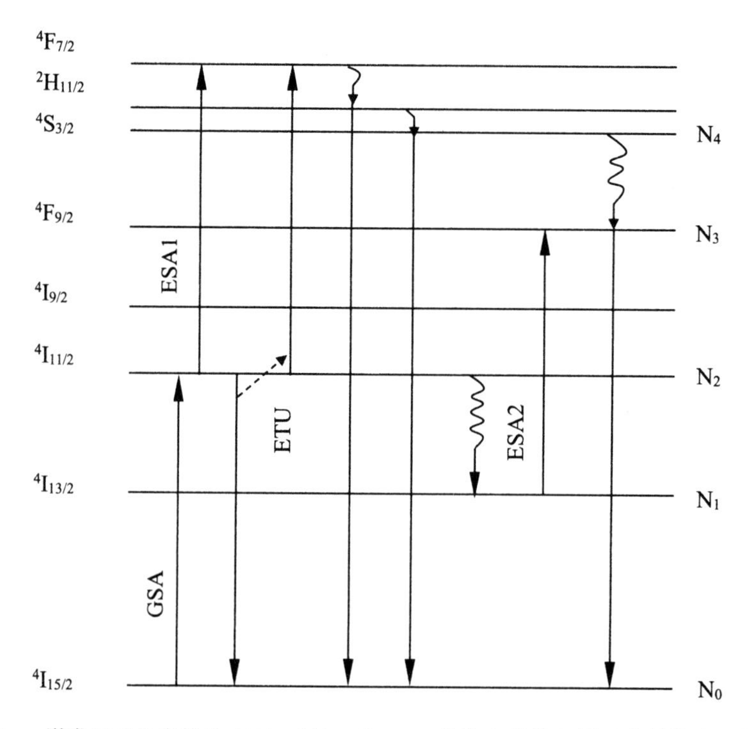


图 7.16　980 nm 激发下 $Er^{3+}$在掺杂 13% $Li^{+}$的 $Er^{3+}$:YAG 粉体中的能级图及上转换发光机制示意图

这里主要讨论绿光随着 $Li^+$掺杂浓度从 7 %增加到 9 %而突然增强的原因，因为本实验中绿光发射远大于红光发射。如前所述，当 $Li^+$掺杂浓度低于 7 %时，由于价态的差异，$Li^+$替代 $Y^{3+}$ 在基质材料中引入了氧空位。因此，在 $Er^{3+}$周围存在处于替代位的 $Li^+$和氧空位两种缺陷，这些缺陷造成了 $Er^{3+}$周围晶体场的扭曲变形。但是，当 $Li^+$掺杂浓度增加到 9 %以后，填隙位的 $Li^+$ 开始出现，并与替代位 $Li^+$同时存在于晶格中。这时，在 $Er^{3+}$周围同时存在替代位的 $Li^+$、氧空位、填隙位的 $Li^+$和钇空位 4 种缺陷。缺陷种类的增加使得 $Er^{3+}$周围晶体场对称性遭到了更大的破坏。此外，当 $Li^+$掺杂浓度增加到 9 %以后，绿光发射光谱的形状也发生了变化，发射峰数目从 $Li^+$浓度低于 7 %时的 4 个增加到了 6 个，且峰位也发生了变化。

第 1 章中提到，稀土离子的自由离子状态可以完全由量子数确定，其本征波函数可表示为$\left|4f^N \alpha SLJM\right\rangle$，其能级由光谱支项 $^{2S+1}L_J$表示，其简并度为 $2J+1$。在晶体场对称性降低的情况下能级的简并度将被解除或部分解除，能级发生劈裂。从群论的角度来说，能级的劈裂就是用旋转群表示，按照点群的不可约表示进行分解，利用点群的不可约表示的特征标来约化旋转群表示的特征标。这种分解过程和能级的分解过程是完全一致的。那么晶体中点群的不可约表示就可以表征晶体中稀土离子的状态和能级，而不可约表示的数目就是该 $J$ 能级在该点群中分解的斯塔克能级的数目。根据上面的分解方法，$Er^{3+}$ $^4I_{15/2}$ 能级、$^4S_{3/2}$ 能级和 $^2H_{11/2}$ 能级的斯塔克能级数目别为 8、2 和 6。$Li^+/Er^{3+}$:YAG 粉体荧光光谱发射峰数目的增加说明 $Er^{3+}$的能级发生了进一步的斯塔克劈裂，即 $Er^{3+}$周围的晶体场对称性进一步降低了。这也证明了随着填隙位 $Li^+$的出现，$Er^{3+}$周围的晶体场对称性受到了更严重的影响，晶体场对称性进一步降低。

$Er^{3+}$周围的局域晶体场的形变和 $Er^{3+}$团簇的打散都会影响 $Er^{3+}$能级的寿命，从而影响上转换发光的强度。为了简化绿光上转换强度的理论计算，这里忽略了红光上转换，因为相对绿光来说，红光的发光强度要弱得多。参照能级示意图（图 7.16）列出速率方程：

$$\frac{dN_2}{dt} = \sigma_0 \rho N_0 - \sigma_2 \rho N_2 - 2W_{22} N_2 N_2 - N_2/\tau_2 = 0 \tag{7.5}$$

$$\frac{dN_4}{dt} = \sigma_2 \rho N_2 + W_{22} N_2 N_2 - N_4/\tau_4 = 0 \tag{7.6}$$

$$N = N_0 + N_2 + N_4 \tag{7.7}$$

$$I_{green} = \beta_{green} N_4 h\nu_{green}/\tau_4 \tag{7.8}$$

式中，$N_0$、$N_2$、$N_4$ 分别为$^4I_{15/2}$、$^4I_{11/2}$、$^4S_{3/2}$能级的粒子数；$\sigma_0$、$\sigma_2$ 分别为$^4I_{15/2}$和$^4I_{11/2}$

能级的基态和激发态吸收截面；$\rho$ 为激发光源的光子密度；$W_{22}$ 为$^4I_{11/2}$能级的能量传递系数；$\tau_2$、$\tau_4$ 分别为$^4I_{11/2}$、$^4S_{3/2}$能级的寿命；$\beta_{green}$ 为$^2H_{11/2}/^4S_{3/2}$能级辐射率与衰减率的比值；$I_{green}$ 为绿光光强；$\nu_{green}$ 为绿光频率。如果 $N = N_0$，$\sigma_2\rho N_2 + 2W_{22}N_2N_2 << N_2/\tau_2$，则根据式（7.5）～（7.8）可以得到

$$I_{green} = \beta_{green}\left(\tau_2\sigma_0\sigma_2\rho^2N + W_{22}\tau_2^2\sigma_0^2\rho^2N^2\right)h\nu_{green} \tag{7.9}$$

前面提到，随着 $Er^{3+}$浓度的增加，近邻 $Er^{3+}$之间的 ETU 过程更加有效。由于本实验 $Er^{3+}$的掺杂浓度为 1 %，因此，相对于 ESA 过程，ETU 过程对绿光的产生更有效。所以，这里忽略 ESA 过程，则式（7.9）可以近似表示为

$$I_{green} = \beta_{green}\tau_2^2W_{22}\sigma_0^2\rho^2N^2h\nu_{green} \tag{7.10}$$

根据式（7.10），绿光上转换发光的增强与 $\beta_{green}$ 和 $\tau_2$ 有关。由图 7.6 中绿光与红光的光强比可以计算出当 $Li^+$的掺杂浓度为 7 %增加到 9 %时，$\beta_{green}$ 约增加了 1.2 倍。再由 $^4I_{11/2}\rightarrow{}^4I_{15/2}$ 衰减曲线（图 7.17 和图 7.18）可以看到，当 $Li^+$的掺杂浓度为 7 %和 9 %时，$^4I_{11/2}$ 能级的寿命 $\tau_2$ 分别为 0.853 ms 和 0.992 ms。因此，根据式（7.10），$\beta_{green}$ 和 $\tau_2$ 对绿光上转换增强的贡献约为 1.6 倍。但是由图 7.6 可知，$Li^+$的掺杂浓度从 7 %增加到 9 %时，绿光的发光强度约增大了 4.8 倍。因此，除了 $\beta_{green}$ 和 $\tau_2$，一定有其他原因引起绿光的增强。

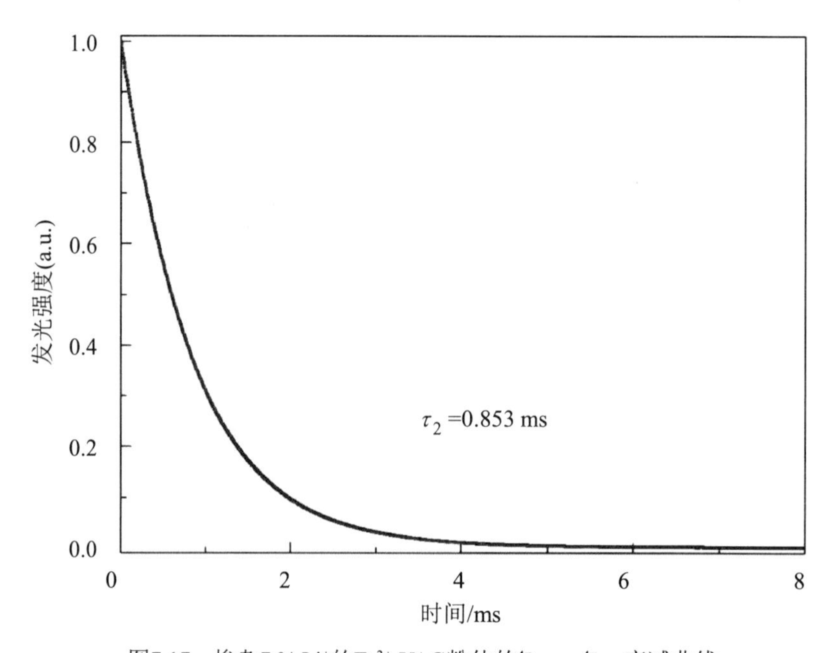


图7.17　掺杂7 % $Li^+$的$Er^{3+}$:YAG粉体的$^4I_{11/2}\rightarrow{}^4I_{15/2}$衰减曲线

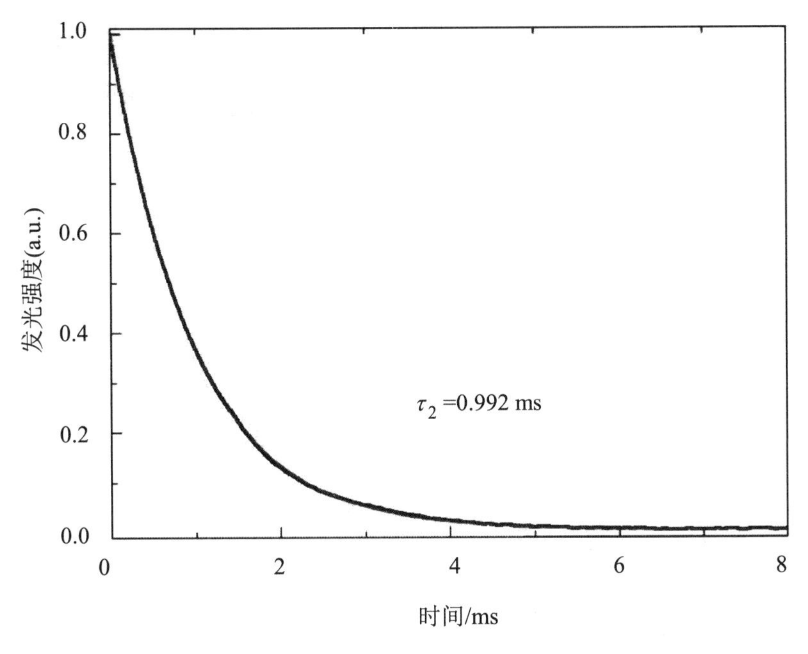


图7.18　掺杂9 % $Li^+$的$Er^{3+}$:YAG粉体的$^4I_{11/2}\rightarrow{}^4I_{15/2}$衰减曲线

如前所述，$Er^{3+}$周围局域晶体场对称性的破坏有利于自发辐射跃迁概率的增大。根据爱因斯坦公式，自发辐射跃迁概率和受激吸收概率有如下关系：

$$\frac{A_{ij}}{B_{ji}}=\frac{8\pi h\nu^3}{c^3} \tag{7.11}$$

式中，$A_{ij}$为 $i$ 能级到 $j$ 能级的自发辐射系数；$B_{ji}$为 $j$ 能级到 $i$ 能级的受激吸收系数；$h$ 为普朗克常数；$c$ 为光速；$\nu$ 为 $i$ 能级和 $j$ 能级之间的频率。对于两个固定的能级 $i$ 和 $j$ 来说，等式（7.11）的右侧是个常数。此外，$j$ 能级到 $i$ 能级的吸收率等于 $B_{ji}\rho(\nu)$，其中 $\rho(\nu)$ 是激发光源的光子密度。由于在本实验中所有样品的激发光谱都使用同一个激发光源，在同样的激发强度照射下测得的，$\rho(\nu)$ 是固定值，因此 $B_{ji}\rho(\nu)$ 正比于 $A_{ij}$。如前所述，$Li^+$进入填隙位使得 $Er^{3+}$周围局域晶体场对称性受到了很大破坏，有利于 $^4I_{11/2}$ 能级到 $^4I_{15/2}$ 能级的自发辐射跃迁概率的增大。由于 $B_{ji}\rho(\nu)$ 正比于 $A_{ij}$，$^4I_{15/2}$ 能级到 $^4I_{11/2}$ 能级的吸收率也会随之增大。图 7.19 为 $Li^+/Er^{3+}$:YAG 粉体的吸收谱，如图 7.19 所示，当 $Li^+$掺杂浓度从 7 % 增加到 9 %时，$Er^{3+}$对 980 nm 激发的吸收率明显增强。也就是说，随着填隙位 $Li^+$的出现，$^4I_{15/2}$ 能级到 $^4I_{11/2}$ 能级的吸收率增强，这样会有更多的能量被 $Er^{3+}$吸收以用于上转换发光。因此，通过前面的分析可以得出，填隙位 $Li^+$出现之后，绿光辐射大幅增强是 $^4I_{11/2}$ 能级的寿命 $\tau_2$ 、$^2H_{11/2}/^4S_{3/2}$ 能级辐射率与衰减率的比值 $\beta_{green}$ 以及 $Er^{3+}$对 980 nm 激发的吸收率增大的共同结果，而 $Er^{3+}$对 980 nm 激发的吸收率增大起到了主要作用。

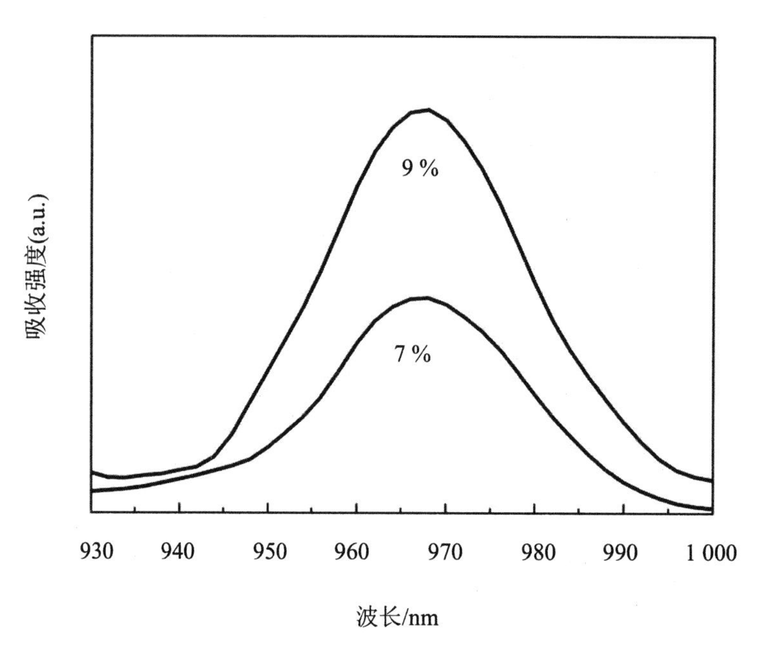


图 7.19　掺杂 7 %和 9 % $Li^+$的 $Er^{3+}$:YAG 粉体的吸收谱

从图 7.7、图 7.18 和图 7.20 可以看到，在 $Li^+$掺杂浓度高于 9 %以后，$^2H_{11/2}/^4S_{3/2}$ 能级辐射率与衰减率的比值 $\beta_{green}$ 和 $^4I_{11/2}$ 能级的寿命 $\tau_2$ 变化不大，而绿光发光强度却继续增强。此时，$\beta_{green}$ 和 $\tau_2$ 对发光增强的贡献很小。而 980 nm 激发吸收率的增大此时起到了主要作用。当 $Li^+$掺杂浓度高于 9 %以后，填隙位 $Li^+$开始出现，填隙位 $Li^+$造成了晶体场对称性的进一步降低，从而引起辐射跃迁概率的增大，从式（7.11）可知，辐射跃迁概率的增大使受激吸收概率增大，在激发光源光子密度不变的情况下增大了 $Er^{3+}$对 980 nm 激发的吸收率。因此，$Li^+$掺杂浓度继续增加时，$Er^{3+}$的发光强度继续增大。当 $Li^+$的掺杂浓度达到 13 %时，发光强度达到最大值，发光强度约为未掺杂 $Li^+$时的 36 倍。

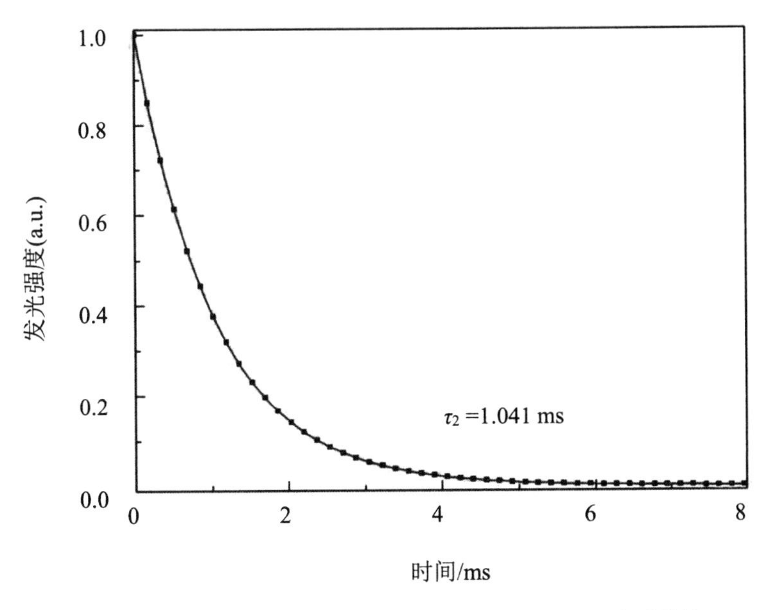


图7.20　掺杂13 % $Li^+$的$Er^{3+}$:YAG粉体的$^4I_{11/2}\rightarrow{}^4I_{15/2}$衰减曲线

## 7.6　本 章 小 结

本章通过溶胶–凝胶法制备了 $Li^+/Er^{3+}$:YAG 粉体，并研究了 $Li^+$处于不同占位时对粉体上转换发光性能的影响。

由 XRD 谱图及 $Li^+$和 $Y^{3+}$的离子半径差异可以得出：当 $Li^+$的掺杂浓度低于 7 %时，在晶格中 $Li^+$替代 $Y^{3+}$的位置；当 $Li^+$的掺杂浓度高于 9 %以后，占据晶格中填隙位的 $Li^+$开始出现。

当 $Li^+$占据替代位时，随着 $Li^+$掺杂浓度的增加，$Er^{3+}$:YAG 粉体的上转换发光强度缓慢增大。此时，相对于辐射跃迁概率的增大，无辐射跃迁概率的减小在发光强度提高中起到了主导作用。当 $Li^+$开始占据填隙位时，$Er^{3+}$:YAG 粉体的上转换发光强度有了大幅度的增强，并伴有谱线形状的变化。填隙位 $Li^+$的出现而造成的绿光辐射大幅增强是 $^4I_{11/2}$能级的寿命$\tau_2$、$^2H_{11/2}/^4S_{3/2}$能级辐射率与衰减率的比值$\beta_{green}$以及 $Er^{3+}$对 980 nm 激发的吸收率增大的共同结果，其中，$Er^{3+}$对 980 nm 激发的吸收率的增大是主要因素。谱线形状变化是由于填隙位 $Li^+$使晶体场对称性进一步受到破坏，能级发生了进一步劈裂。由于在固体激光器的工作物质中 YAG 透明陶瓷是理想的单晶替代品，因此，$Li^+/Er^{3+}$共掺 YAG 粉体的上转换发光的这种大幅增强对稀土掺杂 YAG 透明陶瓷发光性能的提高有一定的指导意义。

$Li^+$的掺杂一方面减少了晶体表面吸附的高能基团，减小了能级间无辐射跃迁概率；另一方面降低了 $Er^{3+}$周围晶体场的对称性，改变了 $Er^{3+}$能级的辐射跃迁概率、能级寿命和其对泵浦光源的吸收率，最终大幅提高了 $Er^{3+}$:YAG 的发光效率。

# 本章参考文献

[1] CHAIM R, KALINA M, SHEN J Z. Transparent yttrium aluminum garnet (YAG) ceramics by spark plasma sintering [J]. J. Eur. Ceram. Soc., 2007, 27: 3331-3337.

[2] STREK W, BEDNARKIEWICZ A, HRENIAK D, et al. Fabrication and optical properties of transparent $Nd^{3+}$:YAG nanoceramics [J]. J. Lumin., 2007, 122-123: 70-73.

[3] DOU C G, YANG Q H, HU X M, et al. Cooperative up-conversion luminescence of ytterbium doped yttrium lanthanum oxide transparent ceramic [J]. Opt. Commun., 2008, 281: 692-695.

[4] WEN L, SUN X, LU, XU G X, et al. Synthesis of yttria nanopowders for transparent yttria ceramics [J]. Opt. Mater., 2006, 29: 239-245.

[5] PĄZIK R, GŁUCHOWSKI P, HRENIAK D, et al. Fabrication and luminescence studies of Ce:$Y_3A_{15}O_{12}$ transparent nanoceramic [J]. Opt. Mater., 2008, 30: 714-718.

[6] RABINOVITCH Y, BOGICEVIC C, KAROLAK F, et al. Freeze-dried nanometric neodymium-doped YAG powders for transparent ceramics [J]. J. Mater. Process Tech., 2008, 199: 314-320.

[7] HEUMANN E, BÄR S, RADEMAKER K, et al. Semiconductor-laser-pumped high-power up-conversion laser [J]. Appl. Phys. Lett., 2006, 88: 061108.

[8] DOWNING E, HESSELINK L, RALSTON J, et al. A three-color, solid-state, three-dimensional display [J]. Science, 1996, 273:1185-1189.

[9] LIU F, MA E, CHEN D Q, et al. Tunable red-green upconversion luminescence in novel transparent glass ceramics containing Er:$NaYF_4$ nanocrystals [J]. J. Phys. Chem. B, 2006, 110: 20843-20846.

[10] LIM S F, RIEHN R, RYU W S, et al. In vivo and scanning electron microscopy imaging of up-converting nanophosphors in caenorhabditis elegans [J]. Nano Lett., 2006, 6: 169-174.

[11] DOS SANTOS P V, GOUVEIA E A, DE ARAUJO M T, et al. Thermally induced threefold up-conversion emission enhancement in nonresonant excited $Er^{3+}/Yb^{3+}$-codoped chalcogenide glass [J]. Appl. Phys. Lett., 1999, 74: 3607-3069.

[12] PATRA A, SOMINSKA E, RAMESH S, et al. Sonochemical preparation and characterization of $Eu_2O_3$ and $Tb_2O_3$ doped in and coated on silica and alumina nanoparticles [J]. J. Phys. Chem. B, 1999, 103: 3361-3365.

[13] RISEBERG L A, MOOS H W. Multiphonon orbit-lattice relaxation of excited states of rare-earth ions in crystals [J]. Phys. Rev. B, 1968, 174: 429-438.

[14] BAI Y F, YANG K, WANG Y X, et al. Enhancement of the up-conversion photoluminescence intensity in $Li^{+}$ and $Er^{3+}$ codoped $Y_2O_3$ nanocrystals [J]. Opt. Commun., 2008, 281: 2930-2932.

[15] BAI Y F, WANG Y X, PENG G Y, et al. Enhance up-conversion photoluminescence intensity by doping $Li^{+}$ in $Ho^{3+}$ and $Yb^{3+}$ codoped $Y_2O_3$ nanocrystals [J]. J. Alloys Compd., 2009, 478: 676-678.

[16] SUN L D, QIAN C, LIA C S, et al. Luminescent properties of $Li^{+}$ doped nanosized $Y_2O_3$:Eu [J]. Solid State Commun., 2001, 119: 393-396.

[17] LOPEZ O A, MCKITTRICK J, SHEA L E. Fluorescence properties of polycrystalline $Tm^{3+}$-activated $Y_3Al_5O_{12}$ and $Tm^{3+}$-$Li^{+}$ co-activated $Y_3A1_5O_{12}$ in the visible and near IR ranges [J]. J. Lumin., 1997, 71: 1-11.

[18] BAI Y F, WANG Y X, YANG K, et al. The effect of Li on the spectrum of $Er^{3+}$ in Li- and Er-codoped ZnO nanocrystals [J]. J. Phys. Chem. C, 2008, 112: 12259-12263.

[19] CHEN G Y, LIU H C, LIANG H J, et al. Enhanced multiphonon ultraviolet and blue up-conversion emission in $Y_2O_3$:$Er^{3+}$ nanocrystals by codoping with $Li^{+}$ ions [J]. Solid State Commun., 2008, 148: 96-100.

[20] FUJITA S, TANABE S. Fabrication, microstructure and optical properties of $Er^{3+}$:YAG

glass-ceramics [J]. Opt. Mater., 2010, 32: 886-890.

[21] CHANG N W H, HOSKEN D J, MUNCH J, et al. Single frequency Er:YAG lasers at 1.6 μm [J]. IEEE. J. Quantum. Elect., 2010, 46: 1039-1042.

[22] SHANNON R D. Revised effective ionic radii and systematic studies of interatomie distances in halides and chalcogenides [J]. Acta Cryst., 1976, A32: 751-767.

[23] HYEON K A, BYEON S H, PARK J C, et al. Highly enhanced photoluminescence of $SrTiO_3$:Pr by substitution of (Li-0.5, La-0.5) pair for Sr [J]. Solid State Commun., 2000, 115: 99-104.

[24] CHEN G Y, SOMESFALEAN G, LIU Y, et al. Up-conversion mechanism for two-color emission in rare-earth-ion-doped $ZrO_2$ nanocrystals [J]. Phys. Rev. B, 2007, 75: 195204.

[25] YANG H K, CHUNG J W, MOON B K, et al. Enhancement of photoluminescence in $Y_3Al_5O_{12}$:$Eu^{3+}$ ceramics by Li doping [J]. J. Korean Phys. Soc., 2008, 52: 116-119.

[26] VETRONE F, BOYER J C, CAPOBIANCO J A, et al. Significance of $Yb^{3+}$ concentration on the up-conversion mechanisms in codoped $Y_2O_3$:$Er^{3+}$, $Yb^{3+}$ nanocrystals [J]. J. Appl. Phys., 2004, 96: 661-667

[27] ZHU Q, LI J G, LI X D, et al. Morphology-dependent crystallization and luminescence behavior of $(Y, Eu)_2O_3$ red phosphors [J]. Acta Mater., 2009, 57: 5975-5985.

[28] SONG H W, WANG J W, CHEN B J, et al. Size-dependent electronic transition rates in cubic nanocrystalline europium doped yttria [J]. Chem. Phys. Lett., 2003, 376: 1-5.

[29] GONÇALVES R R, CARTURAN G, ZAMPEDRI L, et al. Infrared-to-visible CW frequency up-conversion in erbium activated silica–hafnia waveguides prepared by sol-gel route [J]. J. Non-Crystal Solids, 2003, 322: 306-310.

[30] 张思远. 稀土离子光谱学[M]. 北京:科学出版社, 2008: 251.

[31] CHEN G Y, LIU H C, SOMESFALEAN G, et al. Enhancement of the up-conversion radiation in $Y_2O_3$:$Er^{3+}$ nanocrystals by codoping with $Li^+$ ions [J]. Appl. Phys. Lett., 2008, 92: 113114.

[32] POLLNAU M, GAMELIN D R, LÜTHI S R, et al. Power dependence of up-conversion

luminescence in lanthanide and transition-metal-ion systems [J]. Phys. Rev. B, 2000, 61: 3337-3346.

[33] 周炳琨, 高以智, 陈倜嵘, 等. 激光原理[M]. 北京:国防工业出版社, 2004: 4-23.

# 名词索引

## P



## R



## S



## T



## W



## X



## Y